최단기 3일 완성

제과 제빵기능사 총정리문제

YouTube
제과제빵의 모든것

대한민국 국가대표 브랜드
국가자격 시험문제 전문출판
에듀크라운
국가자격시험문제 전문출판
최고의 적중률!! 최고의 합격률!!
크라운출판사
제과제빵 · 조리 등서비스서적사업부
http://www.crownbook.co.kr

김창석

- 한국방송통신대학 영어 영문학과 졸업
- (주) 브랑제리 드 삐에르 고려당 근무
- (주) 중국 청도 고려당 근무
- 제과기능사 자격증 취득
- 제빵기능사 자격증 취득
- 베이킹마스터 자격증 취득
- 케이크디자이너 자격증 취득
- 쇼콜라티에 자격증 취득
- 직업훈련교사
- 직업상담사
- 현) 종로호텔제과직업전문학교

들어가는 말

우리가 살아가는 사회는 산업사회에서 고령화 사회로 들어가며, 제조에 기반을 둔 산업에서 지식에 기반을 둔 산업인 4차 산업시대를 열어가야 하는 상황에 직면하고 있다. 이러한 상황에서 우리 제과인은 시대의 변화에 대응할 수 있는 대안을 만들어내는 사회적 책임을 느껴야 한다고 생각한다. 그래서 우리 제과인의 사회적 책임이라는 입장에 서서 2가지 과제와 대안을 제시하고자 한다.

첫째, 고령화 사회가 요구하는 영양성분을 제공하여 국민건강향상에 노력해야 한다.
둘째, 4차 산업의 한 축인 인공지능과 로봇을 제조공정에 활용할 수 있도록 제과제빵의 암묵적 지식을 현실세계데이터(RWD)로 만드는 전향적 자세로 제과제빵업계의 경쟁력을 향상시키고 국가경제발전에 이바지하기 위한 노력을 해야 한다.
그러기 위해서 우리는 작금의 시대가 요구하는 빵, 과자를 만들기 위해 어떻게 진화해야 할까? 우리 모두 알고 있듯이 빵, 과자가 진화해야 하는 방향은 바로 '발효와 숙성의 공정'이 첨가된 빵, 과자이다. 발효와 숙성이 잘 된 빵, 과자는 이 시대가 요구하는 영양성분을 인체가 효과적으로 소화 · 흡수하여 체내에서 이용할 수 있기 때문이다. 그리고 이러한 빵, 과자는 많은 제조시간을 요구하므로 슬로우 푸드이며, 이는 성실과 인내를 요구한다. 우리는 성실과 인내로 천연발효 메커니즘을 적용한 빵, 과자를 만들어 국민건강향상에 이바지해야 한다.

다음은 우리 사회가 요구하는 국가경제발전에 도움이 되는 핵심 인재의 자질에 관한 이야기를 하고자 한다. Homo Hundred가 출현하는 현시점의 사회에서는 인간의 행복지수를 높일 수 있게 만들어진 여러 기술을 다시 엮어 모을 수 있는 인재가 필요하다. 이러한 시대적 요구에 맞춰 기술을 재편성(Reorganization)할 수 있는 창조적 인재가 되기 위해 노력해야 한다. 그러기 위해 우리 제과제빵 기능인은 한 분야에서 오랫동안 근무하면서 행위적 에너지를 축적하여 암묵적 지식을 만든 다음 이를 명시적 지식으로 바꾸어 놓아야 한다. 이렇게 치환(Substitution)된 지식을 인공지능 생산로봇에 적용하여 품질을 유지하면서 생산성을 향상한 제품을 만든 후 소비자의 구매로 검증을 받아야 한다. 이렇게 검증된 명시적 지식을 표현한 데이터와 문자는 책으로, 데이터와 언어는 세미나로 승화되어 제과제빵업계의 후배들에게는 여러분들의 노하우가 전수되어 후배들이 시행착오를 적게 하도록 도움이 되어야 하며, 동료와 선배들에게는 인공지능 로봇생산시스템을 만드는 데 필요한 현실세계데이터(RWD)를 제시하여야 한다. 우리의 선배들이 노력해왔듯이 이런 식으로 제과제빵업계의 발전을 통하여 국가 경제에 이바지해야 한다.

끝으로 저자는 NCS에서 제시한 제과 · 제빵 직무지식에 관한 이해를 돕고자 이 책을 집필하게 되었다. 이 책에서 저자는 NCS 제과 · 제빵 직무지식에 수록된 개념 중에서 필기시험에 자주 출제되는 개념만 정리했다. 그래서 수험생 여러분이 필기시험에 꼭 합격하리라 생각한다. 아무쪼록 필기에 합격하시고 실기에서도 합격하시길 기원한다.

이 책이 나아갈 방향에 대해 항상 많은 영감(Inspiration)과 격려(Encouragement)를 해주신 크라운출판사 편집부 일동, 저의 학교 이사장님, 그리고 많은 선배님들에게 감사의 말씀을 드립니다.

천연발효 마스터
김창석 드림

자격증 취득방법 및 출제기준

자격증 취득방법

① 시행처 : 한국산업인력공단(http://www.q-net.or.kr)
② 필기시험과목
  ㉠ 제과기능사 : 과자류 재료, 과자류 제조, 위생관리
  ㉡ 제빵기능사 : 빵류 재료, 빵류 제조, 위생관리
③ 방법 : 객관식 / CBT(Computer Based Test)
④ 문제수 및 시험시간 : 60문항, 60분
⑤ 검정방법 : 필기(객관식 4지 택일형), 실기(제과/제빵작업)
⑥ 합격기준 및 응시자격 : 100점 만점에 60점 이상, 제한 없음
⑦ 필기시험에 합격 후 필기시험 수험표에 접수비를 한국산업인력공단의 홈페이지에 접수하고, 별도로 시험일시와 장소를 선택하여 시험을 치른다.

제과기능사 필기 출제기준

필기과목명	주요항목	세부항목	세세항목
과자류 재료, 제조 및 위생관리	1. 재료 준비	1. 재료 준비 및 계량	1. 배합표 작성 및 점검 2. 재료 준비 및 계량방법 3. 재료의 성분 및 특징 4. 기초재료과학 5. 재료의 영양학적 특성
	2. 과자류 제품 제조	1. 반죽 및 반죽 관리	1. 반죽법의 종류 및 특징 2. 반죽의 결과 온도 3. 반죽의 비중
		2. 충전물 · 토핑물 제조	1. 재료의 특성 및 전처리 2. 충전물 · 토핑물 제조 방법 및 특징
		3. 패닝	1. 분할 패닝 방법
		4. 성형	1. 제품별 성형 방법 및 특징
		5. 반죽 익히기	1. 반죽 익히기 방법의 종류 및 특징 2. 익히기 중 성분 변화의 특징
	3. 제품저장관리	1. 제품의 냉각 및 포장	1. 제품의 냉각방법 및 특징 2. 포장재별 특성 3. 불량제품 관리
		2. 제품의 저장 및 유통	1. 저장방법의 종류 및 특징 2. 제품의 유통 · 보관방법 3. 제품의 저장 · 유통 중의 변질 및 오염원 관리 방법
	4. 위생안전관리	1. 식품위생 관련 법규 및 규정	1. 식품위생법 관련 법규 2. HACCP 등의 개념 및 의의 3. 공정별 위해요소 파악 및 예방 4. 식품첨가물
		2. 개인 위생관리	1. 개인 위생관리 2. 식중독의 종류, 특성 및 예방 방법 3. 감염병의 종류, 특징 및 예방 방법
		3. 환경 위생관리	1. 작업환경 위생관리 2. 소독제 3. 미생물의 종류와 특징 및 예방방법 4. 방충 · 방서 관리
		4. 공정 점검 및 관리	1. 공정의 이해 및 관리 2. 설비 및 기기

자격증 취득방법 및 출제기준

제빵기능사 필기 출제기준

필기과목명	주요항목	세부항목	세세항목
빵류 재료, 제조 및 위생관리	1. 재료 준비	1. 재료 준비 및 계량	1. 배합표 작성 및 점검 2. 재료 준비 및 계량 방법 3. 재료의 성분 및 특징 4. 기초재료과학 5. 재료의 영양학적 특성
	2. 빵류 제품 제조	1. 반죽 및 반죽 관리	1. 반죽법의 종류 및 특징 2. 반죽의 결과 온도 3. 반죽의 비용적
		2. 충전물 · 토핑물 제조	1. 재료의 특성 및 전처리 2. 충전물 · 토핑물 제조 방법 및 특징
		3. 반죽 발효 관리	1. 발효 조건 및 상태 관리
		4. 분할하기	1. 반죽 분할
		5. 둥글리기	1. 반죽 둥글리기
		6. 중간발효	1. 발효 조건 및 상태 관리
		7. 성형	1. 성형하기
		8. 패닝	1. 패닝 방법
		9. 반죽 익히기	1. 반죽 익히기 방법의 종류 및 특징 2. 익히기 중 성분 변화의 특징
	3. 제품저장관리	1. 제품의 냉각 및 포장	1. 제품의 냉각 방법 및 특징 2. 포장재별 특성 3. 불량제품 관리
		2. 제품의 저장 및 유통	1. 저장 방법의 종류 및 특징 2. 제품의 유통 · 보관 방법 3. 제품의 저장 · 유통 중의 변질 및 오염원 관리 방법
	4. 위생안전관리	1. 식품위생 관련 법규 및 규정	1. 식품위생법 관련 법규 2. HACCP 등의 개념 및 의의 3. 공정별 위해요소 파악 및 예방 4. 식품첨가물
		2. 개인 위생관리	1. 개인 위생관리 2. 식중독의 종류, 특성 및 예방 방법 3. 감염병의 종류, 특징 및 예방 방법
		3. 환경 위생관리	1. 작업환경 위생관리 2. 소독제 3. 미생물의 종류와 특징 및 예방방법 4. 방충 · 방서 관리
		4. 공정 점검 및 관리	1. 공정의 이해 및 관리 2. 설비 및 기기

목차

목차

제3편 빵류 제조(제빵 과목)

목차

제1편

과자류·빵류 재료 (공통과목)

01 기초재료과학

1 탄수화물(당질)의 재료적 이해

1) 탄수화물의 분류와 특성

① **단당류** : 포도당, 과당, 갈락토오스 등
② **이당류** : 자당, 맥아당, 유당 등

> **환원당**
> ※ 환원당이란 당의 분자상에 알데히드기와 케톤기가 유리되어 있거나 헤미아세탈형으로 존재하는 것을 가리킨다. 종류에는 포도당, 과당, 갈락토오스, 맥아당, 유당 등이 있다.
> ※ 비환원당에는 설탕(자당)이 있다.
> ※ 탄수화물의 상대적 감미도 순 = 과당(175) > 전화당(130) > 자당(100) > 포도당(75) > 맥아당(32), 갈락토오스(32) > 유당(16)

③ **다당류** : 전분, 섬유소(셀룰로오스), 펙틴, 글리코겐, 덱스트린(호정), 이눌린, 한천 등

2) 전분(녹말)

① 전분의 구조와 특징
㉠ 한 개의 전분입자인 전분립을 구성하는 수천 개의 포도당은 두 가지 구조형태로 배열됨
㉡ 포도당이 배열되어 있는 형태에 따라 아밀로오스와 아밀로펙틴이라고 함

② 아밀로오스와 아밀로펙틴의 비교

항목	아밀로오스	아밀로펙틴
분자량	적다	많다
포도당 결합상태	α-1, 4(직쇄상 구조) 결합	α-1, 4(직쇄상 구조) 결합 α-1, 6(측쇄상 구조) 결합
요오드용액 반응	청색 반응	적자색 반응
호화	빠르다	느리다
노화	빠르다	느리다

③ **전분의 호화** : 전분에 물을 넣고 가열하면 수분을 흡수하면서 팽윤되며 점성이 커지는데, 투명도도 증가하여 반투명의 α-전분 상태가 된다. 이를 덱스트린화, 젤라틴화, α화라고도 함
④ **전분의 노화** : α-전분을 실온에 방치하면 전분 분자끼리의 결합이 전분과 물분자의 결합보다 크기 때문에 침전이 생기며 결정이 규칙성을 나타내게 되어 α-전분(호화전분)이 β_1-전분(노화전분)으로 변화하는 현상임

2 지방(지질)의 재료적 이해

지방산 3분자가 글리세린(글리세롤, 3가의 알코올) 1분자의 -OH 기(수산기, 하이드록시기) 3개에 지방산이 1개씩 결합되어 만들어진 에스테르, 즉 트리글리세리드이다.

1) 지방의 분류와 특성

① **단순지방** : 중성지방, 납(왁스), 식용유 등
② **복합지방** : 인지질, 당지질, 지단백 등
③ **유도지방** : 지방산, 콜레스테롤, 글리세린, 에르고스테롤 등

2) 지방의 구성형태

지방은 지방산 3분자와 글리세린 1분자로 구성됨

① **지방산** : 탄소 원자가 사슬 모양으로 연결된 카르복시산을 통틀어 이르는 말
㉠ **포화지방산**
- 탄소와 탄소의 결합이 전자가 한 개인 단일결합만으로 이루어진 지방산을 말함
- 산화되기가 어렵고 융점이 높아 상온에선 고체
- 동물성 유지에 다량 함유됨
- 종류에는 뷰티르산, 카프르산, 미리스트산, 스테아르산, 팔미트산 등

> 포화지방산의 탄소 수가 적을수록 만약에 탄소 수가 같다면 수소 수가 적을수록 유지의 융점이 낮아진다.

㉡ **불포화지방산**
- 탄소와 탄소의 결합에 전자가 두 개인 이중결합을 1개 이상 지니게 된 지방산을 말함
- 산화되기 쉽고 융점이 낮아 상온에서 액체
- 식물성 유지에 다량 함유됨
- 종류에는 올레산, 리놀레산, 리놀렌산, 아라키돈산, EPA, DHA

② **글리세린**
㉠ 지방을 가수분해하여 얻을 수 있음
㉡ 3개의 수산기(-OH)를 가지고 있어서 3가의 알코올이기 때문에 글리세롤이라고도 함
㉢ 무색, 무취, 감미를 가진 시럽형태의 액체
㉣ 글리세린의 상대적 감미도는 자당의 3분의 1 정도
㉤ 물보다 비중이 크므로 글리세린이 물에 가라앉음
㉥ 글리세린은 습윤제, 보습제, 유화제, 용매제로 제과 · 제빵 시 사용함

3 단백질의 재료적 이해

① 탄소(C), 수소(H), 질소(N), 산소(O), 유황(S) 등의 원소로 구성된 유기화합물로 질소가 단백질의 특성을 규정짓는다.
② 단백질을 구성하는 기본 단위는 염기성의 아미노 그룹과 산성의 카르복실기 그룹을 함유하는 유기산으로 이뤄진 아미노산이다.

1) 단백질의 분류와 특성

① **단순단백질** : 알부민, 글로불린, 글루텔린, 프롤라민 등
② **복합단백질** : 핵단백질, 당단백질, 인단백질, 색소단백질, 금속단백질 등
③ **유도단백질** : 메타프로테인, 프로테오스, 펩톤, 폴리펩티드, 펩티드 등

4 효소의 재료적 이해

① Enzyme(엔자임), 즉 효소는 음식물의 소화를 돕는 작용을 가진 단백질의 일종
② 효소는 소화액에 존재하며, 단백질로 구성된 엔자임에 비타민류와 무기질류가 결합되어 아포엔자임, 코엔자임, 홀로엔자임 등
③ 효소의 활성은 온도, pH, 수분, 특정 금속이온 등의 영향을 받는다.

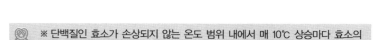

※ 단백질인 효소가 손상되지 않는 온도 범위 내에서 매 10℃ 상승마다 효소의 활성은 약 2배가 된다.
※ 제빵용 아밀라아제는 pH 4.6~4.8에서 맥아당 생성량이 가장 많으나 pH와 온도는 동시에 일어나는 사항이므로 적정 온도와 적정 pH가 되어야 최대의 효과를 기대할 수 있다.

1) 효소의 분류와 특성 : 효소는 어느 특정한 기질에만 반응하는 선택성에 따라 분류함

① 탄수화물 분해효소

㉠ 이당류 분해효소

- 인베르타아제 : 설탕을 포도당과 과당으로 분해함
- 말타아제 : 맥아당을 포도당 2분자로 분해함
- 락타아제 : 유당을 포도당과 갈락토오스로 분해함

㉡ 다당류 분해효소

- 아밀라아제 : 일명 디아스타아제로 전분을 덱스트린 단위로 잘라 액화시키는 α-아밀라아제(액화효소, 내부아밀라아제)와 잘려진 전분을 맥아당 단위로 자르는 β-아밀라아제(당화효소, 외부아밀라아제)가 있음
- 셀룰라아제 : 구성 탄수화물인 섬유소를 포도당으로 분해함
- 이눌라아제 : 이눌린을 과당으로 분해함

㉢ 산화효소

- 치마아제 : 치마아제는 포도당, 갈락토오스, 과당과 같은 단당류를 에틸알코올과 이산화탄소로 산화시킴
- 퍼옥시다아제 : 카로틴계의 황색 색소를 무색으로 산화시킴

② **지방 분해효소** : 지방을 지방산과 글리세린으로 분해함, 종류에는 리파아제, 스테압신 등

③ **단백질 분해효소** : 단백질을 아미노산으로 분해함, 종류에는 프로테아제, 펩신, 레닌, 트립신, 펩티다아제, 에렙신 등

02 재료의 성분 및 특징

1 밀가루

1) 밀알의 구조

① **배아** : 밀의 2~3%를 차지하며 지방이 많이 있어서 밀가루의 저장성을 나쁘게 함

② **껍질층** : 밀의 14%를 차지하고 제분과정에서 분리되며, 비타민 B_1, B_2, 소화가 되지 않는 셀룰로오스(섬유소, 섬유질, 식이 섬유소), 회분(무기질)과 빵 만들기에 적합하지 않은 메소닌, 알부민과 글로불린을 다량 함유함

③ **배유** : 밀의 83%를 차지하며 내배유와 외배유로 구분한다. 내배유 부위를 분말화한 것이 밀가루이다.

2) 밀가루의 분류

① 밀가루의 제품 유형별 분류 기준은 '단백질 함량'

제품유형	단백질 함량(%)	용도	제분한 밀의 종류
강력분	11.5~13.0	빵용	경질춘맥, 초자질
중력분	9.1~10.0	우동, 면류	연질동맥, 중자질
박력분	7~9	과자 및 튀김용	연질동맥, 분상질
듀럼분	11.0~12.5	스파게티, 마카로니	듀럼분, 초자질

② 밀가루의 등급별 분류 기준은 '회분 함량'

밀가루 등급	회분 함량(%)	효소 활성도
특등급	0.3~0.4	아주 낮음
1등급	0.4~0.45	낮음
2등급	0.46~0.60	보통
최하 등급	1.2~2.0	아주 높음

3) 밀가루의 구성 성분

① **단백질** : 빵을 만드는 밀가루 제품의 품질을 좌우하는 가장 중요한 지표로, 여러 단백질들 중에서 글리아딘과 글루테닌이 물과 결합하여 글루텐을 만듦

※ 글루텐 형성 단백질의 특성
- 글리아딘 : 70% 알코올에 용해되며, 약 36%를 차지함
- 글리아딘은 반죽을 신장성과 점성(응집성) 있게 하는 물질
- 글루테닌 : 묽은 산, 알칼리에 용해되며, 약 20%를 차지함
- 글루테닌은 반죽을 질기고 탄력성 있게 하는 물질
- 메소닌 : 묽은 초산에 용해되며, 약 17%를 차지함
- 알부민과 글로불린 : 물에 녹는 수용성이며 묽은 염류용액에도 녹고 열에 의해 응고되며, 약 7%를 차지함

※ 글루텐 형성 시 단백질의 함량은 80%이고 나머지는 탄수화물, 수분, 회분이다.

② **탄수화물** : 밀가루를 구성하는 성분함량의 70%를 차지하며 탄수화물의 대부분은 전분임

※ 밀가루에 함유되어야 할 제분 시 파손되어 만들어진 손상전분의 적당한 함량은 4.5~8%
※ 건전한 전분이 손상전분으로 대치되면 반죽 시 흡수가 빠르고 흡수량(흡수율)이 2배 증가함
※ 손상전분이 많을수록 흡수량이 증가하고 설탕이 없으면 발효성 탄수화물로 이용되어 발효를 촉진함
※ 밀가루의 구성성분 중에서 수분을 흡수하는 성분과 그 성분들의 흡수율
- 전분 : 자기 중량의 0.5배의 흡수율
- 단백질 : 자기 중량의 1.5~2배의 흡수율
- 펜토산 : 자기 중량의 15배의 흡수율
- 손상된 전분 : 자기 중량의 2배의 흡수율

③ **지방** : 밀가루에는 1~2%가 포함되어 있고 저장성과 제빵적성을 해치거나 잃게 함

④ **회분** : 무기질을 가리키며 주로 껍질(밀기울)에 많아 함유량에 따라 제분한 밀가루의 정제 정도를 알 수 있음

※ 부드러운 제품을 만들고자 할 경우에는 가장 낮은 회분(0.33~0.38%)이 함유된 것을 사용한다.
※ 밀알의 제분율이 낮을수록(껍질부위가 적을수록) 회분함량이 낮아지고 고급분이 된다. 이 밀가루는 빵과 과자에 부드러움을 주지만, 영양가가 높지 않고 고소함이 떨어진다.

⑤ **수분** : 수분함량은 10~14% 정도가 함유됨

⑥ **효소** : 아밀라아제와 프로테아제가 존재함

4) 자연표백, 자연숙성법의 특성

① 밀가루의 보관방법 : 보관온도는 18~24℃, 보관습도는 55~65%

② 자연표백과 자연숙성된 밀가루의 특징

㉠ 저장(20℃, 습도 60%, 약 2~3개월) 중 밀가루는 대기 중에서 산소와 접촉하면 산화작용을 받아 자연표백과 자연숙성이 됨

㉡ 플라본, 카로틴과 황색 색소인 크산토필이 산화됨

5) 밀가루 개량제의 종류와 특성

① **표백제** : 방금 제분한 밀가루의 크림색을 탈색하는 재료에는 과산화벤조일, 산소, 과산화질소, 이산화염소, 염소가스 등

② **영양 강화제** : 제분하는 과정에서 부족해진 비타민, 무기질을 보강해주는 물질
③ **밀가루의 숙성** : 산화제를 사용하는 인공숙성으로 종류에는 브롬산칼륨, ADA(아조디카본아미드), 비타민 C 등

2 기타 가루

1) 호밀가루

① 단백질이 밀가루와 양적인 차이는 없으나 질적인 차이가 있음
② 글루텐 형성 단백질이 밀가루보다 적지만 칼슘과 인이 풍부하고 영양가도 높음
③ 펜토산 함량이 높아 반죽을 끈적거리게 하고 글루텐의 탄력성을 약화시킴
④ 호밀빵을 만들 때 산화된 발효종이나 샤워종을 사용하면 반죽형성과 가스 보유력에 좋음
⑤ 다양한 호밀가루 중 흑색 호밀가루에 회분함량이 가장 많음
⑥ 호밀분에 지방 함량이 높으면 저장성이 나빠짐

2) 활성 밀 글루텐

① 밀가루에서 단백질을 추출하여 만든 미세한 분말
② **젖은 글루텐 반죽과 밀가루의 글루텐 양(건조 글루텐의 양을 의미한다.)**
㉠ **젖은 글루텐(%)**=(젖은 글루텐 반죽의 중량÷밀가루 중량) × 100
㉡ **건조 글루텐(%)**=젖은 글루텐(%) ÷ 3

3 이스트

① 발효하여 탄산가스(이산화탄소)와 에틸알코올, 유기산을 생성함
② 생성된 발효대사산물은 반죽을 팽창 · 숙성시키고 빵에 향미성분을 부여함
③ 학명은 Saccharomyces cerevisiae(사카로미세스 세레비시아)
④ 이스트에 존재하는 효소에는 말타아제, 인베르타아제, 치마아제, 프로테아제, 리파아제 등

1) 이스트의 수분함량에 따른 분류와 특성

① **생이스트**
㉠ 압착효모라고도 하며, 평균적으로 고형분 30~35%와 70~75%의 수분을 함유함
㉡ 30℃ 정도의 생이스트 양 기준으로 4~5배의 물을 준비하여 용해시켜 사용함
② **활성 건조효모**
㉠ 활성 건조효모는 70% 이상인 생이스트의 수분을 7.5~9% 정도로 건조시킨 것임
㉡ 생이스트를 대체하여 활성 건조효모를 사용할 경우 생이스트의 40~50%를 사용함
㉢ **수화방법** : 40~45℃의 물을 이스트 양 기준으로 4~5배 준비하여 용해시킨 후 5~10분간 수화시킨다. 이러한 불편을 없애고 밀가루에 직접 투입하여 사용할 수 있는 인스턴트 드라이 이스트(Instant Dry Yeast)를 많이 씀

2) 취급과 저장 시 주의할 점

① 48℃에서 파괴되기 시작하므로 너무 높은 온도의 물과 직접 닿지 않도록 함
② 반죽온도를 감안해 온도를 설정한 물에 풀어서 사용하면 고루 분산시킬 수 있음
③ 재료를 계량하거나 믹서 볼에 넣을 때 소금, 설탕, 제빵개량제와 직접 닿지 않도록 함
④ 이스트를 −1℃에 저장한 이스트가 이스트도 얼지 않으면서 정상적인 일관성도 잃지 않는 가장 적합한 온도인 것으로 나타남 그러나 현실적인 생이스트 보관온도는 0~5℃임

4 계란

1) 계란의 구성 = 껍질 10% : 노른자 30% : 흰자 60%

① 부위별 고형분과 수분의 비율

부위명	전란	노른자	흰자
고형분	25%	50%	12%
수분	75%	50%	88%

② **부위별 특징적인 성분**
㉠ **흰자** : 항세균 물질인 콘알부민이 있음
㉡ **노른자** : 천연유화제의 기능을 하는 레시틴 있음
㉢ **껍질** : 껍질 표면은 세균 침입을 막는 큐티클로 싸여 있음

2) 계란의 물리적 기능과 그 해당 품목

① **농후화제** : 커스터드 크림, 푸딩, 알찜, 소스 등
② **결합제(결착제)** : 크로켓(빵가루 무침의 이용) 결착 등
③ **유화제** : 마요네즈, 케이크, 아이스크림 등
④ **팽창제** : 스펀지 케이크, 엔젤 푸드 케이크 등
⑤ **착색제** : 빵 반죽에 칠함
⑥ **영양 · 풍미** : 양질의 완전 단백질 공급원임

3) 신선한 계란의 특징

① 계란껍질 표면에 윤기가 없고 선명하고 표피의 촉감은 까슬까슬함
② 흔들어 보았을 때 소리가 없고, 깨었을 때 노른자가 바로 깨지지 않음
③ 소금물에 넣었을 때 계란이 바닥에 옆으로 누워있음

※ 계란의 신선도 측정 시 소금물의 비율은 물 100% : 소금 6~10%이다.
※ 계란은 5~10℃로 냉장 저장하여야 품질을 보장할 수 있다.

5 물

① 원료를 용해 혹은 부유시켜 분산하고 글루텐을 형성시키며 반죽의 되기를 조절함
② 효모에 활력을 주고 효소에 활성을 제공함
③ 빵류의 제품별 특성에 맞게 반죽온도를 조절함

1) 경도에 따른 물의 분류와 특성

① 경수(180ppm 이상)
㉠ 경수가 반죽에 미치는 현상
- 반죽을 질겨지게 만듦
- 반죽에 넣는 물의 양(가수량)이 증가함
- 반죽의 탄력성이 증가함
- 믹싱, 발효시간을 길어지게 만듦

㉡ 경수 사용 시 조치사항
- 이스트 사용량을 증가시키거나 발효시간을 연장시킴
- 맥아를 첨가, 효소공급으로 발효를 촉진시킴
- 이스트 푸드, 소금과 무기질(광물질)을 감소시킴
- 반죽에 넣는 물의 양을 증가시킴

② 연수(60ppm 이하)

㉠ 연수가 반죽에 미치는 현상
- 반죽을 부드럽게 만듦
- 반죽에 넣는 물의 양(가수량)이 감소함
- 점착성이 증가함
- 굽기 시 반죽의 오븐 스프링을 나쁘게 만듦

㉡ 연수 사용 시 조치사항
- 2% 정도의 흡수율을 낮춤
- 이스트 푸드와 소금을 증가시킴
- 발효시간을 단축시킴

③ 아연수(61~120ppm 미만)

④ 아경수(120~180ppm 미만) : 반죽의 글루텐을 적당히 경화시키고 이스트에 영양물질을 제공하므로 제빵에 가장 좋다.

2) pH에 따른 물의 분류와 특성

① 약산성의 물(pH 5.2~5.6) : 제빵용 물로는 가장 양호함

② 알칼리성이 강한 물 사용 시 조치사항 : 산성인산칼슘, 황산칼슘을 함유한 산성 이스트 푸드의 양을 증가시킴

③ 산성이 강한 물 사용 시 조치사항 : 이온교환수지를 이용해 물을 중화시킴

6 소금

나트륨과 염소의 화합물로 염화나트륨(NaCl)이라 하며 빵 반죽에는 점탄성 증가, 식품 건조 시 건조속도 빠름, 식품 보관 시 방부효과가 있음

1) 제빵에서 소금의 역할

① 방부효과가 있음
② 빵 내부를 누렇게 만듦
③ 빵의 외피색이 갈색이 되도록 함
④ 풍미를 증가시키고 맛을 조절함
⑤ 물리적 특성을 빵 반죽에 부여함
⑥ 빵 내부의 기공을 좋게 하고 빵의 외피를 바삭하게 함
⑦ 반죽은 견고해지고 제품은 탄력을 갖게 됨
⑧ 발효력에 영향을 줌
⑨ 수분흡수율과 반죽시간에 영향을 줌

7 감미제

1) 설탕(자당)

① 정제당 : 불순물과 당밀을 제거하여 만든 설탕들을 가리킴

㉠ 전화당의 특징
- 자당을 산이나 효소로 가수분해하면 같은 양의 포도당과 과당이 생성되는 혼합물
- 갈색화 반응이 빨라 껍질색의 형성을 빠르게 함
- 설탕의 1.3배 감미도(130)를 갖으며, 제품에 신선한 향을 부여함
- 전화당은 시럽의 형태로 존재하기 때문에 고체당으로 만들기 어려움
- 설탕시럽 제조 시 설탕의 일부분을 소량의 전화당으로 혼합하면 설탕의 용해도를 높일 수 있음
- 10~15%의 전화당 사용 시 제과의 설탕 결정석출이 방지됨

㉡ 황설탕 : 약과, 약식, 캐러멜 색소원료로 사용함

㉢ 분당 : 설탕을 마쇄한 분말로 3%의 옥수수 전분을 혼합하여 덩어리가 생기는 것을 방지함

2) 당밀

① 과자류 · 빵류에 당밀을 넣는 이유

㉠ 당밀은 원당에서 설탕을 정제하는 과정에서 얻어지는 부산물

㉡ 제품의 노화를 지연시킬 수 있음

㉢ 향료와의 조화를 위하여 사용함

㉣ 당밀의 독특한 단맛과 풍미를 얻을 수 있음

② 럼주는 당밀을 발효시킨 후 증류해서 만듦

3) 전분당인 포도당과 물엿

① 포도당

㉠ 전분을 효소나 산으로 가수분해시켜 얻은 전분당으로 무수포도당과 함수포도당이 있음

㉡ 설탕 대신 포도당을 쓰고자 하면, 설탕 100g당 무수포도당 105.26g으로 대치해야 함

㉢ 전분당인 포도당액(함수포도당)을 효소나 알칼리 처리로 일부를 이성질체인 과당으로 변화시켜 포도당과 과당으로 구성된 이성화당을 만드는 데 사용함

② 물엿

㉠ 포도당, 맥아당, 그 밖의 이당류, 덱스트린이 혼합된 반유동성 감미물질임

㉡ 점성, 보습성이 뛰어나 제품의 조직을 부드럽게 할 목적으로 많이 사용함

㉢ 전분 100g을 분해하여 고형질 80g을 생산하고 그 중 포도당이 40g일 경우 포도당 당량(DE)는 '40g÷80g×100=50%' 이런 식으로 계산함

4) 맥아와 맥아시럽

① 맥아

㉠ 발아시킨 보리(엿기름)의 낟알이며, 탄수화물 분해효소, 단백질 분해효소 등이 들어있음

㉡ 반죽에 흐름성을 부여함

㉢ 발효가 촉진됨

㉣ 완제품은 특유의 향을 가지게 됨

㉤ 빵의 껍질색을 개선하고 저장성을 증가시킴

② 맥아시럽

㉠ 맥아분(엿기름)에 물을 넣고 열을 가하여 만듦

㉡ 탄수화물 분해효소, 단백질 분해효소, 맥아당, 가용성 단백질, 광물질 기타 맥아 물질을 추출한 액체로 구성된 시럽

㉢ 물엿과 비교하면 흡습성이 적음

5) 유당(젖당, Lactose)

① 유당은 포유동물의 젖에 많이 함유된 동물성 당류

② 단세포 생물인 이스트에 의해 발효되지 않고, 잔류당으로 남아 갈변반응을 일으켜 껍질색을 진하게 함

6) 감미제의 기능

① 빵과 과자에 단맛을 내는 감미제 기능
② 수분을 보유하는 보습제 기능
③ 빵의 노화를 지연시켜 저장기간을 증가시킴
④ 속결(조직 속)과 기공을 부드럽게 만듦
⑤ 껍질색이 나고, 향이 향상됨
⑥ 이스트에 발효성 탄수화물을 공급함

8 유지류

1) 유지의 종류와 특성

① 버터
㉠ 우유의 유지방으로 제조하며 수분함량은 16% 내외
㉡ 유지에 물이 분산되어 있는 유중수적형(W/O, Water in Oil)의 구성형태를 갖음
㉢ 우유지방 : 80~85%, 수분 : 14~17%, 소금 : 1~3%, 카세인, 단백질, 유당, 광물질을 합쳐 1%이며, 우유지방(유지방)은 뷰티르산이 특징임
㉣ 포화지방산 중 탄소의 수가 4개로 가장 적은 뷰티르산으로 구성된 버터는 비교적 융점이 낮고 가소성 범위가 좁아 18~21℃에서 작업하는 것이 좋음

② 마가린
㉠ 버터 대용품으로 개발된 마가린은 주로 대두유, 면실유 등 식물성 유지로부터 만듦
㉡ 지방 : 80%, 우유 : 16.5%, 소금 : 3%, 유화제 : 0.5%, 향료 · 색소 : 약간

> 버터와 마가린의 차이점 : 구성하는 지방의 종류가 다르며 지방은 지방산의 종류에 의해 달라진다. 버터의 우유지방은 '뷰티르산'으로 마가린의 지방은 '스테아르산'이라는 지방산으로 이루어져 있다.

③ 쇼트닝
㉠ 라드의 대용품으로 동 · 식물성 유지를 구성하는 불포화지방산의 이중결합에 니켈을 촉매로 수소를 첨가하여 경화유로 제조함
㉡ 수분함량 0%로 무색, 무미, 무취함

④ 튀김기름
㉠ 유리지방산이 0.1% 이상이 되면 발연현상이 일어남
㉡ 도넛 튀김용 유지는 발연점이 높은 면실유(목화씨 기름)가 적당함
㉢ 튀김기름은 100%의 지방으로 이루어져 있어 수분이 0% 임
㉣ 튀김기름 혹은 다른 유지류를 고온으로 계속 또는 반복 가열하면 유리지방산이 많아져 발연점이 낮아지고, 과산화물가, 산가(유리지방산가), 점도, 중합도 등이 높아짐
㉤ 튀김 시 튀김기름이 발연점 이상이 되면 아크롤레인 및 저급지방산이 생성됨

2) 유지를 변질시키는 화학적 반응

① **가수분해** : 글리세린 1분자의 -OH 기 3개에 지방산이 한 개씩 결합된 유지는 효소인 리파아제, 스테압신 등의 가수분해 과정을 통해 디-글리세리드와 모노-글리세리드와 같은 중간산물을 만들고, 결국 지방산과 글리세린이 되는 일련의 과정임
② **산패** : 유지를 공기 중에 오래 두었을 때 산화되어 불쾌한 냄새가 나고 맛이 떨어지며 색이 변하는 현상임
③ 건성
㉠ 이중결합이 있는 불포화지방산의 불포화도에 따라 유지(지방)가 공기 중에서 산소를 흡수하여 산화, 중합, 축합을 일으킴으로써 차차 점성이 증가하여 마침내 고체로 되는 성질
㉡ 지방의 불포화도를 측정하는 요오드가가 100 이하는 불건성유, 100~130은 반건성유, 130 이상이면 건성유이다. 즉 '요오드가'가 높으면 지방의 불포화도가 높다.

> ※ 불건성유(고체가 되지 않는 기름) : 지방의 불포화도(요오드가)가 낮으므로 산소와 화합하기 어려워 공기 속에 방치하여도 고체가 되지 않는 기름으로 동백기름, 올리브유, 피마자유 등
> ※ 지방의 자가 산화에 영향을 미치는 수치 : 과산화물가, 요오드가, 유리지방산가(산가)

3) 유지를 신선한 상태로 보존하는 안정화

① **항산화제(산화방지제)** : 산화적 연쇄반응을 방해함으로써 유지의 안정효과를 갖게 하는 물질이다. 식품 첨가용 항산화제에는 비타민 E(토코페롤), PG(프로필갈레이트), BHA, NDGA, BHT, 구아검 등
② **항산화제 보완제** : 비타민 C, 구연산, 주석산, 인산 등은 자신만으로는 별다른 효과가 없지만, 항산화제와 같이 사용하면 항산화 효과를 높여줌
③ **수소 첨가(유지의 경화)** : 불포화지방산의 이중결합에 니켈을 촉매로 수소를 첨가시켜 지방의 불포화도를 감소시킨다. 이러한 유지의 수소 첨가를 경화라 하고 경화된 유지를 트랜스지방이라고 한다. 이렇게 만든 유지의 종류에는 쇼트닝, 마가린 등이 있다.

4) 유지의 물리적 특성과 그 해당 품목

① **가소성** : 퍼프 페이스트리, 데니시 페이스트리, 파이 등
② **안정성** : 튀김기름, 팬기름, 쇼트 브레드 쿠키 등
③ **크림성** : 버터 크림, 파운드 케이크 등
④ **유화성** : 레이어 케이크류, 파운드 케이크 등
⑤ **쇼트닝성(쇼트닝가)** : 식빵, 크래커 등

9 유제품

① 비중 : 평균 1.030 전후, pH(수소이온농도) : pH 6.6
② 우유는 수분 87.5%, 고형분 12.5%로 이루어져 있고, 우유 고형분 12.5%는 단백질 3.4%, 유지방 3.65%, 유당 4.75%, 회분 0.7% 등으로 이루어져 있음
③ 유단백질 중 약 80% 정도는 카세인이고, 나머지 단백질의 약 20% 정도는 락토알부민과 락토글로불린이다.
④ 유당은 이스트에 의해서 발효되지 않고 젖산균(유산균)이나 대장균에 의해 발효가 됨
⑤ 유단백질은 완충제로 작용하여 이스트와 효소의 활성, 빵 반죽을 구성하는 글루텐의 믹싱 및 발효 내구성을 조절할 수 있음
⑥ 우유 고형분은 케이크 제품의 크기를 증가시킴

> ※ 우유의 살균법(가열법)
> • 저온장시간 : 60~65℃, 30분간 가열
> • 고온단시간 : 71.7℃, 15초간 가열
> • 초고온순간 : 130~150℃, 3초 가열

1) 유제품의 기능

① 믹싱 내구력을 향상시킴
② 발효 내구력을 향상시킴
③ 겉껍질 색깔을 진하게 만듦
④ 노화를 지연시킴
⑤ 영양을 강화시킴
⑥ 이스트에 의해 생성된 향을 착향시키고 맛을 향상시킴
⑦ 완제품의 부피가 커지고 내상인 기공과 결이 개선됨

10 이스트 푸드

① 제빵용 물 조절제로 개발, 사용되어 오다가 현재는 이스트 조절제, 반죽 조절제로 그 기능이 향상되어 사용됨
② 사용량은 밀가루 중량대비 0.1~0.2%를 사용함
③ 요즘은 이스트 푸드를 대신하여 반죽 개량제를 밀가루 중량대비 1~2% 사용하며, 빵의 품질과 기계성을 증가시킬 목적으로 첨가함

1) 이스트 푸드를 사용하는 목적과 구성 성분

① pH 조절제 : 효소제, 산성인산칼슘
② 이스트 조절제 : 염화암모늄, 황산암모늄, 인산암모늄
③ 물 조절제 : 황산칼슘, 인산칼슘, 과산화칼슘
④ 반죽 조절제의 종류와 구성 성분
㉠ 효소제 : 프로테아제, 아밀라아제
㉡ 산화제 : 아스코르브산(비타민 C), 브롬산칼륨, 요오드칼륨, 아조디카본아미드(ADA)
㉢ 환원제 : 글루타티온(Glutathione), 시스테인

> 이스트 푸드에 밀가루나 혹은 전분을 사용하는 이유는 계량의 간편화, 구성 성분의 분산제이자 충전제, 흡습에 의한 화학변화 방지의 완충제 등의 목적이다.

11 계면활성제

1) 계면활성제를 사용하는 목적

① 물과 유지를 균일하게 분산시켜 반죽의 기계 내성을 향상시킴
② 과자류 · 빵류의 조직과 부피를 개선시키고 노화를 지연시킴

2) 계면활성제의 종류와 특성

① 모노-디 글리세리드
㉠ 1분자의 글리세린과 3분자의 지방산으로 구성된 지방을 가수분해하여 추출한다.
㉡ 유지에 녹으면서 물에도 분산되고 유화식품을 안정시킨다.
② 레시틴
㉠ 옥수수와 대두유로부터 추출하여 사용함
㉡ 친유성기 2분자의 지방산과 친수성기 1분자인 인산콜린을 함유하므로 유화작용을 함

> 그 외의 계면활성제 : 아실락테이트(Acyl lactylate), SSL(Sodium Stearoyl-2-Lactylate) 등이 있음

12 팽창제

1) 팽창제의 종류와 특성

① 천연팽창제(생물적 팽창제) : 이스트(효모)
㉠ 주로 빵류에 사용되며 가스 발생이 많음
㉡ 부피 팽창, 연화작용, 향 개선 등의 기능을 함
㉢ 사용에 많은 주의가 필요함
② 합성팽창제(화학적 팽창제) : 베이킹파우더, 탄산수소나트륨(중조), 암모늄계 팽창제(이스파타)
㉠ 생물적 팽창제와의 상대적 비교
- 사용하기는 간편하나, 팽창력이 약함
- 갈변 및 뒷맛을 좋지 않게 하는 결점이 있음
- 오차가 제품에 큰 영향을 미침
- 주로 과자에 사용되며 부피 팽창, 연화작용을 함

㉡ 화학팽창제를 많이 사용한 제품의 결과
- 밀도가 낮고 부피가 크다.
- 속결이 거칠다.
- 속색이 어둡다.
- 오븐 스프링이 커서 찌그러들기 쉽다.

2) 베이킹파우더의 특성

① 탄산수소나트륨(일명 중조, 소다, 중탄산나트륨)이 기본이 되고 여기에 산성제(산성물질, 산염)를 첨가하여 중화가를 맞추며, 분산제, 충전제, 완충제로 전분을 첨가한 팽창제이다.
② 중화가 : 산 100g을 중화시키는 데 필요한 중조(탄산수소나트륨)의 양으로, 산에 대한 중조의 비율로서 적정량의 유효 이산화탄소를 발생시키고 중성이 되는 수치이다. 식을 세우면 다음과 같다.

$$\text{중화가} = \frac{\text{중조의 양}}{\text{산성제의 양}} \times 100$$

③ 베이킹파우더의 팽창력은 이산화탄소 가스(탄산가스)에 의한 것이며, 베이킹파우더 무게의 12% 이상의 유효 이산화탄소 가스가 발생됨
④ 베이킹파우더의 종류에는 산성 베이킹파우더, 중성 베이킹파우더, 알칼리성 베이킹파우더 등이 있음
⑤ 산성제의 종류에 따라 탄산수소나트륨의 가스 발생속도가 달라지는데, 주석산, 주석영일 때 가스 발생이 가장 빠름
⑥ 일반적으로 제과 제품인 케이크나 쿠키를 제조할 때 단백질을 연화시켜 조직을 부드럽게 하고 이산화탄소를 발생시켜 부피를 팽창시킬 목적으로 사용하는 식품 첨가물

13 안정제

1) 안정제를 사용하는 목적

① 흡수제로 수분흡수율을 증가시켜 아이싱의 끈적거림과 부서지는 현상을 방지함
② 크림 토핑으로 사용하는 머랭과 휘핑용 크림의 수분 배출을 억제하여 거품을 안정시킴
③ 빵, 과자에 함유된 액체의 점도를 증가시켜 수분 증발을 막아 노화를 지연함
④ 젤리, 무스, 바바루아, 파이 충전물, 커스터드 크림, 아이스크림 등 많은 제품에 사용함
⑤ 토핑물을 부드럽게 만들며, 파이 충전물의 점도를 증가시키는 증점제 역할을 함

2) 안정제의 종류와 추출 대상

① **한천** : 해초인 우뭇가사리에서 추출함
② **젤라틴** : 동물의 껍질과 연골 속에 있는 콜라겐에서 추출하는 동물성 단백질
③ **펙틴** : 감귤류나 사과 껍질에서 추출하며 셀룰로오스와 함께 과일의 단단함을 유지함
④ **씨엠씨** : 식물 뿌리에 있는 셀룰로오스에서 추출하며 산에는 약함
⑤ **알긴산** : 다시마, 대황, 미역 등 갈조류의 세포막 구성 성분에서 추출함

3) 안정제의 특성

① 젤라틴의 특성
㉠ 유도 단백질에 속하며 넓은 의미로는 검류
㉡ 물과 함께 가열하면 대략 30℃ 이상에서 녹아 친수성 콜로이드를 형성함
㉢ 품질이 나쁜 젤라틴은 아교로서 접착제로 사용함
㉣ 젤라틴의 콜로이드 용액의 젤 형성과정은 가역적 과정임
㉤ 무스나 바바루아의 안정제로 사용함
② 펙틴의 특성
㉠ 메톡실기 7% 이상의 펙틴에 당과 산이 가해져야 젤리나 잼이 만들어짐
㉡ 당분 60~65%, 펙틴 1.0~1.5%, pH 3.2의 산이 되면 젤리가 형성됨

14 향료와 향신료

1) 제조방법에 따른 향료의 분류와 특성

① **비알코올성 향료** : 굽기과정에 휘발하지 않으며 오일, 글리세린, 식물성유에 향물질을 용해시켜 만든다(캐러멜, 캔디, 비스킷에 이용한다).
② **알코올성 향료** : 굽기 중 휘발성이 큰 것으로 에틸알코올에 녹는 향을 용해시켜 만든다(아이싱과 충전물 제조에 적당하다).
③ **유화 향료** : 유화제에 향료를 분산시켜 만든 것으로, 물속에 분산이 잘 되고 굽기 중 휘발이 적다(알코올성, 비알코올성 향료 대신 사용할 수 있다).
④ **분말 향료** : 진한 수지액과 물의 혼합물에 향 물질을 넣고 용해시킨 후 분무 건조하여 만든다(가루식품, 아이스크림, 제과, 츄잉껌에 사용한다).
⑤ **수용성 향료** : 물에 녹지 않는 유상의 방향성분을 알코올, 글리세린, 물 등의 혼합용액에 녹여 만든다. 단점은 내열성이 약하고, 고농도의 제품을 만들기 어렵다(청량음료, 빙과에 이용한다).

2) 향신료의 종류와 특성

향신료는 직접 향을 내기보다는 주재료에서 나는 불쾌한 냄새를 막아주고, 다시 그 재료와 어울려 풍미를 향상시키고 제품의 보존성을 높여주는 기능을 한다. 그리고 제품에 식욕을 불러일으키는 맛과 색을 부여한다.

① **넛메그** : 육두구과 교목의 열매를 일광건조 시킨 것으로 두 개의 향신료, 즉 넛메그와 메이스를 얻는다. 넛메그는 단맛의 향기가 있는 향신료
② **계피** : 녹나무과의 상록수인 계수나무의 껍질로 만듦
③ **오레가노** : 꿀풀과에 속하는 다년생 식물의 잎을 건조시킨 것이며, 피자소스에 필수적으로 들어가는 것으로 톡 쏘는 향기가 특징임
④ **카다몬** : 생강과의 다년초 열매 깍지 속의 작은 씨를 말린 것으로 푸딩, 케이크, 페이스트리에 사용된다.
⑤ **생강** : 열대성 다년초의 다육질 뿌리로 매운맛과 특유의 방향을 가지고 있다.

3) 술의 종류와 특성

제과 · 제빵에서 술을 사용하는 이유는 달걀, 우유, 생크림, 버터, 마가린 등의 비리고 바람직하지 못한 냄새와 맛을 없애거나, 풍미를 내거나 향을 내기 위함이다.

① **양조주** : 곡물이나 과일을 원료로 하여 효모로 발효시킨 것으로 대부분 알코올 농도가 낮음
② **증류주** : 발효시킨 양조주를 증류한 것으로 대부분 알코올 농도가 높음
③ **혼성주** : 양조주와 증류주를 기본으로 하여 정제당을 넣고 과일 등의 추출물로 향미를 낸 것으로 대부분 알코올 농도가 높음
④ 혼성주의 일종인 리큐르의 종류
㉠ **오렌지 리큐르** : 그랑마니에르, 쿠앵트로, 큐라소, 트리플 섹
㉡ **체리 리큐르** : 마라스키노
㉢ **커피 리큐르** : 칼루아

15 초콜릿

1) 초콜릿의 구성성분과 제조과정

① **초콜릿(카카오 매스, 비터 초콜릿)의 구성성분**
㉠ **코코아** : 62.5%(5/8)
㉡ **카카오 버터** : 37.5%(3/8)
㉢ **유화제** : 0.2~0.8%
② **껍질부위, 배유, 배아** 등으로 구성된 **카카오 빈**을 발효시킨 후 볶아 마쇄하여 외피와 배아를 제거한 배유의 파편인 **카카오 닙스**를 미립화하여 페이스트상의 **카카오 매스**를 만든 다음, 압착하여 기름을 채취한 것이 **카카오 버터**이고 나머지는 **카카오 박**으로 분리된다. 카카오 박을 분말로 만든 것이 **코코아 분말**이다.

> ※ 카카오 버터의 특징
> - 단순지방으로 글리세린 1개에 지방산 3개가 결합된 구조이다.
> - 실온에서는 단단한 상태이지만, 입안에 넣는 순간 녹게 만든다.
> - 고체로부터 액체로 변하는 온도 범위(가소성)가 겨우 2~3℃로 매우 좁다.
> - 초콜릿의 풍미, 구용성, 감촉, 맛 등을 결정한다.

2) 커버추어 초콜릿의 특성과 사용법

① 대형 판초콜릿으로 카카오 버터가 35~40% 함유하고 있어 일정 온도에서 유동성과 점성을 갖는 제품이다. 종류에 다크 초콜릿, 밀크 초콜릿, 화이트 초콜릿 등이 있다.
② 템퍼링을 거쳐 카카오 버터를 β-형의 결정형태로 만들면 매끈한 광택의 초콜릿을 만들 수 있다. 그리고 초콜릿의 구용성이 좋아진다.
③ 38~45℃로 처음 용해한 후 27~29℃로 냉각시켰다가 30~32℃로 두 번째 용해시켜 템퍼링한다. 그런데 만약에 템퍼링이 잘못되면 카카오 버터에 의한 지방 블룸이 일어난다.
④ 지나치게 온도가 낮거나 혹은 지나치게 습도가 높은 상태에서 초콜릿을 보관하게 되면 설탕에 의한 설탕 블룸이 생긴다.
⑤ **초콜릿 적정 보관 온도와 습도**
㉠ **온도** : 15~18℃, 카카오 버터의 산패를 막기 위하여 직사광선을 피함
㉡ **습도** : 40~50%, 다른 제과 제품과 달리 낮은 보관습도 설정이 중요함

03 재료의 영양학적 특성

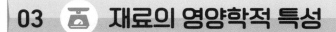

1 체내 기능에 따른 영양소의 분류

① **열량영양소** : 탄수화물, 지방, 단백질 등
② **구성영양소** : 단백질, 무기질, 물 등
③ **조절영양소** : 무기질, 비타민, 물 등

2 탄수화물(당질)의 영양적 이해

1) 탄수화물의 종류에 따른 영양적 특성

① **포도당**
㉠ 포유동물의 혈당(혈액 중에 있는 당)으로 0.1% 가량 포함됨
㉡ 호르몬인 인슐린과 무기질인 Chromium(크롬, Cr)의 작용으로 적절한 혈당을 유지함
㉢ 각 조직에 보내져 에너지원이 되고 사용하고 남은 과잉의 포도당은 지방으로 전환됨
㉣ 여분의 포도당은 글리코겐의 형태로 간의 조직 중에서 2~4%인 135g이 간(간장)에 저장되고, 근육의 조직 중에서 약 0.7%인 460g이 근육에 저장됨
㉤ 두뇌와 신경, 적혈구의 열량소로 이용되며 체내 당대사의 중심 물질

② **과당**
㉠ 당류 중 가장 빨리 체내에 소화 · 흡수됨
㉡ 포도당을 섭취해서는 안 되는 당뇨병 환자에게 감미료로서 사용함

③ **갈락토오스** : 모유와 우유에 함유된 유당(젖당)을 가수분해하여 얻으며, 지방과 결합하여 뇌, 신경 조직의 성분이 되므로 유아에게 특히 필요함

④ **맥아당(엿당)** : 쉽게 발효하지 않아 위 점막을 자극하지 않으므로 어린이나 소화기 계통의 환자에게 좋고 식혜, 감주, 조청, 엿에 많이 함유됨

⑤ **유당(젖당)** : 장내에서 잡균의 번식을 막아 정장작용(장을 깨끗이 하는 작용)을 함

> 유당불내증 : 체내에 우유 중에 있는 유당을 소화하는 소화효소(락타아제)가 결여되어서 유당을 소화하지 못하기 때문에 생기는 증상이다. 유당불내증 환자가 먹을 수 있는 유제품은 요구르트이다.

⑥ **셀룰로오스(섬유소)** : 체내에서 소화되지 않으나 변의 크기를 증대시키며, 장의 연동작용을 자극하여 배설작용을 촉진한다.

⑦ **펙틴**
㉠ 펙틴산은 반섬유소라 하여 소화 · 흡수는 되지 않지만 장내세균 및 유독물질을 흡착, 배설하는 성질이 있다. 또한 장운동을 활성화시켜 배변을 촉진하고 변비를 개선한다.
㉡ 펙틴은 다량의 포도당에 유리산, 암모늄, 칼륨, 나트륨염 등이 결합된 복합다당류

⑧ **올리고당(소당류)**
㉠ 청량감은 있으나 감미도가 설탕의 20~30%로 낮음
㉡ 설탕에 비해 항충치성이 있음
㉢ 단당류 3~10개로 구성된 당으로, 장내 비피더스균을 무럭무럭 자라게 함

2) 탄수화물의 체내 기능

① 탄수화물은 1g당 4kcal의 에너지 공급원이다(열량소의 기능을 한다).
② 단백질 절약작용을 한다.
③ 한국인 영양섭취기준에 의한 1일 총열량의 55~70%를 탄수화물로 섭취해야 한다.

3) 과잉섭취 시 유발되기 쉬운 질병

비만, 당뇨병, 동맥경화증, 심혈관계 질환

3 지방(지질)의 영양적 이해

1) 지방의 종류에 따른 영양적 특성

① **콜레스테롤**
㉠ 신경조직과 뇌조직에 들어 있음
㉡ 담즙산, 성호르몬, 부신피질 호르몬 등의 주성분
㉢ 특정 물질이 되기 전 단계의 물질인 전구체로서 자외선에 의해 비타민 D_3로 전환됨
㉣ 동물성 식품에 많이 들어있는 동물성 스테롤
㉤ 과잉 섭취하면 고혈압, 동맥경화를 야기함
㉥ 지방의 화학적 분류상 유도지질
㉦ 고리형 구조를 이루고 유리형 또는 결합형(에스테르형)으로 존재함
㉧ 간, 장벽과 부신 등 체내에서도 합성됨
㉨ 식사를 통한 평균 흡수율은 50% 정도

② **에르고스테롤**
㉠ 효모, 버섯 등과 같은 식물성 식품에 많은 식물성 스테롤
㉡ 전구체로서 자외선에 의해 비타민 D_2로 전환되므로 프로비타민 D라고도 함

③ **필수지방산(비타민 F)**
㉠ 체내에서 합성되지 않아 음식물에서 섭취해야 하는 지방산
㉡ 성장을 촉진하고 피부건강을 유지시키며 혈액 내의 콜레스테롤 양을 저하시킴.
㉢ 세포막의 구조적 성분이며 뇌와 신경조직, 시각기능을 유지시킴
㉣ 노인의 경우 필수지방산의 흡수를 위하여 콩기름을 섭취하는 것이 좋음
㉤ 결핍되면 피부염, 시각기능 장애, 생식장애, 성장지연이 발생할 수 있음
㉥ 종류에는 리놀레산, 리놀렌산, 아라키돈산 등

2) 지질의 체내 기능

① 지질 1g당 9kcal의 에너지를 발생함
② 한국인 영양섭취기준에 의한 1일 총열량의 20% 정도를 지질(지방)로 섭취해야 함
③ 필수지방산은 2%의 섭취가 권장됨

3) 과잉섭취 시 유발되기 쉬운 질병

비만, 동맥경화증, 심혈관계 질환, 유방암, 대장암

4 단백질의 영양적 이해

1) 식품의 단백질 함량을 산출하는 질소계수

질소는 단백질만 가지고 있는 원소로서, 단백질에 평균 16%가 들어 있다. 따라서 식품의 질소 함유량을 알면 질소계수인 6.25를 곱하여 그 식품의 단백질 함량을 산출할 수 있다.

① 일반 식품은 단백질 중 질소의 구성이 16%이기 때문에 '100 ÷ 16'으로, 질소계수는 6.25이다.
② 질소의 양 = 단백질 양 × 16/100
③ 단백질 양 = 질소의 양 × 100/16 (즉, 질소계수 6.25)
④ 단, 밀가루는 단백질 중 질소의 구성이 17.5%이기 때문에 '100 ÷ 17.5'로, 질소계수는 5.7이다.

2) 필수아미노산의 영양적 가치와 종류

① 체내 합성이 안 되므로 반드시 음식물에서 섭취해야 한다.
② 체조직의 구성과 성장 발육에 반드시 필요하며, 동물성 단백질에 많이 함유되어 있다.
③ 성인에게는 이소류신, 류신, 리신, 메티오닌, 페닐알라닌, 트레오닌, 트립토판, 발린 등 8종류가 필요하다. 어린이와 회복기 환자에게는 8종류 외에 히스티딘을 합한 9종류가 필요하다.

3) 체내 영양적 특성에 따른 단백질의 분류

① 완전 단백질
　㉠ 생명 유지, 성장 발육, 생식에 필요한 필수아미노산을 고루 갖춘 단백질
　㉡ 종류에는 카세인과 락토알부민(우유), 오브알부민과 오보비텔린(계란), 미오신(육류), 미오겐(생선), 글리시닌(콩) 등
② 부분적 완전 단백질
　㉠ 생명 유지는 시켜도 성장 발육은 못 시키는 단백질
　㉡ 종류에는 글리아딘(밀), 호르데인(보리), 오리제닌(쌀) 등
③ 불완전 단백질
　㉠ 생명 유지나 성장 모두에 관계없는 단백질
　㉡ 종류에는 필수아미노산인 트립토판이 부족한 제인(옥수수), 젤라틴(육류) 등

4) 단백질의 체내 영양가를 평가하는 방법의 이해

① 생물가(%)
　㉠ $\frac{\text{체내에 보유된 질소량}}{\text{체내에 흡수된 질소량}} \times 100 = \text{생물가(\%)}$
　㉡ 체내의 단백질 이용률을 나타낸 것으로 생물가가 높을수록 체내 이용률이 높음
　　예 우유(90), 달걀(87), 돼지고기(79), 소고기(76), 생선, 대두(75), 밀가루(52)
② 단백가(%)
　㉠ 필수아미노산 비율이 이상적인 표준 단백질을 가정하여 이를 100으로 잡고 다른 단백질의 필수아미노산 함량을 비교하는 방법
　㉡ $\frac{\text{식품 중 필수아미노산 함량}}{\text{표준 단백질 필수아미노산 함량}} \times 100 = \text{단백가(\%)}$
　㉢ 단백가가 클수록 영양가가 큼
　　예 달걀(100), 소고기(83), 우유(78), 대두(73), 쌀(72), 밀가루(47), 옥수수(42)

5) 단백질의 체내 기능

① 체조직과 혈액 단백질, 효소, 호르몬, 항체 등을 구성함
② 단백질 1g당 4kcal의 에너지를 발생시킴
③ 체내 삼투압 조절로 체내 수분함량을 조절하고 체액의 pH를 유지함
④ 한국인 영양섭취기준에 의한 1일 총열량의 10~20% 정도를 단백질로 섭취해야 함
⑤ 1일 단백질 총열량의 1/3은 필수아미노산이 많은 동물성 단백질로 섭취함
⑥ 한국인의 1일 단백질 권장량은 체중 1kg당 단백질의 생리적 필요량을 계산한 1.13g임

6) 단백질 장시간 결핍과 과잉섭취 시 유발되기 쉬운 질병

① 단백질 섭취가 장시간 결핍되면 콰시오카 혹은 마라스무스 같은 질병이 나타남
② 단백질을 과잉 섭취하였을 경우 발열효과인 특이동적 작용이 강하고 체온과 혈압이 증가하며 피로가 쉽게 옴

5 무기질의 영양적 이해

① 인체의 4~5%가 무기질로 구성되고, 무기질은 산성과 알칼리성로 나뉜다.
② 체내에서는 합성되지 않으므로 반드시 음식물로부터 공급되어야 한다.
③ 무기질은 다른 영양소보다 요리할 때 손실이 크다.
④ 종류에는 Ca(칼슘), P(인), Mg(마그네슘), S(황), Zn(아연), I(요오드), Na(나트륨), Cl(염소), K(칼륨), Fe(철), Cu(구리), Co(코발트) 등이 있다.

※ 칼슘의 체내 기능
- 효소의 활성화, 혈액응고에 필수적, 근육수축, 신경흥분전도, 심장박동
- 뮤코다당, 뮤코단백질의 주요 구성성분
- 세포막을 통한 활성물질의 반출

※ 칼슘의 흡수에 관계하는 호르몬은 갑상선 옆에 있는 상피소체에서 만들어지는 부갑상선 호르몬이다.
※ 우유의 칼슘 흡수를 방해하는 인자는 다음과 같다.
- 무발효빵, 생콩, 씨앗, 견과류, 곡류 및 분리 대두에 풍부한 피트산
- 칼슘과 상호작용에서 가장 중요한 무기질인 인(P)을 콜라나 인산 첨가제 등에 의해 과잉 섭취하는 경우
- 시금치, 고구마, 담황채소(엷은 노랑 채소)에 함유된 옥살산(수산)

※ 칼슘과 인의 흡수를 돕는 태양광선 비타민은 '비타민 D'이다.
※ Ca^{2+}(칼슘)은 정상적인 우유의 pH인 6.6에서 pH 4.6으로 내려가면 우유 단백질인 카세인과의 화합물 형태로 응고한다.

6 비타민의 영양적 이해

① 탄수화물, 지방, 단백질의 대사에 조효소 역할을 함
② 반드시 음식물에서 섭취해야만 함
③ 에너지를 발생하거나 체조직을 구성하는 물질이 되지는 않음
④ 신체 기능을 조절하는 조절영양소

1) 비타민의 분류와 종류에 따른 체내 기능

① 수용성 비타민의 종류와 생체에서의 주요 기능
　㉠ 비타민 B_1(티아민) : 항각기병 비타민, 당질 에너지 대사의 조효소 비타민
　㉡ 비타민 B_2(리보플라빈) : 성장 촉진 비타민, 항구각성 비타민
　㉢ 비타민 B_6(피리독신) : 항피부염 비타민

㉣ 니아신(나이아신) : 항펠라그라 비타민 전구체로는 트립토판
㉤ 비타민 B_{12}(시아노코발라민) : 항빈혈 비타민
㉥ 비타민 C(아스코르브산) : 항괴혈병 비타민
㉦ 비타민 P(비오플라보노이드) : 혈관 강화 작용 비타민

② 지용성 비타민의 종류와 생체에서의 주요 기능
㉠ 비타민 A(레티놀) : 항야맹증 비타민, 전구체로는 식물계의 황색 색소인 β-카로틴
㉡ 비타민 D(칼시페롤) : 항구루병 비타민, 전구체로는 에르고스테롤, 콜레스테롤
㉢ 비타민 E(토코페롤) : 항산화성 비타민
㉣ 비타민 K(필로퀴논) : 혈액 응고 비타민
㉤ 비타민 F(리놀릭산) : 필수지방산을 지칭함

2) 지용성 비타민과 수용성 비타민의 비교

구분	지용성 비타민	수용성 비타민
용매	기름과 유기용매에 용해	물에 용해
섭취량이 필요량 이상	체내에 저장	소변으로 배출
결핍증세	서서히 나타남	신속하게 나타남
공급	매일 공급할 필요 없음	매일 공급

7 물의 영양적 이해

① 영양소의 용매로서 체내 화학반응의 촉매 역할을 함
② 영양소와 노폐물을 운반함
③ 삼투압을 조절하여 체액을 정상으로 유지시킴
④ 체온을 조절함
⑤ 외부의 자극으로부터 내장 기관을 보호함
⑥ 체내 분비액의 주요 성분

8 체내 주요 소화효소의 종류와 특성

① **프티알린** : 입속에 들어있는 아밀라아제로 아밀라아제와 구별하기 위함
② **펩신** : 위액 속에 존재하며, pH 2의 산성용액에서 작용하는 단백질 분해효소
③ **리파아제** : 지방분해 효소로 위, 췌장(이자), 소장에서 분비됨
④ **레닌** : 위에서 분비되는 단백질 응유효소
⑤ **트립신** : 췌장(이자)에서 효소 전구체 트립시노겐으로 생성됨
⑥ **아밀롭신** : 췌장(이자)에서 분비되는 아밀라아제
⑦ **스테압신** : 지방분해효소로 췌장(이자)에서 분비됨
⑧ **수크라아제** : 소장에서 분비되며, 일명 인버타아제라고도 함
⑨ **말타아제** : 장에서 분비되고 맥아당(엿당)을 2분자의 포도당으로 분해하는 역할을 함
⑩ **락타아제** : 소장에서 분비되고 유당을 포도당과 갈락토오스로 분해하는 역할을 함. 만약에 소화액 중 락타아제가 결여되면 유당불내증의 원인이 된다.

> 요구르트는 유당이 유산균에 의하여 발효가 되어 유산을 형성하므로 유당불내증이 있는 사람에게 적합한 식품이다.

과자류·빵류 재료 빈출 내용정리

이당류

이당류는 단당류 2분자가 결합된 당류로 종류에는 자당(설탕, Sucrose), 맥아당(엿당, Maltose), 유당(젖당, Lactose)이 있다.

설탕의 분자식

포도당($C_6H_{12}O_6$)과 과당($C_6H_{12}O_6$)이 축합하여 설탕과 물을 생성($C_{12}H_{22}O_{11}+H_2O$)하므로 설탕의 분자식은 $C_{12}H_{22}O_{11}$이다.

아밀로펙틴의 특성

① 요오드 테스트를 하면 자주빛 붉은색(적자색)을 띤다.
② 노화되는 속도가 느리다.
③ 호화되는 속도가 느리다.
④ 곁사슬(측쇄상) 구조이다.
⑤ 대부분의 천연전분은 아밀로펙틴의 구성비가 높다.

유지의 구성

유지(중성지방)는 3분자의 지방산과 1분자의 글리세린(글리세롤)이 결합되어 만들어진 에스테르, 즉 트리글리세리드이다.

단백질을 구성하는 원소

탄소(C), 수소(H), 질소(N), 산소(O), 황(S) 등의 원소로 구성된 유기화합물로 질소가 단백질의 특성을 규정짓는다.

제빵 시 곰팡이에서 추출한 효소 아밀라아제의 효과

① 밀가루 전분을 당화시킨다.
② 껍질색을 개선시킨다.
③ 저장성을 증가시킨다.
④ 특유의 향을 부여한다.

밀가루의 제분수율(%)에 따른 변화

① 제분수율이 증가하면 일반적으로 소화율(%)은 감소한다.
② 제분수율이 증가하면 일반적으로 비타민 B_1, B_2 함량이 증가한다.
③ 제분수율이 증가하면 일반적으로 무기질 함량이 증가한다.
④ 목적에 따라 제분수율이 조정되기도 한다.

이스트의 최적 보관온도와 보관기간

-1℃에서 3개월간 보관하면서 사용하면 이스트 본래의 특성을 유지할 수 있다.

달걀흰자의 기포성과 안정성

① 달걀흰자의 기포성을 좋게 하는 재료 : 주석산 크림, 레몬즙, 식초, 과일즙 등의 산성재료와 소금
② 달걀흰자의 안정성을 좋게 하는 재료 : 설탕, 산성재료
③ 흰자와 설탕, 산성재료를 넣고 휘핑하여 만드는 머랭의 적정 pH는 5.2~6.0의 약산성이 좋다.

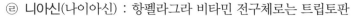

제빵에 적합한 물

아경수(121~180ppm)에 약산성(pH 5.2~5.6)을 띠는 물이 제빵에 적합하다.

제빵에서 소금의 역할

① 빵 반죽에 저항성과 신장성을 부여한다.
② 방부효과가 있다.
③ 빵 내부를 누렇게 만든다.
④ 껍질색이 갈색이 되게 한다.
⑤ 풍미를 증가시키고 맛을 조절한다.
⑥ 빵 내부의 기공을 좋게 한다.

함수포도당

포도당은 제빵 시 이스트의 영양원으로 일반적인 정제 설탕보다 좋은 효과가 있다. 즉, 빵의 촉감과 결을 부드럽게 하고 오랫동안 촉촉함을 유지시키며, 빵의 유연성과 탄력성을 높여준다. 그래서 대량생산업체에서 빵과 과자 제품을 만들고자 할 때 설탕 대신 포도당을 많이 사용한다. 포도당에는 무수포도당과 함수포도당이 있는데 제과용으로 쓰이는 것은 함수포도당이다.

버터의 구성성분

① 소금 : 1~3%
② 수분 : 14~17%
③ 우유지방 : 80~85%

유지의 종류에 따라 가소성의 정도를 조절하는 온도별 고형질 계수

① 10℃에서 파이용 마가린의 고형질 계수는 '24'
② 10℃에서 퍼프용 마가린의 고형질 계수는 '28'

우유가 과자와 빵에 미치는 영향

① 영양을 강화시킨다.
② 보수력이 있어서 과자와 빵의 노화를 지연시키고 선도를 연장시킨다.
③ 겉껍질 색깔을 강하게 한다.
④ 이스트에 의해 생성된 향을 착향시킨다.
⑤ 믹싱내구력을 향상시킨다.

펙틴

메톡실기 7% 이상의 펙틴은 당과 산이 있으면 젤리나 잼을 형성하며 과일의 껍질에서 추출한다. 젤화제, 증점제, 안정제, 유화제 등으로 사용된다.

식품의 열량을 구하는 공식

식품의 총 열량 = (탄수화물 × 4㎉) + (단백질 × 4㎉) + (지방 × 9㎉)

필수지방산의 흡수

필수지방산이란 체내에서 합성되지 않아 음식물에서 섭취해야 하는 지방산으로 성장을 촉진하고 피부건강을 유지시키며, 혈액 내의 콜레스테롤 양을 저하시킨다. 노인의 경우 필수지방산의 흡수를 위하여 콩기름을 섭취하는 것이 좋다.

단백질의 질소계수

① 단백질 양 = 질소의 양 × 질소계수
② 질소계수 : 밀가루의 질소계수는 5.7, 밀가루 이외의 질소계수는 6.25이다.

비타민의 결핍증

① 비타민 B_1 – 각기병
② 비타민 C – 괴혈병
③ 비타민 D – 구루병, 골연화증, 골다공증
④ 비타민 A – 야맹증, 안구건조증

칼슘의 흡수와 비타민

비타민 D가 결핍되면 칼슘과 인의 부족으로 구루병, 골연화증, 골다공증을 일으킨다. 연어, 난황, 버터 등을 섭취해서 보충한다.

유당불내증

우유 중에 있는 유당을 소화하는 소화효소(락타아제)가 결여되어서 유당을 소화하지 못하기 때문에 오는 증상이다.

계산문제 점검 – 1

예 어느 회사의 특정 밀가루를 구입하는데 포대당 20㎏이고 수분함량을 14%로 1,000포를 계약했는데, 납품 시의 수분함량을 정량하였더니 15%가 되었다. 그렇다면 밀가루 회사로부터 몇 ㎏의 밀가루를 더 받아야 하는가?

① 계약 시 : 수분 14%일 때 20㎏당 고형질 : 20 × 0.86 = 17.2㎏
② 납품 시 : 수분 15%일 때 20㎏당 고형질 : 20 × 0.85 = 17㎏
③ 부족한 밀가루의 양 : 17.2−17 = 0.2 × 1,000 = 200㎏

계산문제 점검 – 2

예 달걀흰자가 360g 필요하다고 할 때, 60g짜리 달걀은 몇 개 정도가 필요한가?(단, 달걀 중 난백의 함량은 60%, 난황의 함량은 30%, 껍질은 10%)

① 달걀의 개수 = 필요한 난백의 양 ÷ {달걀의 중량 × (난백의 비율 ÷ 100)}
② 360g ÷ (60 × 0.6) = 10개
∴ 10개

계산문제 점검 – 3

예 일반적인 건조달걀 분말(수분함유량 5%) 300g에 얼마의 물을 넣고 풀어주면 생달걀(수분함유량 70%)과 같은 조성이 되는가?

① 건조달걀 분말의 300g 중 고형질 함량 : 300g × 0.95 = 285g
② 수분 70%의 중량
30% : 285g = 70% : xg
285g × 70% ÷ 30% = xg
∴ 665g
③ 건조달걀 분말에 넣는 실질적인 수분의 양 : 665g−15g = 650g
④ 건조달걀 분말에 5%의 수분인 15g이 있기 때문에 650g을 넣으면 된다.

제2편

과자류 제조

(제과 과목)

01 과자류 반죽의 특징

1 과자와 빵 반죽의 차이점

① 과자는 각 재료를 한 덩어리로 만든 후 패닝(성형)하여 굽는 제품이다. 그러나 과자의 종류에 따라 들어가는 기본재료(주재료)가 다르고, 제과 시 반죽을 부풀리는 발효공정이 없다.

② 빵은 밀가루에 소금, 이스트, 물을 넣고 한 덩어리로 만든 후 부풀려서 굽는 제품이다.

분류기준	제과	빵
팽창 형태	화학적, 물리적	생물학적
설탕의 함량과 기능	많음, 윤활작용	적음, 이스트의 먹이
밀가루의 종류	박력분	강력분
반죽 상태	글루텐의 생성을 가능한 한 억제	글로텐의 생성, 발전

2 과자류제품의 분류기준

1) 팽창 형태에 따른 분류

① 물리적 팽창 방법으로 만드는 과자류

㉠ 팽창의 매개체가 공기인 제품에는 스펀지 케이크, 엔젤 푸드 케이크, 카스텔라, 롤 케이크, 시폰 케이크, 머랭, 거품형 반죽 쿠키 등

㉡ 팽창의 매개체가 유지인 제품에는 퍼프 페이스트리 등

㉢ 팽창의 매개체가 반죽 속의 수분인 아메리칸 파이(타르트의 깔개반죽), 쿠키(비스킷) 등

② 화학적 팽창방법으로 만드는 과자류

팽창의 매개체가 화학 팽창제인 제품에는 레이어 케이크, 반죽형 케이크, 케이크 도넛, 비스킷, 반죽형 쿠키, 머핀 케이크, 와플, 팬케이크, 핫케이크, 파운드 케이크, 과일 케이크 등

③ 생물학적 팽창방법으로 만드는 빵류

팽창의 매개체가 이스트인 제품에는 커피 케이크, 데니시 페이스트리, 식빵류, 과자빵류, 프랑스빵류, 롤류, 하스 브레드 등

2) 반죽 특성에 따른 분류

① 유지를 중심으로 만드는 반죽형 반죽 과자류제품

② 계란을 중심으로 만드는 거품형 반죽 과자류제품

③ 흰자와 액상유지를 중심으로 만드는 시폰형 반죽 과자류제품

3 과자류 반죽 시 발생하는 물리 · 화학적 작용의 이해

① 구조 형성 작용 : 밀가루, 계란, 우유, 분유, 레몬즙, 식초, 과일주스 등이 역할을 함

② 연화 작용 : 설탕, 유지, 노른자, 베이킹파우더 등이 역할을 함

③ 바삭한 식감 형성 작용 : 유지, 설탕, 팽창제 등이 역할을 함

④ 풍미 형성 작용 : 유제품, 설탕, 계란, 소금, 스파이스류, 양주 등이 역할을 함

⑤ 보 형성 작용: 물이나 재료에 함유된 수분 등이 역할을 함

⑥ 팽창 작용 : 베이킹파우더, 베이킹소다, 이스파타, 계란, 반죽 속의 수분, 유지 등

4 과자류 반죽 시 재료와 물리 · 화학적 작용과의 관계

① 밀가루의 작용 : 구조 형성제

② 설탕의 작용 : 감미제, 천연착향제, 착색제, 연화제, 수분보유제, 퍼짐성, 절단성 등

③ 유지의 작용 : 크림성, 쇼트닝성(기능성), 안정성, 신장성, 가소성, 수분보유제, 연화제 등

④ 계란의 작용 : 구조 형성제, 수분공급제, 농후화제, 팽창제, 천연유화제 등

⑤ 우유의 작용 : 구조 형성제, 착색제, 수분보유제 등

⑥ 물의 작용 : 반죽되기 조절제, 반죽온도 조절제, 글루텐 형성 유도제, 팽창제, 용매 · 분산제, 보 형성제 등

⑦ 소금의 작용 : 향미 보조제, 열반응 촉진제, 감미 순화제, 감미 증진제, 보존제, 반죽 경화제 등

⑧ 향료, 향신료의 작용 : 보존제, 향미제, 착색제, 식욕 촉진제 등

⑨ 베이킹파우더의 작용 : 연화제, 팽창제 등

02 과자류 반죽법의 종류 및 특징

1 반죽형의 특징과 다양한 반죽법

1) 반죽형 반죽의 특징

① 크림성과 유화성을 갖고 있는 유지를 많은 양 사용하고 화학 팽창제를 이용함

② 기본재료는 밀가루, 유지, 설탕, 계란이며, 일반적으로 밀가루가 계란보다 많음

③ 밀가루, 계란, 분유 등에 의해 케이크의 구조가 형성됨

④ 유지와 화학 팽창제를 사용하기 때문에 완제품의 질감이 부드러움

⑤ 거품형 반죽에 비해 완제품의 식감이 무거움

⑥ 제품에는 레이어 케이크, 파운드 케이크, 머핀 케이크, 과일 케이크, 마들렌, 바움쿠엔 등

2) 반죽형 반죽을 만드는 반죽법의 종류 및 특징

① 블렌딩법 : 유지에 밀가루를 투입함

㉠ 반죽법의 장점 : 제품의 조직이 부드럽고 유연함

㉡ 반죽법의 단점 : 완제품의 팽창이 상대적으로 작음

② 크림법 : 유지에 설탕을 투입함

㉠ 반죽법의 장점 : 제품의 부피가 큰 케이크를 만들 수 있음

㉡ 반죽법의 단점 : 스크랩핑을 자주 해야 함

③ 1단계법(단단계법) : 유지에 모든 재료를 투입함

㉠ 반죽법의 전제 조건 : 유화제와 베이킹파우더를 첨가하고, 믹서의 성능이 좋아야 함

㉡ 반죽법의 장점 : 노동력과 제조시간이 절약됨

④ 설탕/물 반죽법 : 유지에 설탕물 시럽을 투입함

㉠ 반죽법의 장점

- 계량의 편리성, 대량생산이 용이함
- 껍질색이 균일한 제품을 생산할 수 있음
- 더 좋은 체적(부피)의 제품을 생산할 수 있음

㉡ 반죽법의 단점 : 최초 시설비가 많이 듦

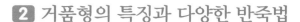

2 거품형의 특징과 다양한 반죽법

1) 거품형 반죽의 특징

① 계란 단백질의 기포성과 열에 대한 응고성(열변성)을 이용한 반죽
② 전란으로 만드는 **거품형 스펀지 반죽**, 흰자로 만드는 **거품형 머랭 반죽**이 있음
③ 반죽형 반죽과 비교하면 완제품의 질감이 질김
④ 반죽의 비중이 낮고, 제품의 조직은 해면성이 크고 식감은 가벼움
⑤ 제품에는 스펀지 케이크, 롤 케이크, 카스테라, 오믈렛, 엔젤 푸드 케이크 등

2) 머랭 반죽의 특징

① 흰자에 설탕을 넣고 휘핑하여 거품을 낸 반죽
② 머랭 반죽의 **설탕과 흰자의 비율은 2 : 1 임**
③ **머랭 반죽 제조 시 주의사항**
㉠ 믹싱 볼과 휘퍼에는 기름기가 없어야 함
㉡ 흰자에는 노른자의 지방이 들어가지 않도록 주의함
㉢ 중속을 위주로 휘핑하여 기포를 치밀하게 만듦
㉣ 30초 이하의 고속 휘핑으로 흰자 거품체를 탄력 있게 만듦

3) 거품형 머랭 반죽을 만드는 반죽법의 종류 및 특징

① **냉제 머랭법** : 실온 상태의 흰자를 거품 내다가 설탕을 조금씩 넣으며 거품체를 만듦
② **온제 머랭법** : 흰자와 설탕을 43℃로 데운 뒤 거품을 내다가 안정되면 분설탕을 섞음
③ **스위스 머랭법** : 흰자(1/3)와 설탕(2/3)을 섞어 43℃로 데우고 거품내면서 레몬즙을 첨가하여 만든 온제 머랭에 나머지 흰자와 설탕을 섞어 거품을 낸 냉제 머랭을 섞음
④ **이탈리안 머랭법** : 볼에 흰자와 설탕(흰자 양의 20%)을 넣고 휘핑하면서 시럽[나머지 설탕에 물(시럽용 설탕 양의 30%)을 넣고 114~118℃ 끓임]을 부어 만듦

4) 스펀지 반죽의 특징

① 전란에 설탕과 소금을 넣고 거품을 낸 후 밀가루와 섞은 반죽
② 반죽의 부피팽창과 연화작용이 향상됨

5) 거품형 스펀지 반죽을 만드는 반죽법의 종류 및 특징

① **공립법**
㉠ 흰자와 노른자를 함께 사용하여 거품을 내는 방법
㉡ **더운 믹싱법(중탕법, 가온법)** : 계란과 설탕을 중탕으로 43℃까지 데운 후 거품을 내는 방법
- 고율배합에 사용하면 반죽의 휘핑시간이 단축되고 제품의 껍질색이 균일함
- 계란의 비린내가 감소됨
- 중탕온도가 높으면 조직이 나빠지고, 구운 후 찌그러질 수 있음

㉢ **찬 믹싱법** : 중탕하지 않고 계란에 설탕을 넣고 거품을 내는 방법
- 베이킹파우더를 사용할 수 있음
- 반죽온도는 22~24℃로 유지함
- 저율배합에 사용하면 포집성이 양호해짐

② **별립법**
흰자와 노른자로 구성된 전란을 흰자와 노른자로 나누어 각각에 설탕을 넣고 거품을 일으켜 흰자 반죽과 노른자 반죽을 만든 다음 다른 재료와 함께 흰자 반죽, 노른자 반죽을 섞어주는 방법
③ **단단계법** : 베이킹파우더, 유화제를 첨가한 후 전 재료를 동시에 넣고 반죽함
④ **제노와즈법**
㉠ 이탈리아 제노바(Genova)에서 유래된 제법
㉡ 스펀지 케이크 반죽에 유지를 넣어 만듦
㉢ 유지는 50~70℃로 중탕하여 사용함
㉣ 중탕한 유지는 가루재료를 넣어 섞은 후 반죽 마지막 단계에 넣고 가볍게 섞음
㉤ 부드러운 질감의 완제품을 만들 수 있음

3 시폰형의 특징과 다양한 반죽법

1) 시폰형 반죽의 특징

① 가볍고 부드러운 식감과 질감의 완제품을 만들 수 있음
② 시폰형 반죽은 거품 낸 흰자와 화학 팽창제로 반죽을 부풀림
③ 시폰형 반죽은 거품형 반죽의 가벼운 식감과 반죽형 반죽의 부드러운 질감을 취한 반죽임
④ 제품에는 시폰 케이크가 있음

2) 시폰형 반죽을 만드는 반죽법의 종류 및 특징

① **시폰법**
㉠ 반죽형의 블렌딩법과 거품형의 머랭법을 함께 사용하는 반죽법
㉡ 노른자에 식용유를 섞은 다음, 입상형 설탕(A)과 건조 재료를 함께 체에 쳐서 넣고 균일하게 섞음
㉢ ㉡에 물을 붓고 설탕을 용해시키면서 매끄러운 상태로 만듦[반죽형의 블렌딩법]
㉣ 따로 흰자에 설탕(B)을 조금씩 나누어 넣으면서 비중이 0.18~0.25인 머랭을 만듦[거품형의 머랭법]
㉤ ㉢의 노른자 반죽에 ㉣의 머랭 반죽을 3번에 나누어 넣으면서 가볍게 섞어 반죽비중을 0.4~0.5로 맞춤
㉥ 기름기가 없는 시폰 팬에 분무를 하거나 물 칠을 하고 팬 부피의 60% 정도 패닝함
㉦ 굽기 후 오븐에서 꺼내어 즉시 시폰 팬을 뒤집어 냉각시킴

4 페이스트리형의 특징과 다양한 반죽법

1) 페이스트리 반죽의 특징

① 과자류 페이스트리 반죽의 유형에는 퍼프 페이스트리(프레치 파이), 쇼트 페이스트리(아메리칸 파이), 슈 페이스트리 등
② 과자류 페이스트리 반죽은 팽창의 유형에 있어서는 동일한 물리적 팽창방식이지만, 구체적인 팽창의 방법에 있어 약간의 차이를 보임
③ 퍼프 페이스트리와 쇼트 페이스트리는 팽창의 매개체가 유지이며 유지의 힘만으로 반죽을 부풀림
④ 슈 페이스트리는 팽창의 매개체가 수분이며 수증기 팽창의 힘만으로 반죽을 부풀림
⑤ 제품에는 나비 파이, 사과 파이, 호두 파이, 슈크림 등

2) 페이스트리 반죽을 만드는 반죽법의 종류 및 특징

① **영국식 반죽법** : 반죽을 직사각형으로 밀어 편 후에 2/3정도의 부분을 피복용 유지로 덮고 접은 다음 밀어펴서 접는 방법
② **프랑스식 반죽법** : 반죽을 정사각형으로 밀어 편 후 가운데에 피복용 유지로 놓고 감싼 다음 밀어펴서 접는 방법

③ **반죽형(스코틀랜드식)** : 직사각형으로 밀어 편 반죽 위에 피복용 유지를 조금씩 떼어내어 바르는 방법

④ **속성법(아메리칸식)** : 피복용 유지를 밀가루 위에 놓고 잘게 잘라 밀가루와 혼합한 후 물을 투입하여 반죽을 완료하는 반죽법

03 과자류제품 제조 공정

1 반죽법 결정

영업적인 면과 생산적인 면을 고려함

2 배합표 작성 및 점검

재료의 종류, 비율과 무게를 표시하는 것

① **Baker's% 배합표 작성법**

밀가루의 양을 100%로 보고, 각 재료가 차지하는 양을 %로 표시한 것을 말함

② **주문 물량에 따른 Baker's% 배합량 조절공식(단, 중량은 무게단위인 g을 사용함)**

배합량 조절공식은 총 반죽무게, 밀가루 무게, 각 재료의 무게 순으로 계산을 하여야 한다.

㉠ 총 반죽무게(g) = 완제품 중량÷{1−(굽기 및 냉각손실÷100)}

㉡ 밀가루 무게(g) = $\frac{\text{밀가루 비율(\%)} \times \text{총 반죽 무게(g)}}{\text{총 배합률(\%)}}$

㉢ 각 재료의 무게(g) = 밀가루 무게(g)×각 재료의 비율(%)

3 고율배합과 저율배합의 비교

① 고율배합과 저율배합의 비교

현상	고율배합	저율배합
믹싱 중 공기흡입 정도	많다	적다
반죽의 비중	낮다	높다
화학팽창제 사용량	줄인다	늘린다
굽기 온도와 시간	저온 장시간 굽는 오버 베이킹 (Over baking)	고온 단시간 굽는 언더 베이킹 (Under baking)

② 배합률 조절공식의 비교

고율배합	저율배합
설탕 ≥ 밀가루	설탕 ≤ 밀가루
전체 액체(계란+우유) > 밀가루	전체 액체(계란+우유) ≤ 밀가루
전체 액체 > 설탕	전체 액체 = 설탕
계란 ≥ 쇼트닝	계란 ≥ 쇼트닝

4 재료 준비 및 계량 방법

제과제빵 분야에서는 부피 계량법보다 무게 계량법을 사용함

5 반죽 및 반죽 관리

케이크 반죽의 혼합 완료 정도는 비중으로 판단함

1) 반죽온도

과자 반죽온도는 열의 양(calorie)을 측정하는 것이 아니라 열의 강도(Intensity)를 측정하는 상대적 개념으로 단위는 섭씨(Celsius, ℃)를 사용함

① **과자 반죽의 형태에 따라 일어나는 반죽온도의 영향**

㉠ 반죽온도가 거품형 반죽의 비중에 미치는 영향

- 반죽온도가 낮으면 완제품의 기공이 작아져 조직은 조밀해지고 부피는 작다. 그리고 식감이 나쁘고 반죽을 굽는 시간이 더 늘어나 착색이 진해진다.
- 반죽온도가 높으면 완제품의 기공이 커져 조직은 거칠어지고 부피는 크다. 그리고 노화가 빨리 일어나고 식감이 나쁘다.

㉡ 반죽온도가 반죽형 반죽의 비중에 미치는 영향

- 반죽온도가 낮으면 완제품의 기공이 작아져 조직은 조밀해지고 부피는 작다. 식감이 나쁘고, 반죽을 굽는 시간이 더 늘어나 착색이 진해진다.
- 반죽온도가 높으면 완제품의 기공이 작아져 조직은 조밀해지고 부피는 작다. 그리고 식감이 나쁘다.

② **반죽온도 조절 계산법**

㉠ 용어해설

- 마찰계수 : 믹싱할 때 반죽의 상승한 온도를 실질적 수치로 환산한 값
- 결과 반죽온도 : 반죽을 만든 후의 반죽온도
- 희망 반죽온도 : 만들고자 하는 반죽의 원하는 결과온도

㉡ **마찰계수** = (결과 반죽온도×6)−(실내 온도+밀가루 온도+설탕 온도+쇼트닝 온도+계란 온도+수돗물 온도)

㉢ **계산된 사용수 온도** = (희망 반죽온도×6)−(밀가루 온도+실내온도+설탕 온도+쇼트닝 온도+계란 온도+마찰계수)

㉣ **얼음 사용량** = $\frac{\text{사용할 물의 양} \times (\text{수돗물 온도} - \text{계산된 사용수 온도})}{(80 + \text{수돗물 온도})}$

2) 반죽의 비중

① **제과 시 사용하는 비중값의 정의**

㉠ 과자 반죽에 혼입된 공기의 양을 물에 대한 비례값으로 나타낸 상대적인 수치

㉡ 같은 용적의 물의 무게에 대한 반죽의 무게를 소수로 나타낸 값

㉢ 소수로 나타낸 값이란 즉, 0에서 1까지의 값으로 나타냄을 의미함

㉣ 소수의 값이 0에 가까워지면 비중이 낮고, 비중이 낮을수록 반죽 속에 공기가 많음

㉤ 소수의 값이 1에 가까워지면 비중이 높고, 비중이 높을수록 반죽 속에 공기가 적음

② **비중값이 완제품의 외부와 내부에 미치는 영향**

㉠ 케이크 제품의 외부적 특징인 부피와 내부적 특징인 기공과 조직에 영향을 끼침

㉡ 비중이 높으면 부피가 작아지고 기공이 작아 조직이 조밀함

㉢ 비중이 낮으면 부피가 커지고 기공이 열려 조직이 거칠음

③ **제과 시 사용하는 비중값 측정법**

㉠ **비중값** = $\frac{\text{같은 부피의 반죽 무게}}{\text{같은 부피의 물 무게}}$

(전자저울 사용 시 컵 무게를 소거할 수 있음)

㉡ **비중값** = $\frac{(\text{반죽 무게} - \text{컵 무게})}{(\text{물 무게} - \text{컵 무게})}$

(추저울 – 부등비 접시저울 사용 시)

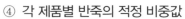

④ 각 제품별 반죽의 적정 비중값
㉠ 파운드 케이크 : 0.75 전 · 후
㉡ 레이어 케이크 : 0.85 전 · 후
㉢ 스펀지 케이크 : 0.55 전 · 후
㉣ 롤 케이크 : 0.4~0.45

3) 반죽의 pH

① pH의 의미
㉠ 용액의 수소이온 농도를 나타내며 범위는 pH 1~14로 표시함
㉡ pH 7을 중성으로 하여 수치가 pH 1에 가까워지면 산도가 커짐
㉢ 수치가 pH 14에 가까워지면 알칼리도가 커짐
㉣ "pH 1의 차이는 수소이온 농도가 10배 차이가 난다"는 뜻이므로 pH의 수치가 1 상승할 때마다 10배가 희석 됨

② 산도에 따른 제품의 비교(pH에 따른 제품의 비교)

산이 강한 제품(pH가 낮은 제품)	알칼리가 강한 제품(pH가 높은 제품)
너무 고운 기공	거친 기공
여린 껍질색	어두운 껍질색과 속색
연한 향	강한 향
톡 쏘는 신맛	소다맛
빈약한 제품의 부피	정상보다 제품의 부피가 크다.

③ 과자 반죽의 pH 조절 방법
㉠ pH를 낮추고자 할 때는 주석산 크림, 레몬즙, 식초를 넣고, 높이고자 할 때는 중조를 넣음
㉡ 완제품의 향과 색을 진하게 하려면 알칼리성 재료인 중조로 조절함
㉢ 완제품의 향과 색을 연하게 하려면 산성 재료인 주석산 크림으로 조절함

④ 제품과 재료의 적정 pH
㉠ 각 제품별 적정 pH는 다음과 같다.

pH가 가장 높은 제품	pH가 가장 낮은 제품
• 데블스 푸드 케이크 8.5~9.2 • 초콜릿 케이크 7.8~8.8	• 과일 케이크 4.4~5.0 • 엔젤 푸드 케이크 5.2~6.0

㉡ 가장 많이 쓰는 재료의 pH
- 증류수 : pH 7
- 박력분 : pH 5.2
- 흰자 : pH 8.8~9
- 중조(소다) : pH 8.4~8.8
- 우유 : pH 6.6
- 베이킹파우더 : pH 6.5~7.5

6 성형 · 패닝

다양한 성형방법에는 짜내기, 찍어내기, 접어밀기 등이 있다.

1) 패닝

㉠ 다양한 모양을 갖춘 틀에 적당량의 반죽을 채워 넣고 구워서 제품의 모양을 만듦
㉡ 패닝하는 방법에는 틀의 부피를 기준으로 반죽량을 채우는 방법
㉢ 또는 틀의 부피를 비용적으로 나누어 반죽량을 산출하여 채우는 방법

① 반죽 무게를 산출하여 패닝하는 방법

$$\text{반죽 무게} = \frac{\text{틀 부피(용적)}}{\text{비용적}}$$

② 팬(틀) 부피 계산법
㉠ 곧은 옆면을 가진 원형팬 : 팬의 부피 = 밑넓이×높이 = 반지름×반지름×3.14×높이
㉡ 옆면이 경사진 원형팬 : 팬의 부피 = 평균 반지름×평균 반지름×3.14×높이
㉢ 경사면을 가진 사각팬 : 팬의 부피 = 평균 가로×평균 세로×높이

③ 비용적의 정의와 계산식
㉠ 반죽 1g당 굽는 데 필요한 팬의 부피 혹은 패닝하고자 하는 반죽 1g이 팽창한 용적
㉡ $\text{비용적} = \frac{\text{틀 부피(용적)}}{\text{반죽 무게}}$

④ 제품별 비용적
㉠ 파운드 케이크 : 2.40㎤/g
㉡ 엔젤 푸드 케이크 : 4.70㎤/g
㉢ 레이어 케이크 : 2.96㎤/g
㉣ 스펀지 케이크 : 5.08㎤/g

7 굽기

① 과자 반죽의 윗면은 복사(방사), 밑면은 전도, 옆면은 대류 등의 방식으로 열을 가하여 익혀주고, 색을 내는 것을 굽기라고 한다.
② 굽기 시 반죽에 열이 가해져 온도가 상승하면 전분의 호화, 단백질의 응고, 공기의 팽창, 수증기압 증가, 갈변반응 등이 일어난다.

1) 제품별 특성에 따른 굽기방식

① 낮은 온도에서 장시간 굽기 : 고율배합, 다량의 반죽, 팬에 담은 반죽의 두께가 두꺼움
② 높은 온도에서 단시간 굽기 : 저율배합, 소량의 반죽, 팬에 담은 반죽의 두께가 얇음

2) 굽기온도가 부적당하여 발생하는 현상

① 오버 베이킹 : 너무 낮은 온도에서 오래 구워 윗면이 평평하고 조직이 부드러우나 수분의 손실이 크다. 그래서 굽기 후 완제품의 노화가 빨리 진행된다.
② 언더 베이킹 : 너무 높은 온도에서 짧게 구워 윗면의 중심부분이 부풀어 오르면서 갈라지고 설익는다. 그래서 굽기 후 완제품의 조직은 거칠며 주저앉기 쉽다.

3) 굽기 손실률 계산식

오븐에 넣기 직전의 중량을 A라 하고 오븐에서 나온 직후 중량을 B라 하면, 굽기 손실률 = $\frac{A-B}{A}$×100으로 표시된다.

4) 손실 계산의 예제

완제품의 무게 400g짜리 케이크 10개를 만들려고 한다. 굽기 및 냉각 손실이 20%라면 총 분할반죽의 무게는?
① 제품의 총 무게 = 400g × 10개 = 4,000g
② 분할반죽의 총 무게 = 4,000g ÷ {1−(20÷100) = 5,000g

8 튀기기

1) 올바른 튀기기 방법

① **튀김기름의 표준온도** : 180~195℃

② **튀김 기름의 이론적 깊이** : 12~15㎝ 정도, **실제적 깊이** : 5~8㎝가 적당함

2) 튀김 후 케이크 도넛의 발한에 의한 상태변화와 대책

① **발한** : 수분이 껍질 쪽으로 옮아가면서 케이크 도넛 표면에 뿌린 설탕이 녹는 현상

② **튀긴 케이크 도넛 내부의 수분이 밖으로 배어 나오는 발한의 대책**

㉠ 도넛 위에 뿌리는 설탕 사용량을 늘림

㉡ 도넛을 충분히 냉각함

㉢ 설탕 접착력이 좋은 튀김기름을 사용함

㉣ 튀김시간을 늘려 도넛에 남는 수분함량을 줄임

㉤ 도넛을 40℃ 전 · 후로 식힌 후 설탕 아이싱을 함

③ **튀김기름에 스테아린을 전체 기름의 3~6% 첨가하면 나타나는 효과**

㉠ 유지의 융점을 높여 도넛에 설탕이 붙는 점착성을 증가시킴

㉡ 신선한 기름이 설탕을 녹여 끈적거리며 누렇게 변색시키는 황화현상을 방지함

㉢ 오래된 기름이 설탕을 녹여 끈적거리며 회색빛으로 변색시키는 회화현상을 방지함

㉣ 경화제로서 설탕의 녹는점을 높여 기름 침투를 막음

㉤ 단, 너무 많이 넣으면 점착성이 작아져 도넛에 묻는 설탕의 양이 줄어듦

3) 케이크 도넛에 과도한 흡유의 원인

① 반죽의 수분이 너무 많음

② 반죽의 믹싱 시간이 짧음

③ 반죽의 구조형성이 부족함

④ 반죽 온도가 낮으면 튀김 시간이 길음

⑤ 반죽 중량이 같다면 튀김 시간이 길음

⑥ 튀김 시간이 같다면 반죽 중량이 적음

4) 튀김기름이 갖추어야 할 요건

① 부드러운 맛과 엷은 색을 띨 것

② 제품이 냉각되는 동안 충분히 응결되어야 함

③ 발연점이 높아야 함

④ 튀김기름에는 수분이 없고 저장성이 높아야 함

5) 튀김기름의 4대 적 : 온도(열), 수분(물), 공기(산소), 이물질

9 찌기

① 찜은 수증기가 갖고 있는 잠열(1g당 539kcal)을 이용하여 식품을 가열하는 조리법

② 찜은 수증기가 움직이면서 열이 전달되는 현상인 대류를 이용함

③ 찜 케이크를 찔 때 너무 압력이 가해지지 않도록 적당한 시간을 쪄내야 함

④ 가압하지 않는 경우 찜기의 내부온도는 97℃ 정도임

04 제품별 특징 및 불량제품 관리

1 파운드 케이크

1) 기본 배합률

재료명	비율(%)	재료명	비율(%)
박력분	100	유지	100
설탕	100	계란	100

2) 사용 재료의 특성

① 쫄깃한 질감을 만들고자 할 경우는 박력분의 일부분을 중력분이나 강력분으로 대체함

② 유지는 크림성과 유화성이 좋은 고체지방만을 사용함

③ 고체지방 중에서 쇼트닝, 마가린, 버터, 라드 순으로 사용하기가 좋음

④ 유지는 팽창기능, 유화기능, 윤활기능(흐름성) 등의 기능을 함

⑤ **밀가루와 설탕의 사용량은 고정시키고 계란과 유지의 사용량을 변화시키는 경우**

㉠ 계란이 증가하면 유지도 증가시킴

㉡ 유지가 증가하면 계란은 증가시키고 우유는 감소시킴

㉢ 유지와 계란이 증가하면 베이킹파우더는 감소시킴

㉣ 유지와 계란이 증가하면 소금의 사용량은 소량 증가시킴

3) 제조 공정

① **믹싱** : 블렌딩법, 1단계법, 설탕/물법, 크림법 등을 사용함

㉠ 유지(버터, 마가린, 쇼트닝)의 품온은 18~25℃로 유지함

㉡ 반죽의 온도는 20~24℃가 적당하며 비중은 0.75~0.85가 일반적임

② **패닝** : 틀 높이의 70% 정도, 2중 팬을 사용함

③ **굽기** : 반죽량이 많은 제품은 170~180℃, 적은 제품은 180~190℃에서 굽는다.

※ 파운드 케이크를 구울 때 윗면이 자연적으로 터지는 원인
- 설탕 입자가 용해되지 않고 남아 있음
- 높은 온도에서 구워 껍질이 빨리 생김
- 반죽 내의 수분이 불충분함
- 패닝 후 바로 굽지 않아 반죽의 거죽이 마름

※ 파운드 케이크를 구운 직후 노른자에 설탕을 넣고 칠하는 목적
- 광택제 효과
- 착색 효과
- 보존기간 개선
- 맛의 개선

4) 파운드 케이크를 응용한 제품

① **마블 케이크** : 보통의 파운드 케이크 반죽에 초콜릿과 코코아를 첨가해 전체 반죽의 1/4을 코코아 반죽으로 만든 후 나머지 흰 반죽과 섞어 대리석 무늬를 만든 케이크이다.

② **과일 파운드 케이크**

㉠ 파운드 케이크 반죽에 각종 과일을 넣어 만든 케이크로 첨가하는 과일 양은 전체 반죽의 25~50%이다.

㉡ 시럽에 담근 과일은 과일이 밑바닥에 가라앉는 것을 방지할 목적으로 사용 전에 시럽을 충분히 뺀 뒤 사용한다.

㉢ 단백질 함량이 높은 밀가루를 넣고 충분히 혼합한 후 최종 단계에 과일류를 섞는다.

㉣ 과일은 밀가루에 묻혀 사용하면 과일이 밑바닥에 가라앉는 것을 방지할 수 있다.

③ **모카 파운드 케이크** : 보통의 파운드 케이크 반죽에 커피를 넣어 만든 제품

2 레이어 케이크

1) 재료 사용 범위

재료	화이트 레이어 케이크	옐로 레이어 케이크	데블스 푸드 케이크	초콜릿 케이크
	사용범위(%)	사용범위(%)	사용범위(%)	사용범위(%)
염소표백 박력분	100	100	100	100
설탕	110~160	110~140	110~180	110~180
쇼트닝	30~70	30~70	30~70	30~70
계란, 흰자	흰자 = 쇼트닝 × 1.43	계란 = 쇼트닝 × 1.1	계란 = 쇼트닝 × 1.1	계란 = 쇼트닝 × 1.1
• 배합률을 조정하는 순서 – 계란의 양을 산출한다. – 우유의 양을 산출한다. – 분유의 양을 산출한다. – 물의 양을 산출한다. – 계란과 우유를 합한 양은 반죽의 전체 수분함유량을 의미한다.	• 흰자 = 쇼트닝 × 1.43 • 우유 = 설탕 + 30 – 흰자 • 분유 = 우유 × 0.1 • 물 = 우유 × 0.9 • 주석산 크림 = 0.5%	• 계란 = 쇼트닝 × 1.1 • 우유 = 설탕 + 25 – 계란 • 분유 = 우유 × 0.1 • 물 = 우유 × 0.9	• 계란 = 쇼트닝 × 1.1 • 우유 = 설탕 + 30 + (코코아 × 1.5) – 계란 • 분유 = 우유 × 0.1 • 물 = 우유 × 0.9 • 중조 = 천연코코아 × 7% • 베이킹파우더 = 원래 사용하던 양 – (중조 × 3)	• 계란 = 쇼트닝 × 1.1 • 우유 = 설탕 + 30 + (코코아 × 1.5) – 계란 • 분유 = 우유 × 0.1 • 물 = 우유 × 0.9 • 초콜릿 = 코코아 + 카카오 버터 • 코코아 = 초콜릿 양 × 62.5%(= 5/8) • 카카오 버터 = 초콜릿 양 × 37.5%(= 3/8) • 조절한 유화 쇼트닝 = 원래 유화 쇼트닝 – (카카오 버터 × 1/2)

2) 제조 공정상 특징

① 레이어 반죽은 팬의 55~60% 정도 반죽을 채우고, 180℃의 온도에서 30~35분간 굽는다.

② 옐로 레이어 케이크는 많은 종류의 레이어 케이크가 유래한 기본이 되는 제품

③ 유화제 처리가 안 된 쇼트닝을 쓸 경우 쇼트닝의 6~8%에 해당하는 유화제를 첨가함

④ 설탕의 사용범위는 110~180%까지인데, 설탕 사용량이 많을수록 수분 사용량이 늘어나 노화가 지연됨

⑤ 화이트 레이어 케이크는 흰자를 사용해 반죽한 케이크로 설탕 사용범위가 110~160%까지로 넓음

⑥ 주석산 크림은 흰자의 구조와 내구성을 강화시키고, 흰자의 산도를 높여 케이크의 속 색을 희게 만듦

⑦ 데블스 푸드 케이크는 15~30%의 코코아를 넣고 반죽한 케이크로, 블렌딩법으로 제조함

⑧ 천연 코코아를 더치(가공)코코아로 만드는 방법 : 코코아의 7%에 해당하는 중조(소다, 탄산수소나트륨)를 사용한다. 단, 중조를 사용하면 이산화탄소가 발생하기 때문에 베이킹파우더 사용량을 줄임

⑨ 중조의 이산화탄소 발생력은 베이킹파우더의 탄산가스 발생력보다 3배가 큼

⑩ 초콜릿 케이크는 기본인 옐로우 레이어 케이크 반죽에 24~48% 정도의 초콜릿을 넣어 맛과 향을 보강한 제품

⑪ 초콜릿의 종류는 비터초콜릿으로 코코아 62.5%(5/8), 카카오버터 37.5%(3/8)로 구성된 쓴 맛이 나는 초콜릿

3) 반죽형 케이크 제조 시 발생할 수 있는 문제점과 원인

① 반죽형 케이크 반죽제조 시 분리현상이 일어나는 원인
- ㉠ 반죽온도가 낮음
- ㉡ 유지의 품온이 낮음
- ㉢ 계란, 우유, 물 등의 액체재료의 온도가 낮음
- ㉣ 품질이 낮은 계란을 사용함
- ㉤ 일시에 투입하는 계란의 양이 많음
- ㉥ 유지가 설탕이나 밀가루와 고르게 혼합되지 않음
- ㉦ 유화성이 없는 유지를 썼음

② 반죽형 케이크를 굽는 도중에 수축하는 경우의 원인
- ㉠ 베이킹파우더의 사용이 과다한 경우
- ㉡ 반죽에 과도한 공기혼입이 된 경우
- ㉢ 오븐의 온도가 너무 낮거나 너무 높은 경우
- ㉣ 재료들이 고루 섞이지 않은 경우
- ㉤ 설탕과 액체재료의 사용량이 많은 경우
- ㉥ 밀가루 사용량이 부족한 경우
- ㉦ 염소 표백하지 않은 박력분을 쓴 경우(단, 설탕이 밀가루보다 많은 경우)

③ 반죽형 케이크의 부피가 작아지는 원인
- ㉠ 반죽의 비중이 높은 경우
- ㉡ 반죽을 패닝한 후 오래 방치한 경우
- ㉢ 강력분을 사용한 경우
- ㉣ 오븐 온도가 지나치게 낮거나 혹은 높은 경우
- ㉤ 계란양이 부족하거나 품질이 낮은 경우
- ㉥ 팽창제를 과량으로 사용한 경우
- ㉦ 유지의 유화성과 크림성이 나쁜 경우
- ㉧ 우유, 물이 많거나 팽창제가 부족한 경우

④ 반죽형 케이크를 구운 후 가볍고 부서지는 현상의 원인
- ㉠ 반죽에 밀가루 사용량이 부족함
- ㉡ 반죽의 크림화가 지나침
- ㉢ 화학팽창제 사용량이 많음
- ㉣ 유지 사용량이 많음

3 스펀지 케이크

1) 기본 배합률

재료명	비율(%)	재료명	비율(%)
박력분	100	계란	166
설탕	166	소금	2

2) 사용 재료의 특성

① 박력분이 없어 중력분을 사용할 경우 중력분의 일부분을 전분(12% 이하)으로 섞어 사용할 수 있음
② 계란과 박력분에 함유된 단백질은 완제품의 부피를 결정하고 제품의 구조를 형성함
③ 75%의 수분을 함유한 계란은 스펀지 케이크의 반죽에 수분을 공급하며 노른자의 카로티노이드는 완제품의 내상에 색을 냄
④ 스펀지 케이크 반죽에 들어가는 소금은 설탕의 단맛을 순화시키고 계란의 비린내를 잡아 맛을 내는 데 중요한 역할을 함
⑤ 스펀지 케이크 반죽에 들어가는 설탕이 밀가루 기준 100% 이하로 반죽에 들어가면 제품의 껍질이 갈라짐
⑥ 계란 사용량을 1% 감소시킬 때의 조치사항
　㉠ 밀가루 사용량을 0.25% 추가함
　㉡ 물 사용량을 0.75% 추가함
　㉢ 베이킹파우더를 0.03% 사용함
　㉣ 유화제를 0.03% 사용함

3) 제조 공정

① 믹싱 : 공립법, 별립법, 1단계법 중에서 선택함
② 패닝 : 제시된 틀의 부피를 기준으로 50~60% 정도
③ 스펀지 케이크는 굽는 중 공기의 팽창, 전분의 호화, 단백질의 응고 등의 물리적 현상들이 일어남
④ 스펀지 케이크는 계란을 많이 사용하는 제품이므로 굽기가 끝나면 팬에서 꺼내어 과도한 수축을 막음

4 롤 케이크

스펀지 케이크를 변형시켜 만든 롤 케이크는 기본 배합인 스펀지 케이크보다 수분이 많아 말 때 표피가 터지지 않게 됨

1) 제조 공정

① 믹싱 : 공립법, 별립법 중에서 선택함
② 패닝 : 팬에 팬 높이와 같게 팬 종이를 깐다.
③ 굽기 : 구운 후 즉시 팬에서 꺼내어 완제품이 찐득거리는 것, 수축하는 것, 말기 시 표면이 터지는 것 등을 방지함
④ 굽기 후 : 충전물을 바르고 말기를 함

2) 롤 케이크 말기를 할 때 표면의 터짐을 방지하는 방법

① 설탕의 일부를 물엿과 시럽으로 대체함
② 배합에 덱스트린을 사용함
③ 팽창이 과도한 경우 팽창제 사용을 줄이거나 믹싱상태를 조절함
④ 노른자를 줄이고 전란을 증가시킴
⑤ 오버 베이킹을 하지 않음
⑥ 밑불이 너무 강하지 않도록 굽기를 함
⑦ 비중이 너무 높지 않게 휘핑을 함
⑧ 반죽온도가 너무 낮지 않도록 함
⑨ 글리세린을 첨가함

3) 잼 또는 젤리의 수분이 롤 케이크에 축축하게 스며드는 것을 방지하는 방법

① 굽는 온도를 낮추고 시간을 늘림
② 수분의 비율을 줄임
③ 가루재료를 넣고 좀 더 섞음
④ 밀가루 사용량을 증가시킴

5 엔젤 푸드 케이크

흰자만을 사용하고 pH는 5.2~6.0이며, 케이크류에서 반죽의 비중이 제일 낮다.

1) 기본 배합률(True %)

재료명	비율(%)	재료명	비율(%)
박력분	15~18	주석산크림(산염제)	0.5~6.25
흰자	40~50	소금	0.375~0.5
설탕	30~42	–	–

2) 배합률 조절공식

① 박력분 15% 선택 시 흰자 50%를, 박력분 18% 선택 시 흰자 40%를 교차 선택한다.
② 주석산크림(주석산칼륨)과 소금의 합이 1%가 되게 선택한다.
③ 설탕=100−(흰자+박력분+주석산크림+소금의 양)

3) 사용 재료의 특성

① 박력분은 흰자와 함께 구조형성기능을 함
② 주석산크림(주석산칼륨)을 넣기 때문에 머랭의 색이 흰색으로 밝아짐
③ 머랭과 함께 주석산크림을 섞는 산 전처리법이나 밀가루와 함께 주석산크림을 섞는 산 후처리법을 사용함
④ 전체 설탕량에서 머랭을 만들 때에는 2/3를 정백당의 형태로 넣고, 밀가루와 함께 넣을 때는 1/3을 분설탕의 형태로 넣는다.

4) 제조 공정

① 머랭 반죽법으로 제조하며, 산 전처리법이나 산 후처리법 중에서 선택함
② 패닝 : 틀에 이형제로 물을 분무한 후 반죽을 60~70% 채움
③ 시폰 케이크와 엔젤 푸드 케이크는 이형제로 물을 사용함

6 퍼프 페이스트리

밀가루 반죽에 유지를 넣어 많은 결을 낸 유지층 반죽 과자로 최고 243겹(층)을 만듦

1) 기본 배합률

재료명	비율(%)	재료명	비율(%)
강력분	100	물	50
유지	100	소금	1~3

2) 사용 재료의 특성

① 유지의 100%는 본 반죽에 넣는 것과 충전용 유지를 합한 것이다.
② 가소성 범위가 넓은 충전용 유지를 사용함

3) 제조 공정

① 믹싱 : 발전단계 후기, 과자류제품 중에서 과자 반죽의 희망 결과 온도가 가장 낮은 20℃로 맞춘다.
② 롤인 유지함량 및 접기 횟수가 페이스트리의 부피 팽창에 미치는 영향
　㉠ 롤인 유지함량이 증가할수록 제품 부피는 증가함
　㉡ 롤인 유지함량이 적어지면 같은 접기 횟수에서 제품의 부피가 감소함
　㉢ 같은 롤인 유지함량에서는 접기 횟수가 증가할수록 부피는 증가하다 최고점을 지나면 감소함

㉣ 롤인 유지함량이 많은 것이 롤인 유지함량이 적은 것보다 접기 횟수가 증가함에 따라 부피가 증가하다가 최고점을 지나면 감소하는 현상이 서서히 나타남

> ※ 퍼프 페이스트리 반죽을 냉장고에서 휴지시키는 목적
> • 글루텐을 안정화시킴
> • 밀어펴기를 용이하게 함
> • 작업 시 손상된 글루텐을 재 정돈시킴
> • 반죽과 유지의 되기를 같게 함
> • 정형할 때 반죽 절단 시 수축을 방지함
> ※ 퍼프 페이스트리 반죽의 휴지가 종료되었을 때 손가락으로 살짝 누르게 되면 누른 자국이 남아있다.

③ 굽기
㉠ 주저앉기 쉬우므로 색이 날 때까지 오븐 문을 열지 않음
㉡ 일반적인 과자류보다 굽는 온도를 높게 설정함

4) 퍼프 페이스트리 제조 시 발생할 수 있는 문제점과 원인

① 굽는 동안 유지가 흘러나왔다.
㉠ 밀어펴기를 잘못했다.
㉡ 박력분을 썼다(단백질 함량이 낮은 밀가루 사용).
㉢ 오븐의 온도가 지나치게 높거나 낮았다.
㉣ 오래된 반죽을 사용했다.

② 불규칙하거나 부족한 팽창이 발생하였다.
㉠ 덧가루를 과량으로 사용하였다.
㉡ 밀어펴기 사이에 휴지기간이 불충분하였다.
㉢ 예리하지 못한 칼을 사용하였다.
㉣ 수분이 없는 경화쇼트닝을 썼다.
㉤ 계란물을 많이 칠했다.
㉥ 박력분을 썼다.
㉦ 강력분으로 되직한 반죽을 만들었다.
㉧ 밀어펴기가 부적절하였다.
㉨ 오븐의 온도가 너무 높았다.

③ 정형 시 반죽이 수축하였다.
㉠ 과도한 밀어펴기를 했다.
㉡ 불충분한(짧은) 휴지를 진행했다.
㉢ 된 반죽 상태로 반죽을 만들었다.
㉣ 반죽 중 유지의 사용량이 적었다.

7 애플 파이

일명 '아메리칸 파이'라고도 하고, '쇼트(바삭한) 페이스트리'라고도 한다. 껍질을 위아래로 덮는 과일 파이(애플파이, 체리파이, 파인애플파이)와 밑면에만 껍질이 있는 파이(호두파이, 호박파이, 고구마파이)가 있다.

1) 사용재료의 특성

① 밀가루는 비표백 중력분을 사용함
② 중력분은 파이 껍질의 구성재료를 형성하고 유지와 층을 만들어 결을 만듬
③ 유지는 가소성이 높은 쇼트닝 또는 파이용 마가린을 사용함
④ 유지의 사용량은 밀가루를 기준으로 40~80% 사용한다.

2) 제조 공정

① 반죽 만들기
㉠ 스코틀랜드식 페이스트리 반죽법을 사용함, 반죽온도는 18℃ 정도
㉡ 냉장고에서 4~24시간 휴지시킴

> ※ 파이를 냉장고에서 휴지시키는 이유
> • 전 재료의 수화 기회를 줌
> • 유지와 반죽의 굳은 정도를 같게 함
> • 반죽을 연화 및 이완시킴
> • 끈적거림을 방지하여 작업성을 좋게 함

② 필링 준비 : 충전물은 파이 껍질에 담을 때까지 20℃ 이하로 식힘
③ 성형
㉠ 바닥용은 0.3㎝, 덮개는 0.2㎝로 밀어 편 후 제시된 팬 크기에 맞게 재단하여 성형함
㉡ 20℃ 이하로 식힌 충전물을 얹고 평평하게 고르며 팬에 담는다.
㉢ 바닥용 껍질 가장자리에 물칠을 하고 덮개용 껍질을 얹어 위 · 아래의 껍질을 잘 붙인 뒤 남은 반죽을 스크래퍼로 잘라냄
㉣ 윗면에 계란 노른자를 풀어서 바름

3) 애플 파이 제조 시 발생할 수 있는 문제점과 원인

① 충전물이 끓어 넘쳤다.
㉠ 껍질에 수분이 많음
㉡ 위 · 아래 껍질을 잘 붙이지 않음
㉢ 껍질에 구멍을 뚫지 않음
㉣ 오븐의 온도가 낮음
㉤ 충전물의 온도가 높음
㉥ 바닥 껍질이 얇음
㉦ 천연산이 많이 든 과일을 썼음

② 파이 껍질이 질기고 단단하다.
㉠ 강력분을 사용하였다.
㉡ 반죽시간이 길었다.
㉢ 반죽을 강하게 치대 글루텐이 지나치게 형성되었다.
㉣ 자투리 반죽을 많이 썼다.

8 슈

슈의 응용제품에는 에클레어, 파리브레스트, 스웨덴 슈, 츄러스 등이 있음

1) 기본 배합률

① 슈의 기본 재료에는 박력분, 물, 유지, 계란, 소금 등이 있음
② 슈 배합에 설탕이 들어가면 일어나는 현상
㉠ 슈의 상부(윗부분)가 둥글게 됨
㉡ 슈의 내부에 구멍 형성이 좋지 않음
㉢ 슈 껍질의 표면에 균열이 생기지 않음

2) 제조 공정

① 반죽 만들기
㉠ 익반죽법으로 제조함
㉡ 과자 반죽의 희망 결과온도가 가장 높은 40℃로 맞춤
㉢ 평철판 위에 짠 후, 굽기 중에 껍질이 너무 빨리 형성되는 것을 막기 위해 분무 · 침지시킴
㉣ 슈는 굽기 중 팽창이 매우 크므로 다른 제과류보다 패닝 시 충분한 간격을 유지하며 짠다.

> ※ 슈를 성형한 후 분무와 침지를 하면 생기는 효과
> • 슈 껍질을 얇게 할 수 있다.
> • 슈의 팽창을 크게 할 수 있다.
> • 양배추 모양의 균일한 슈를 얻을 수 있다.

② 굽기

㉠ 초기에는 아랫불을 높여 굽다가 표피가 거북이 등처럼 되고 밝은 색깔이 나면 아랫불을 줄이고 윗불을 높여 굽는다.

㉡ 굽기 도중에 오븐 안으로 찬공기가 들어가면 슈가 주저앉게 되므로 팽창과정 중에 오븐 문을 여닫지 않도록 한다.

3) 슈 제조 시 발생할 수 있는 문제점과 원인

① 완제품 슈 밑면이 좁고 윗면은 공과 같은 모양으로 잘못된 경우

㉠ 오븐의 온도가 낮아 슈 윗면은 공과 같고 철판에 기름칠이 적어 슈 밑면이 좁다.

② 완제품 슈 바닥 껍질 가운데가 위로 올라간 경우

㉠ 오븐 바닥온도가 너무 강하다.

㉡ 굽기 초기에 수분을 많이 잃었다.

㉢ 팬에 기름칠을 너무 많이 했다.

㉣ 슈 반죽을 짤 때 반죽의 밑부분에 공기가 들어갔다.

9 쿠키

쿠키의 반죽온도는 18~24℃, 포장, 보관온도는 10℃ 정도가 좋다.

1) 반죽의 특성에 따른 분류

① 반죽형 반죽 쿠키

㉠ 드롭(소프트) 쿠키

- 반죽형 쿠키 중에서는 수분이 가장 많은 쿠키
- 종류에는 버터 스카치 쿠키, 오렌지 쿠키 등
- 데포지터(주입기)와 짤주머니로 짜는 형태

㉡ 스냅(슈거) 쿠키

- 설탕이 많이 들어가 슈거 쿠키라고 함
- 반죽이 상온에서 고체 모양을 유지하는 가소성을 가지고 있으므로 밀어펴서 성형기로 찍어 제조함
- 저장 · 유통 · 판매 중 수분을 흡수하여 눅눅해지기 쉬움

㉢ 쇼트 브레드 쿠키

- 스냅 쿠키와 배합이 비슷함
- 유지를 많이 사용하는 쿠키 반죽이므로 가소성을 높이기 위해 냉장휴지 후 밀어펴서 성형기로 찍어 제조함
- 저장 · 유통 · 판매 중 유지의 산패로 쩐내가 나기 쉽다.

② 거품형 반죽 쿠키

㉠ 스펀지 쿠키

- 계란의 전란을 사용하며 모든 쿠키 중에서 수분이 가장 많은 쿠키이다.
- 성형은 원형 모양깍지를 끼운 짤주머니에 반죽을 담아 짜서 성형한다.

㉡ 머랭 쿠키

- 머랭으로 만든 쿠키로 100℃ 이하에서 건조시키는 정도로 굽는다.
- 아몬드 분말과 코코넛을 넣으면 마카롱이 된다.
- 성형은 다양한 모양깍지를 끼운 짤주머니에 반죽을 담아 짜서 성형한다.

2) 제조 특성에 따른 분류

① **밀어펴서 정형하는 쿠키** : 스냅과 쇼트 브레드 쿠키와 같이 가소성을 가진 반죽을 밀어 펴서 정형하는 쿠키로 반죽 완료 후 충분한 휴지를 주고 두께를 균일하게 밀어 펴야 한다. 파이 롤러를 이용하면 좋다.

② **짜는 형태의 쿠키** : 드롭 쿠키와 거품형 쿠키 반죽을 짤주머니 또는 주입기를 이용하여 짜서 굽는 쿠키로 크기와 모양을 균일하게 하며, 굽기 중 퍼지는 정도를 감안하여 간격을 일정하게 유지해야 한다.

③ **냉동 쿠키** : 밀어 펴는 형태의 반죽을 냉동고에 넣어 얼리는 공정을 거치는 쿠키로 유지가 많은 배합의 제품에 많이 응용된다. 냉동된 쿠키 반죽은 굽기 전에 해동하여 사용한다.

④ **손작업 쿠키** : 밀어 펴서 정형하는 쿠키 반죽을 손으로 정형하여 만드는 쿠키로 기계를 사용하여 만들기 어려운 모양이나 특성을 손으로 만들어 낸다.

⑤ **판에 등사하는 쿠키** : 여기에 사용하는 반죽은 아주 묽은 상태로 철판에 올려놓는 틀에 흘려 넣어 굽는다. 틀에 그림이나 글자가 있어 찍히게 되며 제품은 얇으며 바삭바삭한 것이 특징이다.

⑥ **마카롱 쿠키** : 흰자와 설탕으로 거품을 올려 만드는 거품형의 일종인 머랭 쿠키로 아몬드 분말과 코코넛을 사용하는 것이 대표적이다. 마카롱 쿠키는 굽기 전 충분히 건조시킨 후 굽는 특징이 있다.

3) 쿠키 제조 시 발생할 수 있는 문제점과 원인

① 쿠키의 퍼짐을 좋게 하기 위한 조치

㉠ 팽창제를 사용함
㉡ 입자가 큰 설탕을 사용함
㉢ 암모늄염을 사용함
㉣ 알칼리성 재료의 사용량을 늘림
㉤ 오븐 온도를 낮게 함

② 쿠키의 퍼짐성이 심한 이유

㉠ 묽은 반죽
㉡ 많은 유지의 양
㉢ 과다한 팽창제 사용
㉣ 알칼리성 반죽
㉤ 많은 설탕의 양
㉥ 낮은 굽기 온도
㉦ 큰 설탕입자

③ 쿠키의 퍼짐성이 작은 이유

㉠ 된 반죽
㉡ 적은 유지의 양
㉢ 믹싱을 많이 함
㉣ 산성 반죽
㉤ 적은 설탕의 양
㉥ 높은 굽기 온도
㉦ 작은 설탕입자

10 케이크 도넛

1) 사용재료의 특성

① 밀가루는 중력분을 쓰고 향신료는 넛메그를 가장 많이 사용함

② 계란 노른자의 레시틴은 유화제 역할을 함

③ 계란은 구조형성 재료로 도넛을 튼튼하게 하며 수분을 공급함

④ 밀가루에 팽창제, 설탕, 분유를 섞은 것으로 물만 부어 반죽할 수 있도록 만든 도넛용 프리믹스를 사용하여 1단계법으로 만든다. 다양한 제과 · 제빵용 프리믹스가 출시되어 있다.

⑤ 대두분(콩가루)을 혼합해 사용하는 목적

㉠ 밀가루의 영양소 보강을 위해 사용함

㉡ 케이크 도넛의 껍질 구조를 강화시킴

㉢ 껍질색을 보다 강화시킴

㉣ 좀 더 바삭한 식감을 만들 수 있음

㉤ 케이크 도넛의 신선함을 오래 유지시킴

※ 도넛 제조 시 수분이 적음
- 팽창 부족
- 형태 불균일
- 딱딱한 내부
- 표면의 요철(울퉁불퉁)
- 표면이 갈라짐
- 강한 점도
- 톱니모양의 외피

※ 도넛 제조 시 수분이 많음
- 과도한 팽창
- 형태 불균일
- '혹'모양 돌출
- 흡유 과다
- 딱딱한 내부
- 외부 '링'모양 과대

2) 제조 공정

① 공립법이나 혹은 크림법으로 제조, 반죽온도는 22~24℃

> ※ 케이크 도넛의 반죽온도가 낮은 경우 제품에 나타나는 현상
> • 팽창부족 • '혹'모양 돌출
> • 딱딱한 내부 • 표면의 요철
> • 표면이 갈라짐 • 톱니모양의 외피
> • 흡유 과다 • 외부 '링' 과대 • 강한 점도
> ※ 케이크 도넛의 반죽온도가 높은 경우 제품에 나타나는 현상
> • 과도한 팽창 • '혹'모양 돌출
> • 표면의 요철 • 표면이 갈라짐
> • 흡유 과다 • 강한 점도

② 도넛 반죽을 휴지시키는 효과
㉠ 이산화탄소가 발생하여 반죽이 부풀고, 각 재료에 수분이 흡수됨
㉡ 표피가 쉽게 마르지 않고, 밀어펴기가 쉬워짐
㉢ 적당한 부피팽창으로 제품의 모양을 균형있게 만듦
㉣ 케이크 도넛의 과도한 지방흡수를 막음

3) 케이크 도넛 제조 시 발생할 수 있는 문제점과 원인

① 도넛에 기름이 많다.
㉠ 설탕, 유지, 팽창제의 사용량이 많은 고율배합 제품이다.
㉡ 튀김시간이 길었다.
㉢ 글루텐 형성이 부족하다.
㉣ 묽은 반죽을 썼다.
㉤ 튀김온도가 낮았다.

② 도넛의 부피가 작다.
㉠ 반죽온도가 낮았다.
㉡ 성형중량이 미달됐다.
㉢ 튀김시간이 짧았다.
㉣ 강력분을 썼다.
㉤ 반죽 후 튀김시간 전까지의 과도한 시간이 경과했다.

11 냉과

1) 무스

① 프랑스어로 거품이란 뜻으로 커스터드 또는 초콜릿, 과일 퓌레에 생크림, 젤라틴 등을 넣고 굳혀 만든 제품이다.
② 바바루아가 발전된 것이 무스이고 바바루아와 무스에 공통적으로 사용하는 안정제는 젤라틴이다. 젤라틴의 사용량은 우유를 기준으로 3~4% 정도이다.
③ 흔히 무스를 가리켜 미루아르(Miroir, 거울)이라고도 하는데, 그 이유는 무스 표면에 바른 젤리의 광택이 얼굴을 비출 정도이기 때문이다.

2) 푸딩

① 우유와 설탕을 끓기 직전인 80~90℃까지 데운 후 계란을 풀어준 볼에 혼합하여 중탕으로 구운 제품으로 육류, 과일, 야채, 빵을 섞어 만들기도 한다.
② 계란의 열변성에 의한 농후화 작용을 이용한 제품, 일명 캐러멜 커스터드푸딩이라고 한다.
③ 설탕과 계란의 비는 1:2, 우유와 소금의 비율은 100 : 1로 배합표를 작성한다.
④ 패닝은 푸딩컵의 윗부분에서 0.2㎝ 이하의 깊이인 95% 정도 푸딩 반죽을 담는다.
⑤ 굽기온도가 높으면 푸딩 표면에 기포가 생기므로 160~170℃에서 중탕으로 굽기를 한다.

과자류 제조 빈출 내용정리

제품을 만들 때 필요한 밀가루 포대 수

예 완제품 500g의 파운드 케이크 1,000개를 주문받았을 때, 믹싱손실이 1.5%, 굽기손실이 19%, 총배합률이 400%인 경우, 20kg 밀가루의 포대 수는?
정답은 8포대이다.

① 완제품의 총 중량=완제품 중량×개수
② 분할 총 중량=완제품의 총 중량÷{1−(굽기손실÷100}
③ 반죽 총 중량=분할 총 중량÷{1−(믹싱손실÷100)}
④ 밀가루의 중량=반죽 총 중량×밀가루의 비율÷총 배합률
⑤ 밀가루의 포대=밀가루의 중량÷밀가루 한 포의 중량
⑥ 이 문제를 계산하면 7.8포대가 나오는데, 무조건 올림으로 하여 정답을 골라야 한다.

제품별 적합한 밀가루 종류의 선택

① 일반적인 케이크 : 회분함량 0.4% 이하의 박력분
② 좀 더 가볍고 부드러운 고급 케이크 : 회분함량이 0.35% 이하인 고급 박력분
③ 유지함량이 많은 쇼트 쿠키 : 회분함량이 0.4~0.46인 중력분
④ 쇼트 페이스트리(사과 파이) : 비표백 중력분
⑤ 퍼프 페이스트리(나비 파이) : 강력분

제빵전용 생산기계(즉 제과에 사용하지 않는 기계)

수직 믹서, 수평 믹서, 스파이럴 믹서, 분할기, 라운더, 정형기, 1차 발효실, 롤러, 오버헤드 프루퍼, 2차 발효실, 하스 브레드 오븐, 릴 오븐, 튀김기, 찜기, 급속 냉동고, 도우 컨디셔너 등이 있다.

제품별 비중

① 롤 케이크 : 0.40~0.45
② 스펀지 케이크 : 0.55 전 · 후
③ 파운드 케이크 : 0.75 전 · 후
④ 레이어 케이크 : 0.85 전 · 후

제과 반죽의 pH 조절

① 제과 시 pH를 낮추고자 할 때 사용하는 산성 재료 : 주석산 크림
② 제과 시 pH를 높이고자 할 때 사용하는 알칼리성 재료 : 중조

수소이온농도(pH)의 조절

수소이온농도(pH)가 5인 용액을 증류수로 100배 희석시키면 수소이온농도(pH)는 어떻게 변하는가?
① 증류수의 pH는 7이다.
② 따라서 pH 5 + pH 7은 pH 6의 약산성이 된다.

반죽의 pH

① 반죽 중 pH가 가장 낮은 제품 : 엔젤 푸드 케이크, 과일 케이크
② 반죽 중 pH가 가장 높은 제품 : 데블스 푸드 케이크, 초콜릿 케이크

제과 제품의 비용적

① 비용적 : 반죽 1g당 차지하는 부피
② 스펀지 케이크(5.08㎤/g) > 엔젤 푸드 케이크(4.70㎤/g) > 레이어 케이크(2.96㎤/g) > 파운드 케이크(2.40㎤/g)
※ 비용적의 값이 가장 작은 제품인 파운드 케이크가 완제품의 부피가 가장 작다.

오버 베이킹, 언더 베이킹

① 오버 베이킹 : 너무 낮은 온도에서 구워서 수분 손실이 크므로 완제품의 노화가 빠르다.
② 언더 베이킹 : 너무 높은 온도에서 구워서 중심부가 부풀어 오르면서 갈라진다.

굳은 아이싱 크림을 여리게 하는 방법

① 설탕 시럽을 더 넣는다.
② 중탕으로 가열하여 35~43℃로 데운다.
③ 소량의 물을 넣고 중탕으로 가온한다.

머랭(Meringue)

① 달걀흰자 100%에 설탕 200% 정도를 넣고 거품을 낸 것으로 공예과자나 아이싱 크림으로 이용
② 종류 : 냉제 머랭, 온제 머랭, 스위스 머랭, 이탈리안 머랭

시럽의 적정한 온도

아이싱에 많이 쓰이는 버터크림, 이탈리안 머랭, 퐁당 등을 만들 때 사용하는 시럽(설탕 100% : 물 30%)의 끓이는 온도는 114~118℃가 적당하다.

화이트 레이어 케이크의 우유 사용량

① 흰자=쇼트닝×1.43
② 우유=설탕+30−흰자

데블스 푸드 케이크의 전체 액체량

① 전체 액체량은 우유와 달걀의 합으로 나타낸다.
② 전체 액체량=설탕+30+(코코아×1.5)
  • 달걀=쇼트닝×1.1
  • 우유=설탕+30+(코코아×1.5)−달걀
※ 달걀과 우유 각각의 값을 산출할 수 있다.

코코아를 사용하는 제과 제품

옐로우 레이어 케이크 배합에 코코아 분말을 넣어 진한 적갈색이 나게 하여 데블스 푸드 케이크를 만든다. 데블스 푸드 케이크는 15~30%의 코코아를 넣고 반죽한 케이크로 블렌딩법으로 제조한다.

퍼프 페이스트리 제조 시 유지의 역할

유지는 본 반죽에 넣는 것과 충전용으로 나누는데, 충전용이 많을수록 결이 분명해지고 부피가 커진다. 반면에 본 반죽에 넣는 유지가 많을수록 밀어 펴기는 쉽게 되지만, 결이 나빠지고 부피가 줄어든다.

쿠키의 퍼짐이 작은 이유

① 반죽이 되다.
② 유지가 너무 적었다.
③ 믹싱을 많이 했다.
④ 반죽이 산성이다.
⑤ 설탕을 적게 사용했다.
⑥ 굽기 온도가 높았다.
⑦ 설탕입자가 작다.

반죽형 쿠키의 굽기 과정에서 퍼짐성을 좋게 하기 위한 조치

① 팽창제를 사용한다.
② 입자가 굵은 설탕을 많이 사용한다.
③ 알칼리 재료의 사용량을 늘린다.
④ 오븐 온도를 낮게 한다.

도넛의 튀김온도

도넛의 튀김온도는 발연현상이 일어나지 않고 제품에 흡유가 적은 185~195℃가 적당하다.

패닝 시 제품의 간격을 충분히 유지해야 하는 제품

슈는 굽기 중 팽창이 매우 크고 대류에 의한 열이 충분히 공급되어야 팽창이 원활히 이루어지므로 패닝 시 제품의 간격을 충분히 유지해야 한다.

계산문제 점검 − 4

예 용적이 1,500㎖인 파운드 팬에 70% 정도 반죽을 담았다. 반죽의 비중은 0.75일 때 패닝한 반죽 중량은 얼마인가?

① 반죽이 담긴 용적 = 1,500㎖ × 70% = 1,500 × 0.7 = 1,050㎖
② 패닝한 반죽 중량 = $0.75 = \frac{xg}{1,050㎖}$ = 1,050 × 0.75 = 787.5g

계산문제 점검 − 5

예 완제품 중량이 500g이고 굽기 및 냉각손실 12%라고 할 때 반죽 중량은?(단, 소수점 둘째자리까지 반올림한다)

① 분할 중량 = 완제품 중량 ÷ {1−(굽기 및 냉각손실÷100)}
② 500 ÷ {1−(12÷100)} = 500 ÷ 0.88 = 568.18g

계산문제 점검 − 6

예 식빵 50개, 파운드 케이크 300개, 앙금빵 200개를 제조하는데 5명이 10시간 동안 작업하였다. 1인 1시간 기준의 노무비가 1,000원일 때 개당 노무비는 약 얼마인가?

① 1인 1시간 생산량 = 총 개수 ÷ 인원수 ÷ 시간 = (50+300+200) ÷ 5명 ÷ 10시간 = 11개
② 개당 노무비 = 1인 1시간 노무비 ÷ 1인 1시간 생산량 = 1,000 ÷ 11 = 90.9
∴ 91원(반올림)

계산문제 점검 − 7

예 탈지분유 20g을 물 80g에 넣어 녹여 탈지분유액을 만들었을 때 탈지분유액 중 단백질의 함량은 몇 %인가?(단, 탈지분유 조성은 수분 4%, 유당 57%, 단백질 35%, 지방 4%이다)

① 탈지분유에 함유된 단백질 함량 = 탈지분유 × 단백질 비율 = 20 × (35÷100) = 7g
② 탈지분유액 중 단백질 비율=탈지분유에 함유된 단백질 함량 ÷ 탈지분유액 함량 × 100 = 7 ÷ 100 × 100 = 7%
∴ 7%

제3편

빵류 제조
(제빵 과목)

01 빵류 반죽법의 종류 및 특징

1 빵류제품의 분류

① **식빵류** : 한 끼 식사용으로 먹는 빵을 가리킴
② **과자빵류** : 간식용으로 먹는 빵을 가리킴
③ **특수빵류** : 밀가루 이외의 곡류, 견과류, 야채, 서류, 근경류 등을 넣었거나 혹은 튀기거나 찐 빵류, 두 번 구운 빵류로 러스크, 토스트, 브라운 서브 롤(Parbake Roll) 등이 있음
④ **조리빵류** : 식빵류, 과자빵류, 특수빵류 등에 요리를 접목시켜 만든 빵류

2 스트레이트법

모든 재료를 믹서 볼에 한 번에 넣고 배합을 하는 방법으로 직접법이라고도 함

① **제조 공정** : ㉠ 배합표 작성 → ㉡ 재료 계량 → ㉢ 반죽 만들기 → ㉣ 1차 발효 → ㉤ 펀치(가스빼기) → ㉥ 분할 → ㉦ 둥글리기 → ㉧ 중간 발효 → ㉨ 정형 → ㉩ 패닝 → ㉪ 2차 발효 → ㉫ 굽기 → ㉬ 냉각
② **장 · 단점(스펀지법과 비교)**

장점	단점
• 발효손실을 줄일 수 있음 • 제조시설, 제조 장비가 간단함 • 제조 공정이 단순함 • 노동력과 시간이 절감됨	• 잘못된 공정을 수정하기 어려움 • 노화가 빠르고 발효향과 식감이 덜함 • 발효 내구성이 약함 • 정형공정 기계에 대한 내구성이 약함

3 스펀지 도우법

처음의 반죽을 스펀지 반죽, 나중의 반죽을 본 반죽이라 하여 배합을 한 번 더 하므로 중종법이라고도 함

① **제조 공정** : ㉠ 배합표 작성 → ㉡ 재료 계량 → ㉢ 스펀지 만들기 → ㉣ 스펀지 발효 → ㉤ 도우(본 반죽) 만들기 → ㉥ 플로어 타임 → ㉦ 분할 → ㉧ 둥글리기 → ㉨ 중간 발효 → ㉩ 정형 → ㉪ 패닝 → ㉫ 2차 발효 → ㉬ 굽기 → ㉭ 냉각
② **장 · 단점(스트레이트법과 비교)**

장점	단점
• 노화가 지연되어 제품의 저장성이 좋음 • 부피가 크고 속결이 부드러움 • 발효 내구성이 강함 • 분할기계(정형공정 기계)에 대한 내구성이 증가함 • 작업 공정에 대한 융통성이 있어 잘못된 공정을 수정할 기회가 있음	• 시설, 노동력, 장소 등 경비가 증가함 • 발효손실이 증가함

③ **스펀지 반죽 제조 시 발생하는 경우**
㉠ 스펀지 반죽에 밀가루를 증가할 경우
• 스펀지 발효시간은 길어지고 본 반죽의 발효시간은 짧아짐
• 본 반죽의 반죽시간이 짧아지고 플로어 타임도 짧아짐
• 반죽의 신장성이 좋아져 성형공정이 개선됨
• 부피 증대, 얇은 기공막, 부드러운 조직으로 제품의 품질이 좋아짐
• 풍미가 강해짐
㉡ 스펀지 도우법의 단점인 노동력과 제조시간의 증가를 줄일 방법으로 마스터 스펀지법을 사용한다. 마스터 스펀지법은 하나의 스펀지 반죽으로 2~4개의 도우를 제조하는 방법이다.

4 액체발효법

① 이스트, 이스트 푸드, 물, 설탕, 분유 등을 섞어 2~3시간 발효시킨 액종을 만들어 사용하는 스펀지 도우법(스펀지 반죽법)의 변형임
② 완충제로 분유를 사용하기 때문에 ADMI(아드미, 미국 분유협회의 약자임)법이라고도 함
③ **제조 공정** : ㉠ 배합표 작성 → ㉡ 재료 계량 → ㉢ 액종 만들기 → ㉣ 본 반죽 만들기 → ㉤ 플로어 타임 → ㉥ 분할 → ㉦ 둥글리기 → ㉧ 중간 발효 → ㉨ 정형 → ㉩ 패닝 → ㉪ 2차 발효 → ㉫ 굽기 → ㉬ 냉각
④ **장 · 단점**

장점	단점
• 단백질 함량이 적어 발효 내구력이 약한 밀가루로 빵을 생산하는 데도 사용할 수 있음 • 한 번에 많은 양을 발효시킬 수 있음 • 발효손실에 따른 생산손실을 줄일 수 있음 • 펌프와 탱크설비로만 이루어지므로 공간, 설비가 감소됨 • 균일한 제품생산이 가능함	• 환원제, 연화제가 필요함 • 산화제 사용량이 늘어남

5 연속식 제빵법

① 액체발효법이 더 발달된 방법으로 공정이 자동으로 진행되며 기계적인 설비를 사용하여 적은 인원으로 많은 빵을 만들 수 있는 방법
② 밀폐된 발효 시스템으로 인한 산화제의 사용이 필수적이며, 1차 발효실, 분할기, 환목기, 중간 발효기, 성형기 등의 설비가 감소되어 공장 면적이 감소함
③ **제조 공정** : ㉠ 재료 계량 → ㉡ 액체발효기 : 액종용 재료를 넣고 섞어 30℃로 조절한다. → ㉢ 열교환기 → ㉣ 산화제 용액기 → ㉤ 쇼트닝 온도 조절기 → ㉥ 밀가루 급송장치 → ㉦ 예비 혼합기 → ㉧ 디벨로퍼 → ㉨ 분할기 → ㉩ 패닝 → ㉪ 2차 발효 → ㉫ 굽기 → ㉬ 냉각
④ **디벨로퍼** : 3~4 기압하에서 30~60분간 반죽을 발전시켜 분할기로 직접 연결시킨다. 디벨로퍼에서 숙성시키는 동안 공기 중의 산소가 결핍되므로 기계적 교반과 많은 양의 산화제를 사용하여 반죽을 만든다.
⑤ **장 · 단점**

장점	단점
• 발효 손실이 감소함 • 설비, 설비공간, 설비면적 등이 감소함 • 노동력을 1/3로 감소함	• 일시적 기계 구입비용의 부담이 큼 • 산화제를 첨가하기 때문에 발효향이 감소함

6 재반죽법

스트레이트법의 변형으로 모든 재료를 넣고 물을 8% 정도 남겨 두었다가 발효(생화학적 작용으로 반죽 숙성) 후 나머지 물을 넣고 다시 반죽하는 방법

① **제조 공정** : ㉠ 배합표 작성 → ㉡ 재료 계량 → ㉢ 믹싱 → ㉣ 1차 발효 → ㉤ 재반죽 → ㉥ 플로어 타임 → ㉦ 분할 → ㉧ 둥글리기 → ㉨ 중간 발효 → ㉩ 정형 → ㉪ 패닝 → ㉫ 2차 발효 → ㉬ 굽기 → ㉭ 냉각
② **장점**

장점	
• 반죽의 기계 내성이 양호	• 스펀지 도우법에 비해 공정시간 단축
• 균일한 제품 생산	• 식감과 색상 양호

7 노타임 반죽법

① 산화제와 환원제를 사용하여 화학적 숙성을 시켜 믹싱시간(환원제의 기능)과 발효시간(산화제의 기능)을 단축함
② 장시간 발효과정을 거치지 않고 배합 후 정형공정을 거쳐 2차 발효를 하는 제빵법
③ 산화제와 환원제의 종류 및 특성

산화제	환원제
요오드칼륨 : 속효성 작용	L-시스테인 : 시스틴의 이황화 결합(-S-S)을 절단
브롬산칼륨 : 지효성 작용	프로테아제 : 단백질을 분해하는 효소
ADA(Azodicarbonamide) : 표백과 숙성 작용	소르브산, 중아황산염, 푸마르산 등을 사용함

④ 산화제와 환원제의 기능
㉠ 산화제
• 반죽의 가스 보유력과 취급성을 좋게 함
• 1차 발효시간을 단축시킬 수 있음
㉡ 환원제
• 반죽 시 단백질들이 빨리 재정렬될 수 있게 함
• 단백질들을 재정렬시켜 글루텐을 빨리 발전시키므로 반죽시간을 단축시킬 수 있음
⑤ 장 · 단점

장점	단점
• 반죽이 부드러우며 수분 흡수율이 좋음 • 반죽의 기계내성이 양호함 • 빵의 속결이 치밀하고 고르다. • 제조시간이 절약됨	• 제품에 광택이 없음 • 제품의 질이 고르지 않음 • 발효시간이 짧아 맛과 향이 좋지 않음 • 반죽의 발효내성이 떨어짐

⑥ 스트레이트법을 노타임 반죽법으로 변경할 때의 조치사항
㉠ 물 사용량을 1~2% 정도 줄임
㉡ 설탕 사용량을 1% 감소시킴
㉢ 생이스트 사용량을 0.5~1% 증가시킴
㉣ 브롬산칼륨, 요오드칼륨, 아스코르빈산(비타민 C)을 산화제로 사용함
㉤ L-시스테인을 환원제로 사용함
㉥ 반죽온도를 30~32℃로 함

8 비상반죽법

① 갑작스런 주문에 빠르게 대처하고자 표준 스트레이트법, 표준 스펀지법을 변형시킨 방법
② 공정 중 발효를 촉진시켜 전체 공정시간을 단축하는 방법
③ 표준 반죽법을 비상 반죽법으로 변경 시 필수조치와 선택조치

필수조치	선택조치

• 반죽시간 : 20~30% 증가
• 설탕 사용량 : 1% 감소
• 1차 발효시간
  - 비상 스트레이트법은 15~30분
  - 비상 스펀지법은 30분 이상
• 반죽온도 : 30℃
• 생이스트 : 2배 증가
• 물 사용량 : 1% 증가
	• 이스트 푸드 사용량 증가
	• 젖산이나 초산(식초) 0.5~1% 첨가
	• 탈지분유 감소
	• 소금을 1.75%로 감소

④ 장 · 단점

장점	단점
• 비상 시 대처가 용이하다. • 제조시간이 짧아 노동력과 임금이 절약된다.	• 부피가 고르지 못할 수도 있다. • 이스트 냄새가 날 수도 있다. • 노화가 빠르다.

9 찰리우드법

① 영국의 찰리우드 지방에서 고안된 기계적(물리적) 숙성 반죽법으로 초고속 반죽기를 이용하여 반죽하므로 초고속 반죽법이라고도 함
② 기계적(물리적) 숙성 반죽법으로 이스트 발효에 따른 생화학적 숙성을 대신함
③ 초고속 믹서로 반죽을 기계적으로 숙성시키므로 플로어 타임 후 분할함
④ 공정시간은 줄어드나 제품의 발효향이 떨어짐

10 냉동반죽법

① 냉동반죽법의 특징
㉠ 1차 발효 또는 성형을 끝낸 반죽을 -40℃로 급속 냉동시켜 -25~-18℃에 냉동 저장하여 이스트의 활동을 억제시켜둔 후 필요할 때마다 꺼내어 쓸 수 있도록 반죽하는 방법
㉡ 냉장고(5~10℃)에서 15~16시간을 해동시킨 후 온도 30~33℃, 상대습도 80%의 2차 발효실에 넣는데 반드시 완만해동, 냉장 해동을 준수해야 함
㉢ 냉동 저장기간이 길수록 품질 저하가 일어나므로 선입선출을 준수해야 함
㉣ 냉동할 반죽의 분할량이 크면 냉해를 입을 수 있어 좋지 않음
㉤ 바게트, 식빵 같은 저율배합 제품은 냉동 시 노화의 진행이 빠르기 때문에 냉동처리에 더욱 주의해야 함
㉥ 고율배합 제품은 비교적 완만한 냉동에도 잘 견디기 때문에 크로와상, 단과자 등의 제품 제조에 많이 이용됨
② 재료 준비
㉠ 밀가루 : 단백질 함량이 많은 밀가루를 선택한다.
㉡ 물 : 가능한 물의 사용량을 줄인다.
㉢ 생이스트 : 생이스트의 사용량을 2배 정도 늘린다.
㉣ 소금, 이스트 푸드 : 반죽의 안정성을 위해 약간 늘린다.
㉤ 설탕, 유지, 계란 : 물은 줄이고 설탕, 유지, 계란은 늘린다.
㉥ 노화방지제 : 신선도를 유지시켜 주므로 약간 첨가한다.
㉦ 산화제 : 반죽의 글루텐을 단단하게 하여 냉해에 의해 반죽이 퍼지는 것을 막기 위해 많이 사용한다. 주로 비타민 C와 브롬산칼륨을 사용한다.
㉧ 환원제 : L-시스테인을 사용하여 반죽을 유연하게 만든다.
㉨ 유화제 : 냉동반죽의 가스 보유력을 높이는 역할을 한다.
③ 제조 공정 : ㉠ 반죽(노타임 반죽법이나 혹은 비상 스트레이트법을 사용함) → ㉡ 1차 발효 → ㉢ 분할 → ㉣ 정형 → ㉤ 냉동저장 → ㉥ 해동 → ㉦ 2차 발효 → ㉧ 굽기

④ 장 · 단점

장점	단점
• 계획생산이 가능해진다. • 생산성이 향상되고 재고 관리가 편리해진다. • 신선한 제품으로 제공할 수 있다. • 손님에게 다양한 선택의 기회를 제공할 수 있다. • 인건비 절감의 효과가 높다. • 공장의 시설 및 장비의 투자비는 높아지나 가맹점의 시설 및 장비의 투자비는 낮아진다.	• 반죽이 끈적거린다. • 반죽이 퍼지기 쉽다. • 가스 보유력이 떨어진다. • 이스트가 죽어 가스 발생력이 떨어진다. • 많은 양의 산화제를 사용해야 한다.

11 오버나이트 스펀지법

① 밤새(12~24시간) 발효시킨 스펀지를 이용하는 방법으로 발효손실이 최고로 크다.
② 반죽의 가스 보유력이 좋아져 제품의 부피가 크다.
③ 발효시간이 길기 때문에 적은 이스트로 매우 천천히 발효시킨다.
④ 제품은 풍부한 발효 향을 지니게 된다.

12 사워종법

① 공장제 이스트를 사용하지 않고 호밀가루나 밀가루에 자생하는 효모균류, 유산균류, 초산균류와 대기 중에 존재하는 야생 이스트나 유산균을 착상시킨 후 물과 함께 반죽하여 자가 배양한 발효종을 이용하는 제빵법
② 호밀 사워종은 반죽의 개량을 위주로 하여 사용함
③ 화이트 사워종은 풍미의 개량을 위주로 하여 사용함
④ 사워종의 장점은 풍미개량, 반죽의 개선, 노화억제, 보존성 향상, 소화흡수율 향상 등

02 빵류제품 제조 공정

1 제빵법 결정

영업적인 면과 생산적인 면을 고려함

2 배합표 작성 및 점검

재료의 종류, 비율과 무게를 표시하기

① Baker's% 배합표 작성법
밀가루의 양을 100%로 보고, 각 재료가 차지하는 양을 %로 표시한 것을 말함
② 주문 물량에 따른 Baker's% 배합량 조절공식(단, 중량은 무게단위인 g을 사용함)
㉠ 총 반죽무게(g) = 완제품 중량÷{1−(굽기 및 냉각손실÷100)}÷{1−(발효손실÷100)}
㉡ 밀가루 무게(g) = $\dfrac{\text{밀가루 비율(\%)} \times \text{총 반죽 무게(g)}}{\text{총 배합률(\%)}}$
㉢ 각 재료의 무게(g) = 밀가루 무게(g)×각 재료의 비율(%)

3 재료 준비 및 계량 방법

부피 계량법보다 무게 계량법을 사용함

① 가루 재료 : 뭉친 것이나 이물질을 제거하고 골고루 섞이게 하기 위하여 밀가루, 탈지분유, 설탕 등 가루 상태의 재료는 체로 쳐서 사용한다.
② 가루 재료를 체로 치는 이유
㉠ 가루 속에 있을 수 있는 불순물을 제거함
㉡ 공기를 혼입시켜 이스트의 활성을 촉진함
㉢ 재료의 고른 분산에 도움을 줌
㉣ 밀가루의 15%까지 부피를 증가시킬 수 있음
㉤ 흡수율도 증가함
㉥ 공기를 혼입시켜 반죽의 산화를 촉진함

4 반죽 및 반죽 관리

1) 반죽을 만드는 목적

① 재료를 균일하게 혼합함
② 수용성 재료를 용해시켜 밀가루를 수화시킴
③ 반죽에 산소를 혼입시킴
④ 글루텐을 생성 및 발전시킴

2) 반죽을 발전시켜 부여하고자 하는 물리적 성질

종류에는 탄력성(저항성), 점탄성, 신장성, 흐름성, 가소성 등이 있음

3) 반죽에 부여한 물리적 성질에 영향을 미치는 아미노산의 결합형태

① 글루텐에 탄력(경화)을 주는 아미노산의 결합형태는 시스틴(Cystine)
② 글루텐에 신장(연화)을 주는 아미노산의 결합형태는 시스테인(Cysteine)

4) 반죽이 만들어지는 발전단계와 믹싱 단계별 제품류

① 픽업 단계 : 밀가루와 재료에 물을 첨가하여 균일하게 대충 혼합하는 단계 – 데니시 페이스트리
② 클린업 단계 : 스펀지법의 스펀지 반죽
㉠ 믹싱속도는 중속을 유지하며 반죽이 한 덩어리가 되고 믹싱 볼이 깨끗해짐
㉡ 글루텐이 형성되기 시작하는 단계로 이 시기 이후에 유지를 넣으면 믹싱시간이 단축됨
㉢ 클린업 단계는 끈기가 생기는 단계로 흡수율을 높이기 위하여 이 시기 이후에 소금을 넣음
③ 발전 단계 : 하스 브레드
㉠ 믹싱 중 생지 변화에 있어 탄력성이 최대로 증가하며 반죽이 강하고 단단해지는 단계
㉡ 믹서의 최대 에너지가 요구되며 필름(얇은 막)이 형성되는 반죽형성 단계라고도 함
④ 최종 단계 : 식빵, 단과자빵
㉠ 믹서 볼을 두들기는 소리가 발전 단계보다 부드럽게 나며 글루텐이 결합하는 마지막 단계로 특별한 종류를 제외하고는 이 단계가 빵 반죽에서 최적의 상태임
㉡ 반죽을 떼어 반죽을 펼치면 찢어지지 않고 얇게 늘어남
㉢ 탄력성과 신장성이 가장 좋으며, 반죽이 부드럽고 윤이 나는 반죽형성 후기 단계라고도 함

⑤ 렛다운 단계 : 햄버거빵, 잉글리시 머핀
㉠ 생지가 탄력성을 잃으며 신장성이 커져 고무줄처럼 늘어지며 점성이 많아지는 단계
㉡ 최종 단계를 지나 흐름성(퍼짐성)이 최대인 상태로 오버 믹싱, 과반죽이라고 함
⑥ 파괴 단계
반죽이 푸석거리고 완전히 탄력을 잃어 빵을 만들 수 없는 단계

5) 반죽의 흡수율에 영향을 미치는 요소

① 단백질 1% 증가에 반죽의 물 흡수율은 1.5~2% 증가됨
② 손상 전분 1% 증가에 반죽의 물 흡수율은 2% 증가됨
③ 설탕 5% 증가 시 반죽의 물 흡수율은 1% 감소됨
④ 분유 1% 증가 시 반죽의 물 흡수율은 0.75~1% 증가함
⑤ 연수를 사용하면 글루텐이 약해지며 반죽의 물 흡수량이 적고, 경수를 사용하면 글루텐이 강해지며 흡수량이 많음
⑥ 반죽의 온도가 ±5℃ 증감함에 따라 반죽의 물 흡수율은 반대로 ∓3% 감증함
⑦ 소금을 픽업 단계에 넣으면 글루텐을 단단하게 하여 글루텐 흡수량의 약 8%를 감소시킴
⑧ 소금을 클린업 단계 이후 넣으면 반죽의 물 흡수량이 많아짐

6) 반죽시간에 영향을 미치는 요소

① 반죽기의 회전 속도가 느리고 반죽량이 많으면 반죽시간이 길다.
② 소금을 처음부터 넣으면 반죽시간이 길어지고, 클린업 단계 이후에 넣으면 짧아진다.
③ 유지와 설탕의 양이 많아지면 반죽시간이 길다.
④ 분유, 우유의 양이 많으면 반죽시간이 길다.
⑤ 유지를 클린업 단계 이후에 넣으면 반죽시간이 짧아진다.
⑥ 물 사용량이 많아 반죽이 질면 반죽시간이 길다.
⑦ 반죽온도가 높을수록 반죽시간이 짧아진다.
⑧ pH 5.0 정도에서 반죽시간이 길다.
⑨ 밀가루 단백질의 양이 많고, 질이 좋고 숙성이 잘 되었을수록 반죽시간이 길다

7) 반죽온도 조절 : 물을 사용해 조절함

① 스트레이트법에서 반죽온도를 조절하기 위한 계산방법
㉠ 마찰계수 = (결과온도×3)−(밀가루 온도+실내 온도+수돗물 온도)
㉡ 계산된 사용수 온도 = (희망온도×3)−(밀가루 온도+실내 온도+마찰계수)
㉢ 얼음 사용량 = $\frac{\text{사용할 물의 양}\times(\text{수돗물 온도}-\text{계산된 사용수 온도})}{80+\text{수돗물 온도}}$
㉣ 조절하여 사용할 수돗물의 양 = 사용할 물량 − 얼음 사용량
② 스펀지법에서 반죽온도를 조절하기 위한 계산방법
㉠ 마찰계수 = (결과온도×4)−(밀가루 온도+실내 온도+수돗물 온도+스펀지 반죽온도)
㉡ 계산된 사용수 온도 = (희망온도×4)−(밀가루 온도+실내 온도+마찰계수+스펀지 반죽온도)
㉢ 얼음 사용량 = $\frac{\text{사용할 물의 양}\times(\text{수돗물 온도}-\text{계산된 사용수 온도})}{80+\text{수돗물 온도}}$
㉣ 조절하여 사용할 수돗물의 양 = 사용할 물의 양−얼음 사용량

8) 밀가루 반죽 제빵적성 시험기계

① 믹소그래프 : 밀가루 단백질의 함량과 흡수와의 관계를 판단할 수 있으며, 믹싱시간, 믹싱내구성을 알 수 있는 기계
② 아밀로그래프 : 밀가루 속의 α−아밀라아제나 혹은 맥아의 액화효과를 측정하는 기계
㉠ 양질의 빵 속을 만들기 위한 전분의 호화력, 즉 전분이 호화과정 중 나타내는 최고의 점도를 그래프 곡선으로 나타내면 곡선의 높이는 400~600B.U.이다.
③ 익스텐소그래프 : 반죽의 신장도(신장성) 및 신장 저항력을 측정하는 기계
④ 레오그래프 : 반죽이 기계적 발달을 할 때 일어나는 변화를 측정하는 기계
⑤ 패리노그래프 : 글루텐의 흡수율, 글루텐의 질, 반죽의 내구성, 믹싱시간을 측정하는 기계
⑥ 믹사트론 : 사람과 기계의 잘못을 계속적으로 확인하는 기계

5 반죽 1차 발효 관리

1차 발효는 재료혼합 후 반죽정형에 들어가기 전까지의 발효를 말함

1) 반죽을 발효시키는 목적

① 반죽의 팽창 작용 : 가스 발생력과 가스 보유력을 증대시킴
② 반죽의 숙성 작용 : 체내 소화흡수율의 향상시킴
③ 빵의 풍미 생성 : 발효에 의해 생성된 대사산물로 독특한 맛과 향을 부여함

2) 글루텐의 가스 보유력에 영향을 미치는 요인

요소	보유력이 커짐	보유력이 낮아짐
밀가루 단백질의 양	많을수록	적을수록
밀가루 단백질의 질	좋을수록	나쁠수록
발효성 탄수화물	설탕 2~3%	적정량 이상
유지의 양과 종류	쇼트닝 3~4%	쇼트닝 4% 이상
반죽의 되기	정상 반죽	진 반죽
이스트의 양	양이 많을수록	양이 적을수록
반죽의 산도(pH)	pH 5.0~5.5	pH 5.0 이하
계란	첨가	−
유제품	첨가	−
산화제	알맞은 양	−
산화 정도	낮을수록	높을수록

3) 이스트의 발효(가스 발생력)에 영향을 미치는 요인

요소	발생력이 커짐	발생력이 낮아짐
이스트의 질	제조 15일 이하	제조 15일 이상
이스트의 양	많을수록	적을수록
발효성 탄수화물	설탕 5%	설탕 6% 이상
반죽온도	10~35℃	36~60℃
반죽의 산도(pH)	pH 4.5~5.5	pH 4 이하, pH 6 이상
소금	−	1% 이상

4) 가스 발생력과 가스 보유력에 관여하는 요인의 변화

① 이스트 사용량 조절 : 기존의 발효시간을 조절하고자 할 경우 이스트의 양을 구하는 계산식

$$\text{가감하고자 하는 이스트량} = \frac{\text{기존 이스트량} \times \text{기존 발효시간}}{\text{조절하고자 하는 발효시간}}$$

② 전분의 변화 : 맥아나 이스트 푸드에 들어있는 α-아밀라아제가 전분을 분해하여 발효를 촉진하고 풍미와 구운 색을 좋게 하며 노화를 방지한다.

③ 단백질의 변화

㉠ 발효 시 글루테닌과 글리아딘이 글루텐으로 변한다.

㉡ 프로테아제와 이스트의 발효산물인 에틸알코올과 유기산은 반죽에 신장성, 탄력성을 준다.

㉢ 프로테아제의 작용으로 생성된 아미노산은 이스트의 영양원으로도 이용된다.

5) 발효관리

① 제빵법에 따라 발효관리 3대 요소인 온도, 습도, 시간을 적절히 관리하여 가스 발생력과 가스 보유력이 평행과 균형이 이루어지게 하는 것

② 제빵법에 따른 발효관리 조건의 비교

요소	스트레이트법	스펀지법
발효시간	1~3시간	3.5~4.5시간
발효실 조건	온도 27~28℃	온도 27℃
	상대습도 75~80%	상대습도 75~80%

③ 발효 완료점을 이화학적 특성으로 확인하는 방법

㉠ 반죽에서 일어나는 물리적인 변화로 확인하는 방법

- 반죽의 부피가 증가한 상태, 반죽 표면의 색 변화, 핀홀(바늘구멍) 등을 확인
- 반죽 내부에 글루텐에 의해 만들어진 망상조직 상태 확인
- 손가락으로 반죽을 찔렀을 때 손가락 자국이 수축하는 탄력성 정도 확인

㉡ 반죽에서 일어나는 생화학적인 변화로 확인하는 방법

- 반죽 내부의 온도 변화를 확인
- 반죽 내부의 pH 변화를 확인

④ 제빵법에 따른 1차 발효 완료점의 비교

스트레이트법	스펀지법
• 부피 : 3~3.5배 증가 • 직물구조(섬유질 상태) 생성을 확인 • 반죽을 손가락으로 찔렀을 때 자국이 약간 오므라드는 상태	• 부피 : 4~5배 증가 • 반죽 중앙이 오목하게 들어가는 현상이 생김 • pH 4.8을 나타냄 • 반죽온도는 28~30℃를 나타냄 • 반죽 표면은 유백색(우유의 흰색)을 띠며 핀홀이 생김

6) 발효손실

① 1차 발효공정을 거친 후 통상 1~2%(총 반죽 무게 기준)의 발효 손실률이 발생하는 현상

② 발효손실을 일으키는 원인

㉠ 반죽 속의 수분이 증발함

㉡ 탄수화물이 이산화탄소와 에틸알코올로 산화되어 휘발함

③ 발효손실에 영향을 미치는 요인

영향을 미치는 요인	발효손실이 작은 경우	발효손실이 큰 경우
배합률	소금과 설탕이 많을수록	소금과 설탕이 적을수록
발효시간	짧을수록	길수록
반죽온도	낮을수록	높을수록
발효실의 온도	낮을수록	높을수록
발효실의 습도	높을수록	낮을수록

④ 손실 계산의 예제 : 완제품의 무게 200g짜리 식빵, 100개를 만들려고 한다. 발효손실이 2%, 굽기 및 냉각손실이 12%, 전체 배합률이 181.8%로 가정해서 반죽의 무게와 밀가루의 무게를 구하면

㉠ 제품의 총 무게 = 200g × 100개 = 20kg

㉡ 반죽의 총 무게 = 20kg ÷ {1 − (12 ÷ 100)} ÷ {1 − (2 ÷ 100)} = 23.19kg

㉢ 밀가루의 무게 = 23.19kg × 100% ÷ 181.8% = 12.75kg = 12.8kg이 된다.

6 반죽 2차 발효 관리

① 정형공정을 거치면서 가스가 빠진 반죽을 완제품 부피의 70~80%까지 부풀림

② 반죽온도의 상승에 따라 이스트와 효소를 활성화시킴

③ 에틸알코올, 유기산 및 그 외의 방향성 물질을 생성시키고 반죽의 pH를 떨어뜨림

④ 발효산물인 유기산과 에틸알코올이 글루텐에 작용한 결과 생기는 반죽의 신장성과 탄력성 증가가 굽기 시 오븐 팽창이 잘 일어나도록 함

1) 제품에 따른 2차 발효 온도, 습도의 비교

① 식빵에 대한 정상적인 2차 발효온도 : 35~38℃, 상대습도 : 75~90%(필기시험기준)

② 햄버거빵, 잉글리시 머핀은 반죽의 흐름성을 유도하기 위해서 2차 발효실의 습도를 높게 설정하는 제품

③ 하스 브레드인 바게트, 하드롤은 구움대에 직접 놓고 굽는 빵으로 반죽에 탄력성이 많아야 한다. 그래서 2차 발효실의 상대습도가 75~80% 정도로 낮게 설정됨

④ 빵 도넛은 2차 발효 후 반죽을 손으로 들어 기름에 넣고 튀겨야 하므로 반죽에 탄력성을 부여하면서 튀김 시 반죽 표면에 수포가 생기지 않도록 2차 발효실의 상대습도가 낮게 설정됨

2) 2차 발효의 시간이 제품에 미치는 영향

2차 발효의 시간	제품에 나타나는 결과
시간이 지나친 경우	• 부피가 너무 크다. • 껍질색이 여리다. • 기공이 거칠다. • 조직과 저장성이 나쁘다. • 과다한 산의 생성으로 향이 나빠진다.
시간이 덜 된 경우	• 부피가 작다. • 껍질색이 진한 적갈색이 된다. • 옆면이 터진다.

3) 2차 발효의 온도, 습도가 제품에 미치는 영향

2차 발효의 조건	제품에 나타나는 결과
온도가 낮을 때	• 발효시간이 길어진다. • 제품의 겉면이 거칠다. • 풍미의 생성이 충분하지 않다. • 반죽의 기공막이 두껍고 오븐 팽창도 나쁘다.
온도가 높을 때	• 속과 껍질이 분리된다. • 발효속도가 빨라진다. • 반죽이 산성이 되며, 반죽의 외피에 세균이 번식하기 쉽다.
습도가 낮을 때	• 반죽에 껍질형성이 빠르게 일어난다. • 오븐에 넣었을 때 팽창이 저해된다. • 껍질색이 불균일하게 되기 쉽다. • 얼룩이 생기기 쉬우며 광택이 부족하다. • 제품의 윗면이 터지거나 갈라진다.
습도가 높을 때	• 제품의 윗면이 납작해진다. • 껍질에 수포가 생긴다. • 껍질에 반점이나 줄무늬가 생긴다. • 껍질이 질겨진다.

7 분할하기

1) 기계 분할방법

① 분할기를 사용하여 식빵은 15~20분, 당함량이 많은 과자빵류는 30분 이내에 분할함
② 분할속도는 통상 12~16회전/분으로 한다. 너무 속도가 빠르면 기계 마모가 증가하고, 느리면 반죽의 글루텐이 파괴된다.
③ 이 과정에서 반죽이 분할기에 달라붙지 않도록 광물유인 유동파라핀 용액(오일)을 바름

2) 손 분할방법

① 주로 소규모 빵집에서 적당하다.
② 기계 분할에 비하여 부드럽게 할 수 있으므로 약한 밀가루 반죽의 분할에 유리함
③ 기계 분할에 비하여 오븐 스프링이 좋아 부피가 양호한 제품을 만들 수 있음
④ 덧가루는 완제품 속에 줄무늬를 만들고 맛을 변질시키므로 가능한 한 적게 사용해야 함

8 둥글리기

① 가스를 보유하는 큰 기포는 소포시키고 작은 기포는 균일하게 분산하여 반죽의 기공을 고르게 조절함
② 글루텐의 구조와 방향을 재정돈시켜 가스를 보유할 수 있는 반죽구조를 만들어 줌
③ 반죽의 절단면은 점착성을 가지므로 절단면을 반죽 속으로 들어가게 하고 표면에 막을 만들어 점착성을 적게 함
④ 분할로 흐트러진 글루텐의 구조와 방향을 정돈시켜 성형하기 적절한 상태로 만듦

1) 둥글리기를 하는 방법의 종류

① 자동 : 라운더를 사용하면 빠르게 둥글리기를 할 수 있지만 반죽에 손상이 많음
② 수동 : 분할된 반죽이 작은 경우에는 손에서 둥글리고 큰 경우에는 작업대에서 둥글림

2) 반죽 표면의 점착성을 줄여 끈적거림을 제거하여 정형공정을 쉽게 진행하는 방법

① 최적의 발효상태를 유지하여 반죽의 결합수를 증가시켜 겉도는 수분 양을 줄임
② 덧가루는 적정량을 사용하여야 하며 지나치게 사용하면 완제품에 줄무늬가 생김
③ 반죽에 유화제를 사용하여 반죽 속으로 스며드는 수분 양을 증가시켜 겉도는 양을 줄임
④ 반죽에 가수량이 많으면 반죽이 질어져 끈적거리므로 반죽에 최적의 가수량을 넣음
⑤ 유동파라핀 용액(오일)(반죽 무게의 0.1~0.2%)을 작업대, 라운더(Rounder)에 바름

9 중간 발효

둥글리기를 끝낸 반죽이 분할공정 전의 물리적 특성을 회복할 수 있도록 정형하기 전에 잠시 작업대(Work Bench)에서 발효시키는 것을 중간 발효라고 하며, 일명 벤치타임(Bench Time)이라고도 한다. 대규모 공장에서는 오버헤드 프루퍼(Overhead Proofer)를 이용하기도 한다.

1) 중간 발효를 하는 목적

① 반죽의 신장성을 증가시켜 정형과정에서의 밀어 펴기를 쉽게 함
② 가스 발생으로 반죽의 유연성을 회복시킴
③ 성형할 때 끈적거리지 않게 반죽표면에 얇은 막을 형성함
④ 분할, 둥글리기 하는 과정에서 손상된 글루텐 구조를 재정돈함

2) 중간 발효 공정관리

① 중간 발효실의 온도 27~29℃, 상대습도 75% 전후, 시간 10~20분이다.
② 반죽의 부피팽창 정도는 1.7~2.0배이다.
③ 중간 발효실의 조건과 작업실의 온도와 습도의 조건은 같다.

10 성형하기

① 중간 발효가 끝난 반죽을 다양한 제품의 모양으로 만드는 공정
② 작업실의 온도는 27~29℃ 이고 상대습도는 75% 내외

1) 정형공정의 분류와 특징

① 좁은 의미의 정형공정(Molding)
밀기(가스를 빼기) → 말기 → 봉하기(이음매는 아래로)
② 넓은 의미의 정형공정(Make up)
분할 → 둥글리기 → 중간 발효 → 성형 → 패닝

11 패닝

① 정형이 완료된 반죽을 틀(Tin)에 넣거나 팬(Pan)에 나열하는 공정
② 패닝을 할 때 틀과 팬의 온도는 32℃가 적당함
③ 반죽의 이음매는 팬의 바닥에 놓아 이음매가 벌어지는 것을 막음
④ 팬 기름을 많이 바르면 빵의 껍질이 튀겨지므로 적정량을 바름

1) 틀의 용적(부피)에 알맞은 반죽량 산출하기

① 반죽의 적정 분할량 = 틀의 용적 ÷ 비용적

② 비용적 : 반죽 1g을 발효시켜 구웠을 때 제품이 차지하는 부피를 말함

③ 산형 식빵 : 3.2~3.4㎤/g, 풀먼형 식빵 : 3.3~4.0㎤/g

2) 팬 기름(이형유)

① 굽기 후 제품이 팬에서 달라붙지 않고 잘 떨어지게 만들기 위하여 사용하는 재료를 가리켜 이형제라고 함

② 종류 : 유동파라핀(백색광유), 정제라드(쇼트닝), 식물유(면실유, 땅콩기름, 대두유), 혼합유

③ 팬 기름(이형유)이 갖추어야 할 조건

㉠ 이미(이상한 맛), 이취(이상한 냄새)를 갖고 있지 않은 것

㉡ 무색(색이 없음), 무취(냄새가 없음)를 띠는 것

㉢ 지방이 산소와 결합해서 산화하여 변질되는 산패에 잘 견디는 안정성이 높은 것

㉣ 기름을 가열할 때 푸른 연기가 발생하는 온도인 발연점이 210℃ 이상 높은 것

㉤ 반죽 무게의 0.1~0.2% 정도 팬 기름을 사용함

12 굽기

1) 굽기를 하는 목적과 관련된 반응

① 발효산물을 열 팽창시켜 빵의 부피를 갖춤 : 오븐 스프링, 오븐 라이즈

② 생 전분을 α화하여 소화가 잘 되는 빵을 만듦 : 전분의 호화(익힌 전분으로 만듦)

③ 단백질의 열변성과 전분의 호화로 빵의 구조와 형태를 만듦 : 단백질 변성, 전분의 호화

④ 이스트의 가스 발생력을 막으며 각종 효소의 작용도 불활성화시킴 : 효모와 효소의 작용

⑤ 껍질의 형성과 착색으로 빵의 맛과 향을 향상시킴 : 껍질의 형성, 갈변반응

2) 굽기를 할 때 일어나는 반죽의 변화

① 오븐 팽창(오븐 스프링)

㉠ 굽기 시 처음 5~6분간 굽는 동안에 반죽의 내부온도가 49℃에 달하면 반죽이 급격하게 부풀어 오븐에 넣기 전 2차 발효가 완료된 크기를 기준으로 해서 약 1/3 정도 빵을 크게 팽창시킨다. 그래서 2차 발효의 완료점은 오븐에서 빼낸 완제품 기준 70~80% 정도로 정한다. 그리고 이러한 급격한 오븐 팽창을 오븐 스프링이라고 한다.

㉡ 반죽표면의 물방울은 방사열(복사열)로 기화하기 시작하고 기화에 필요한 열을 반죽표면에서 빼앗아 반죽표면의 온도 상승이 억제되어 빵의 부피가 증가한다.

㉢ 글루텐의 연화와 전분의 호화, 가소성화가 팽창을 돕는다.

㉣ 탄산가스와 용해 알코올이 기화하면서 가스압이 증가하여 오븐 스프링이 일어난다.

㉤ 79℃부터 용해 알코올이 증발하여 빵에 특유의 향이 발생한다.

② 오븐 라이즈

㉠ 반죽의 내부 온도가 아직 60℃에 이르지 않은 상태에서 발생한다.

㉡ 사멸 전까지 이스트가 활동하며 가스를 생성시켜 반죽의 부피를 조금씩 키우는 과정이다.

③ 전분의 호화

㉠ 굽기과정 중 전분입자는 54℃에서 팽윤하기 시작한다.

㉡ 전분 입자는 70℃ 전·후에 이르면 유동성이 급격히 떨어지며 호화가 완료된다.

④ 단백질 변성

㉠ 굽기 과정 중 빵 속의 온도가 74℃를 넘으면 글루텐 단백질이 굳기 시작한다.

㉡ 74℃에서 글루텐 단백질이 열변성을 일으키면 수분과의 결합능력이 상실되면서 단백질의 수분이 전분으로 이동하여 전분의 호화를 돕는다.

㉢ 열변성된 글루텐 단백질은 호화된 전분과 함께 빵의 내부구조를 형성하게 된다.

⑤ 효모의 사멸 효소의 불활성 : 60℃가 되면 효모는 사멸되고 효소의 불활성이 시작된다.

⑥ 향의 생성 : 향은 주로 껍질에서 생성되어 빵 속으로 침투되고 흡수되어 형성된다.

⑦ 껍질의 갈색 변화 : 덱스트린 반응, 메일라드 반응, 캐러멜화 반응에 의하여 껍질이 진하게 갈색으로 나타나는 현상이다.

3) 주어진 조건에 따라 제품에 나타나는 결과

원인	제품에 나타나는 결과
너무 높은 오븐 온도	• 언더 베이킹이 되기 쉽다. • 빵의 부피가 작다. • 굽기손실도 적다. • 껍질이 급격히 형성되며, 껍질색이 진하다. • 눅눅한 식감이 된다. • 과자빵은 반점이나 불규칙한 색이 나며 껍질이 분리되기도 한다.
너무 낮은 오븐 온도	• 빵의 부피가 크다. • 굽기손실 비율도 크다. • 구운색이 엷고 광택이 부족하다. • 껍질이 두껍다. • 퍼석한 식감이 난다. • 풍미도 떨어진다(2차 발효가 지나친 것과 같은 현상들이 많다).
과량의 증기	• 오븐 팽창이 좋아 빵의 부피를 증가시킨다. • 껍질이 두껍고 질기다. • 표피에 수포가 생기기 쉽다.
부족한 증기	• 껍질이 균열되기 쉽다. • 구운색이 엷고 광택 없는 빵이 된다. • 낮은 온도에서 구운 빵과 비슷하다.
부적절한 열의 분배	• 고르게 익지 않는다. • 자를 때 빵이 찌그러지기 쉽다. • 오븐 내의 위치에 따라 빵의 굽기상태가 달라진다.
팬의 간격이 가까울 때	• 열 흡수량이 적어진다. • 반죽의 중량이 450g인 경우 2㎝의 간격을, 680g인 경우는 2.5㎝를 유지한다.

4) 굽기손실

① 굽기손실의 원인은 발효 시 생성된 이산화탄소, 알코올 등의 휘발성 물질 증발과 수분 증발을 들 수 있음

② 굽기손실에 영향을 주는 요인 : 배합률, 굽는 온도, 굽는 시간, 제품의 크기와 형태, 패닝방식 등

③ 굽기손실 계산법 : DW(반죽 무게, Dough Weight), BW(빵 무게, Bread Weight)

㉠ 굽기손실 무게 = DW－BW

㉡ 굽기손실 비율(%) = $\frac{DW-BW}{DW} \times 100$

④ **제품별 굽기손실 비율** : 배합률, 굽기온도, 굽기시간, 제품의 크기와 형태, 패닝방식 등의 영향을 받음
㉠ 풀만 식빵 : 7~9%
㉡ 단과자빵 : 10~11%
㉢ 일반 식빵 : 11~13%
㉣ 하스 브레드 : 20~25%

13 튀기기

① 튀김기름의 표준온도 : 180~195℃
② 튀김기름의 이론적 깊이 : 12~15㎝, 실제적 깊이 : 5~8㎝

1) 빵도넛에 과도한 흡유의 원인

① 반죽의 수분이 너무 많았다.
② 반죽의 믹싱 시간이 짧았다.
③ 글루텐 형성이 부족하다.
④ 반죽 온도가 낮으면 튀김 시간이 길어진다.
⑤ 반죽 중량이 같다면 튀김 시간이 길었다.
⑥ 튀김 시간이 같다면 반죽 중량이 적었다.

14 과자류 · 빵류 충전물과 토핑물 제조

1) 아이싱

① 아이싱의 종류와 특징
㉠ 단순 아이싱 : 분설탕, 물, 물엿, 향료를 섞고 43℃로 데워 페이스트 상태로 만듦
㉡ 크림 아이싱 : 크림 상태로 만든 아이싱으로 다음과 같은 종류가 있음
- 퍼지 아이싱 : 설탕, 버터, 초콜릿, 우유를 주재료로 크림화시켜 만듦
- 퐁당 아이싱 : 설탕 시럽을 기포하여 만듦
- 마시멜로 아이싱 : 거품을 올린 흰자에 뜨거운 시럽을 첨가하여 만듦
- 아이싱을 부드럽게 하고 수분 보유력을 높이기 위해 물엿, 전화당 시럽, 포도당, 설탕을 이용함

② 굳은 아이싱을 풀어주는 조치
㉠ 아이싱에 최소의 액체를 사용하여 중탕으로 가온함
㉡ 중탕으로 가열하여 35~43℃로 데워 사용함
㉢ 굳은 아이싱이 데우는 정도로 안 되면 시럽을 푼다.

③ 아이싱의 끈적거림을 방지하는 조치
㉠ 안정제이며 농후화제인 젤라틴, 한천, 로커스트 빈검, 카라야검 등을 사용함
㉡ 전분, 밀가루 같은 흡수제는 사용하지만, 유화제는 사용하지 않음

2) 글레이즈 : 도넛과 기타 빵류에 사용하는 글레이즈는 45~50℃, 도넛에 설탕으로 아이싱하면 40℃ 전 · 후, 퐁당으로 하면 38~44℃로 글레이즈 후 온도와 습도가 낮은 냉장진열장이나 통풍이 잘 되는 장소에서 판매함

3) 머랭 : 머랭은 흰자와 설탕을 사용하여 거품을 일으킨 반죽을 가리킴

① 머랭의 종류와 특징
㉠ 냉제 머랭 : 냉제 머랭법으로 만들며, 거품 안정을 위해 소금 0.5%와 주석산 0.5%를 넣기도 한다.
㉡ 온제 머랭 : 온제 머랭법으로 만들며, 공예과자, 세공품을 만들 때 사용한다.
㉢ 스위스 머랭 : 스위스 머랭법으로 만들며, 구웠을 때 표면에 광택이 나고 하루쯤 두었다가 사용해도 무방하다.
㉣ 이탈리안 머랭 : 이탈리안 머랭법으로 만들며, 무스나 냉과를 만들 때 크림으로 사용하며, 케이크 위에 아이싱 크림과 장식으로 얹고 토치를 사용하여 강한 불에 구워 착색하는 제품을 만들 때 사용한다.

4) 퐁당 : 설탕 100에 대하여 물 30을 넣고 114~118℃로 끓인 뒤 다시 희고 뿌연 상태로 재결정화시킨 것으로 38~44℃에서 사용함

5) 커스터드 크림 : 우유, 계란, 설탕을 한데 섞고, 안정제로 옥수수 전분이나 박력분을 넣어 끓인 크림이다. 여기서 계란은 크림을 걸쭉하게 하는 농후화제, 크림에 점성을 부여하는 결합제의 역할을 한다.

6) 버터크림 : 버터를 크림 상태로 만든 뒤 설탕(100), 물(25~30), 물엿, 주석산크림(주석산, 주석영) 등을 함께 114~118℃로 끓여서 식힌 설탕시럽을 조금씩 넣으면서 계속 젓는다. 마지막에 연유, 술, 향료를 넣고 고르게 섞는다. 버터크림에 사용하는 향료의 형태는 에센스 타입이 알맞다. 겨울철에 버터크림이 굳어버리면 식용유로 농도를 조절하여 부드럽게 유지되도록 만든다.

7) 생크림 : 우유의 지방함량이 35~40% 정도의 진한 생크림을 휘핑하여 사용하고 생크림의 보관이나 작업 시 제품온도는 3~7℃가 좋으므로 0~5℃의 냉장온도에서 보관하는 것이 좋다. 휘핑 시 크림 100에 대하여 10~15%의 분설탕을 사용하여 단맛을 낸다. 휘핑시간이 적정시간보다 짧으면 기포가 너무 크게 되어 안정성이 약해지므로 휘핑 완료점을 잘 파악한다.

03 불량제품 관리

1 제품 평가기준

완성된 제품의 외관이나 내부를 평가하여 상품적인 가치를 평가하는 것을 말함

① 외부평가의 항목 : 터짐성, 외형의 균형, 부피, 굽기의 균일화, 껍질색, 껍질 형성
② 내부평가 : 조직, 기공, 속결 색상
③ 식감평가 : 냄새, 맛(빵에 있어 가장 중요한 평가 항목임)
④ 어린 반죽과 지친 반죽으로 만든 제품 비교

평가항목	어린 반죽(발효, 반죽이 덜 된 것)	지친 반죽(발효, 반죽이 많이 된 것)
구운 상태	위, 옆, 아랫면이 모두 검다.	연하다.
기공	거칠고 열린 두꺼운 세포	거칠고 열린 얇은 세포벽 → 두꺼운 세포벽
브레이크와 슈레드	찢어짐과 터짐이 아주 적다.	커진 뒤에 작아진다.

부피	작다	크다 → 작다
외형의 균형	예리한 모서리, 매끄럽고 유리 같은 옆면	둥근 모서리, 움푹 들어간 옆면
껍질 특성	두껍고 질기고 기포가 있을 수 있다.	두껍고 단단해서 잘 부서지기 쉽다.

2 각 재료에 따른 제품의 결과

1) 설탕

설탕은 이스트의 먹이로 식빵 제조 시 스트레이트법에서 밀가루 기준 최적 설탕량인 3%정도를 첨가한다. 설탕이 5% 이상이 되면 가스 발생력이 약해져 발효시간은 길어진다.

평가항목	정량보다 많은 경우	정량보다 적은 경우
부피	작다.	작다.
껍질색	어두운 적갈색(잔당이 많기 때문)	연한 색(잔당이 적기 때문)
외형의 균형	• 발효가 느리고 팬의 흐름성이 많다. • 완만한 윗부분 • 모서리가 각이 지고 찢어짐이 작다.	• 모서리가 둥글다. • 팬의 흐름이 작다.

※ 설탕은 반죽의 단백질들이 서로 엉기어 글루텐으로 생성, 발전되는 것을 방해하므로 빵반죽이 만들어지는 시간을 길어지게 한다.
※ 식빵에서 설탕량을 3% 정도 사용하면 완제품의 부피가 커진다.

2) 쇼트닝

① 쇼트닝은 가스 발생력에는 영향력이 없고 수분 보유력에는 영향력이 있어 완제품의 보존기간을 연장시킨다.
② 밀가루 기준 3~4% 첨가 시 가스 보유력에는 좋은 효과가 생긴다.
③ 액상유인 식용유보다는 고체유인 쇼트닝이 가스 보유력에 있어 훨씬 효과가 있다.

평가항목	정량보다 많은 경우	정량보다 적은 경우
부피	작아진다.	작아진다.
껍질색	• 진한 어두운색 • 약간 윤이 난다.	엷은 껍질색 윤기 없는 표면
외형의 균형	• 흐름성이 좋다. • 모서리가 각지다. • 브레이크와 슈레드가 작다.	• 둥근 모서리 • 브레이크와 슈레드가 크다.

3) 소금

① 소금의 일반적인 사용량은 밀가루 기준 2%가 평균적이나 그 이상 사용하면 소금의 삼투압에 의하여 이스트의 발효력이 저하된다.
② 식빵 제조 시 최저 사용량은 1.7%이고, 소금을 넣지 않으면 반죽이 끈적거리며 처진다.
③ 반죽을 만들 때 소금을 직접 이스트에 접촉시키면 삼투압에 의하여 이스트의 발효력이 저하된다.

평가항목	정량보다 많은 경우	정량보다 적은 경우
부피	작다.	크다.
껍질색	검은 암적색	흰색
외형의 균형	• 예리한 모서리 • 약간 터지고 윗면이 편편하다.	• 둥근 모서리 • 브레이크와 슈레드가 크다.

4) 우유

① 우유 단백질인 카세인과 락토알부민, 락토글로불린은 밀가루의 단백질을 강화시키고, 우유의 양이 많아지면 우유 단백질의 완충작용으로 인해 발효시간이 길어진다.
② 우유의 동물성 탄수화물인 유당은 굽기 시 일어나는 당의 갈색화 반응으로 완제품의 껍질색을 진하게 한다.

평가항목	정량보다 많은 경우	정량보다 적은 경우
부피	커진다.	발효가 빠르고 부피가 작아진다.
껍질색	진한 색	엷은 색
외형의 균형	• 어린 반죽 • 예리한 모서리 • 브레이크와 슈레드가 작다.	• 둥근 모서리 • 브레이크와 슈레드가 크다.

우유 단백질은 완충작용으로 발효를 지연시키고 밀가루 단백질을 강화시켜 양 옆면과 바닥이 튀어나오게 할 수도 있다.

5) 밀가루의 단백질 함량

① 밀가루의 단백질 함량과 질은, 밀가루의 강도를 나타내며 제빵 적정을 나타낸다.
② 밀가루 단백질의 질이 양보다 더 중요하다.

평가항목	정량보다 많은 경우	정량보다 적은 경우
부피	커진다.	작아진다.
껍질색	진한 색	엷은 색
외형의 균형	• 둥근 모서리 • 비대칭성이다. • 브레이크와 슈레드가 크다.	• 예리한 모서리 • 브레이크와 슈레드가 크다.

3 제품의 결함과 원인

1) 식빵류의 결함 원인

결함	원인
표피에 수포 발생	• 질은 반죽 • 발효 부족(어린 반죽) • 2차 발효 시 발효실의 상대습도가 높았다. • 오븐의 윗 불 온도가 높았다. • 성형기의 취급 부주의
껍질의 반점 발생	• 배합 재료가 고루 섞이지 않았다. • 녹지 않은 분유 • 덧가루 사용 과다 • 2차 발효실의 수분 응축 • 설탕의 용출
빵의 바닥이 움푹 들어감	• 2차 발효가 초과될 때 • 팬의 밑면 및 양면에 구멍이 없을 때 • 믹서의 회전속도가 느릴 때 • 곧고 정확한 팬을 사용하지 않았을 때 • 식빵 틀이 뜨거울 때 • 식빵 틀에 기름을 칠하지 않았을 때 • 틀 바닥에 수분이 있을 때 • 2차 발효실의 습도가 높을 때 • 굽기의 초기 온도가 높을 때
윗면이 납작하고 모서리가 날카로움	• 미숙성한 밀가루 사용 • 소금 사용량이 정량보다 많은 경우 • 지나친 믹싱 • 진 반죽 • 발효실의 높은 습도

브레이크와 슈레드(터짐과 찢어짐) 부족	• 1차 발효가 부족했거나 지나치게 과다한 경우 • 단물(연수)을 썼다. • 효소제의 사용량이 지나치게 과다한 경우 • 이스트 푸드 사용 부족 • 2차 발효가 과다한 경우 • 너무 높은 오븐 온도 • 2차 발효실 온도가 높았거나 시간이 길었거나 습도가 낮음 • 질은 반죽 • 오븐 증기 부족
빵 속의 줄무늬 발생	• 과량의 덧가루 사용 • 밀가루의 체치는 작업 생략 • 반죽 개량제의 과다 사용 • 건조한 중간발효 • 표면이 마른 스펀지 사용 • 믹싱 중 마른 재료가 고루 섞이지 않음 • 된 반죽 • 과량의 분할유(Divider oil) 사용 • 잘못된 성형기의 롤러 조절
빵의 옆면이 찌그러진(쏙 들어간) 경우	• 지친 반죽 • 오븐열의 고르지 못함 • 팬 용적보다 넘치는 반죽량 • 지나친 2차 발효

2) 과자빵류의 결함 원인

결함	원인
껍질색이 옅다	• 배합재료 부족 • 지친 반죽 • 발효시간 과다 • 반죽의 수분 증발 • 덧가루 사용 과다
껍질색이 짙다	• 질 낮은 밀가루 사용 • 낮은 반죽온도 • 식은 반죽 • 높은 습도 • 어린 반죽
풍미 부족	• 부적절한 재료 배합 • 저율 배합표 사용 • 낮은 반죽 온도 • 낮은 오븐 온도 • 과숙성 반죽 사용 • 2차 발효실의 높은 온도
옆면 허리가 낮다	• 오븐의 아랫불 온도가 낮았다. • 오븐의 온도가 낮았다. • 이스트의 사용량이 적었다. • 반죽을 지나치게 믹싱하였다. • 발효(숙성)가 덜 된 반죽을 그대로 사용하였다. • 성형할 때 지나치게 눌렀다. • 2차 발효시간이 길었다.

04 제품별 특징

1 프랑스빵(바게트)

① 일정한 모양의 틀을 쓰지 않고 바로 오븐 구움대 위에 얹어서 굽는 하스 브레드(Hearth Bread)이며, 겉껍질이 단단한 하드 브레드(Hard Bread)이다.

② 실기시험에는 강력분을 사용하지만, 프랑스 정통 바게트는 준강력분을 사용하여 바삭바삭한 껍질을 만든다.

③ 바게트에서 비타민 C는 10~15ppm(part per million, 1/1,000,000) 정도를 사용한다.

④ 굽기 전 스팀을 분사하는 이유
- ㉠ 껍질을 바삭하게 한다.
- ㉡ 껍질에 윤기가 나게 한다.
- ㉢ 껍질을 얇게 만든다.
- ㉣ 거칠고 불규칙하게 터지는 것을 방지한다.

2 호밀빵

① 밀가루에 호밀가루를 넣어 배합한 빵으로서, 호밀가루에 의해 완제품에 독특한 맛과 조직의 특성을 부여하고 색상을 진하게 향상한다.

② 호밀가루는 빵의 모양과 형태를 유지시키는 단백질(글루테닌)이 부족하여 반죽과 완제품의 구조력을 약화시킨다.

③ 호밀빵은 펜토산 함량이 높아 일반 식빵보다 흡수율은 좋지만, 글리아딘과 글루테닌이 적기 때문에 반죽이 되도록 수분을 조절한다.

④ 캐러웨이씨 : 호밀빵에 사용하는 향신료이다.

3 건포도 식빵

① 건포도의 전처리
- ㉠ 건조되어 있는 건포도가 물을 흡수하도록 하는 조치를 말한다.
- ㉡ 27℃의 물에 담가 두었다가 체로 걸러 물기를 제거하고 4시간 정도 방치한다.
- ㉢ 혹은 건포도 중량의 12%를 물이나 술을 부어 가끔 흔들면서 4시간 정도 방치한다.
- ㉣ 빵 속이 건조하지 않도록 만들기 위함이다.
- ㉤ 건포도를 씹는 촉감의 맛과 향이 살아나도록 한다.
- ㉥ 건포도가 빵과 결합이 잘 이루어지도록 한다.
- ㉦ 물을 흡수시키면 건포도를 10% 더 넣는 효과가 나타난다.

② 건포도를 최종 단계 전에 넣을 경우
- ㉠ 반죽이 얼룩진다.
- ㉡ 반죽이 거칠어져 정형하기 어렵다.
- ㉢ 이스트의 활력이 떨어진다.
- ㉣ 빵의 껍질색이 어두워진다.

③ 식빵 제조 시 이스트의 사용범위는 밀가루 기준 2~5% 정도이다.

4 데니시 페이스트리

① 과자용 반죽인 퍼프 페이스트리에 설탕, 계란, 버터와 이스트를 넣어 반죽을 만들어서 냉장휴지를 시킨 후 롤인용 유지를 집어넣고 밀어 펴서 발효시킨 다음 구운 빵용 반죽이다.

② 제품의 종류에는 크로와상이 대표적이다.

③ 2차 발효실의 온도는 완제품의 결을 만드는 롤인용 유지의 융점보다 낮게 설정한다.

④ 2차 발효시간은 롤인 유지에 의한 팽창을 고려하여 일반 빵 반죽 발효의 75~80% 정도만 발효시킨다.

⑤ 완제품의 껍질이 바삭하여야 하므로 상대습도를 70~75% 낮게 설정한다.

빵류 제조 빈출 내용정리

스트레이트법에서 펀치를 하는 목적

① 반죽온도를 균일하게 한다.
② 산소를 공급하여 이스트에 활성을 준다.
③ 반죽의 산화와 숙성을 촉진시킨다.
④ 반죽에 탄력성이 더해지고, 글루텐을 강화하여 볼륨 있는 빵을 만들 수 있다.

빵 제조 시 마찰계수, 계산된 물 온도, 얼음 사용량, 물 사용량 등을 구하는 계산 방법

① 마찰계수 = (결과온도×3) − (밀가루 온도+실내 온도+수돗물 온도)
② 계산된 물 온도 = (희망온도×3) − (밀가루 온도+실내 온도+마찰계수)
③ 얼음 사용량 = $\dfrac{\text{사용할 물의 양×(수돗물 온도−계산된 사용수 온도)}}{\text{80+수돗물 온도}}$
④ 조절하여 사용할 수돗물량 = 사용할 물량 − 얼음 사용량

둥글리기의 목적

① 글루텐의 구조와 방향정돈
② 반죽의 기공을 고르게 유지
③ 중간발효 시 가스보유를 위한 반죽구조형성
④ 반죽표면에 얇은 막 형성

정형한 식빵 반죽을 팬에 넣을 때 이음매의 위치

정형한 식빵 반죽을 팬에 넣을 때 이음매의 위치를 아래로 향하게 놓아 2차 발효나 굽기 공정 중 이음매가 벌어지는 것을 막는다.

빵 제품의 노화

① 노화는 제품이 오븐에서 나온 직후부터 서서히 진행된다.
② 노화가 일어나면 소화흡수율이 떨어진다.
③ 노화로 인하여 빵 속 내부 조직이 단단해진다.
④ 노화를 지연하기 위하여 냉동고에 보관하는 게 좋다.

제과 생산관리의 제1차 관리요소

사람, 재료, 자금

어린 생지(반죽, 발효가 덜 된 것)로 만든 제품의 특성

① 제품의 부피가 작다.
② 속결(조직)이 거칠다.
③ 빵 속 색깔은 어두운 색이다.
④ 예리한 모서리에 매끄럽고 유리 같은 옆면이다.

비상 스트레이트법으로 전환 시 필수 조치사항

① 물 사용량을 1% 증가시킨다.
② 설탕 사용량을 1% 감소시킨다.
③ 반죽시간을 20~30% 늘려서 글루텐의 기계적 발달을 최대로 한다.
④ 이스트 사용량을 2배로 증가시킨다.
⑤ 반죽온도를 30~31℃로 맞춘다.
⑥ 1차 발효를 15~30분 정도한다.

연속식 제빵법의 특징

① 액체 발효법을 이용하여 연속적으로 제품을 생산한다.
② 발효 손실 감소, 인력 감소 등의 이점이 있다.
③ 3~4기압의 디벨로퍼로 반죽을 제조하기 때문에 많은 양의 산화제가 필요하다.
④ 자동화 시설을 갖추기 위한 설비공간의 면적이 작게 소요된다. 왜냐하면 1차 발효실, 분할기, 환목기(라운더), 중간 발효기, 성형기 등의 설비가 감소되어 공장 면적이 감소한다.

노타임 반죽법

산화제와 환원제의 사용으로 믹싱시간과 발효시간을 단축하며, 장시간 발효과정을 거치지 않고 배합 후 정형하여 2차 발효를 하는 제빵법이다.

냉동빵(혹은 냉동반죽법)에서 반죽의 온도를 낮추는 가장 주된 이유

이스트의 활동을 억제시켜둔 후 필요할 때마다 꺼내어 쓸 수 있도록 하기 위함이다.

제빵법의 변화에 따른 반죽온도

① 표준 스트레이트법의 반죽온도 : 27℃
② 비상 스트레이트법의 반죽온도 : 30℃
③ 표준 스펀지법의 스펀지 반죽온도 : 24℃, 도우 반죽온도 : 27℃
④ 비상 스펀지법의 스펀지 반죽온도 : 30℃, 도우 반죽온도 : 30℃

아밀로그래프의 기능

① 전분의 점도 측정
② 아밀라아제 효소의 활성능력 측정
③ 점도를 B.U. 단위로 측정
④ 적당한 전분의 호화력은 400~600B.U.

익스텐시그래프(Extensigraph)

① Extensigraph의 extend는 '잡아당기다'라는 뜻으로 반죽의 신장성에 대한 저항과 산화제를 첨가할 필요량을 측정하는 기계이다.
② 밀가루 반죽의 시험기계 종류 : 믹소그래프, 아밀로그래프, 익스텐시그래프, 레오그래프, 패리노그래프, 믹사트론(Mixatron), 폴링넘버(Falling number)

밀가루의 종류와 등급에 따른 패리노그래프의 결과 분석

① 밀의 제분 후 단백질이 증가하면 흡수율은 증가하는 경향을 보인다.
② 밀의 제분 후 회분함량의 증가로 밀가루 등급이 낮을수록 흡수율은 증가하나 반죽시간과 안정도는 감소한다.

최종제품의 부피가 정상보다 클 경우의 원인

① 과다한 1차 발효와 2차 발효
② 소금 사용량 부족
③ 낮은 오븐 온도
④ 팬의 크기에 비해 많은 반죽

제4편

과자류·빵류 제품저장관리 (공통내용)

01 과자류·빵류 제품저장관리

1 제품의 냉각

① 갓 구워낸 빵은 빵 속의 온도가 97~99℃이고 수분 함량은 껍질에 12%, 빵 속에 45%를 유지하는데, 이를 식혀 빵 속의 온도는 35~40℃, 수분 함량은 껍질에 27%, 빵 속에 38%로 낮추는 것, 이렇듯 냉각은 빵 속의 온도와 수분 함량의 변화가 중요하다.
② **냉각실의 설정 온도와 상대습도** : 20~25℃, 75~85%
③ **냉각 손실률** : 굽기 전 총 반죽 무게 기준 2% 정도 발생함

1) 냉각의 목적

① 곰팡이, 세균, 야생효모의 오염을 막는다.
② 빵의 절단 및 포장을 용이하게 한다.

2) 냉각의 방법

① **자연냉각** : 상온에서 냉각하는 것으로 소요시간은 3~4시간이 걸린다.
② **터널식 냉각** : 공기배출기를 이용한 냉각으로 소요시간은 2~2.5시간이 걸린다.
③ **공기조절식 냉각(에어컨디션식 냉각)** : 온도 20~25℃, 습도 85%의 공기에 통과시켜 90분간 냉각하는 방법으로 식빵을 냉각하는 제일 빠른 방법이다.

2 제품의 포장

1) 포장온도 : 35~40℃

① **빵류를 충분히 냉각시키지 않고 높은 온도에서 포장하는 경우**
 ㉠ 썰기가 어려워 형태가 변하기 쉽다.
 ㉡ 포장지에 수분과다로 곰팡이가 발생하고 형태를 유지하기가 어렵다.
② **빵류를 지나치게 냉각시켜 낮은 온도에서 포장하는 경우**
 ㉠ 노화가 가속된다.
 ㉡ 껍질이 건조된다.

2) 빵류를 포장하는 용기의 선택 시 고려사항

① 용기와 포장지에 유해물질이 없는 것을 선택해야 한다.
② 포장재를 만들 때 사용하는 가소제나 안정제 등의 유해물질이 용출되어 식품에 전이되어서는 안 된다.
③ 세균, 곰팡이가 발생하는 오염포장이 되어서는 안 된다.
④ 방수성이 있고 통기성(투과성)이 없어야 한다.
⑤ 포장했을 때 상품의 가치를 높일 수 있어야 한다.
⑥ 단가가 낮고 포장에 의하여 제품이 변형되지 않아야 한다.
⑦ 공기와 자외선 투과율, 내약품성, 내산성, 내열성, 투명성, 신축성 등을 고려하여 포장한다.

3 제품의 저장

1) 노화란

빵의 껍질과 속에서 일어나는 물리 · 화학적 변화로 제품의 맛, 향기가 변화하며, 수분손실로 완제품이 딱딱해지는 현상을 말한다.

2) 빵류 노화에 따른 껍질과 속의 변화를 구분하여 정리하면 다음과 같다.

① **빵류 노화에 따른 껍질의 변화**
 ㉠ 빵 속 수분이 표면으로 이동하고, 공기 중의 수분이 껍질에 흡수된다.
 ㉡ 표피는 눅눅해지고 질겨진다.
② **빵류 노화에 따른 속의 변화**
 ㉠ 빵 속이 건조해지고 탄력을 잃으며 향미가 떨어진다.
 ㉡ 빵 속 수분이 껍질로 이동하여 생긴다.
 ㉢ 알파 전분의 퇴화(β_1화)가 주원인이다.

3) 노화를 지연시키는 방법

① 반죽에 α-아밀라아제를 첨가
② 저장 온도를 -18℃ 이하 또는 35℃로 유지
③ 모노-디글리세리드 계통의 유화제 사용
④ 물의 사용량을 높여 반죽의 수분함량을 증가
⑤ 탈지분유와 계란에 의한 단백질 증가
⑥ 당류를 첨가
⑦ 방습포장 재료로 포장

4 제품의 유통

유통기한이란 섭취가 가능한 날짜가 아닌 과자류 · 빵류제품의 제조일로부터 소비자에게 판매가 가능한 기한을 말한다.

1) 과자류 · 빵류관련 재료와 제품 유통 관리방법들

① **실온 유통** : 실온이라 함은 1~35℃를 말한다. 원칙적으로 35℃를 포함하여 설정
② **상온 유통** : 상온이라 함은 15~25℃를 말하며, 25℃를 포함하여 설정
③ **냉장 유통** : 냉장이라 함은 0~10℃를 말하며, 보통은 5℃ 이하로 유지함
④ **냉동 유통** : 냉동이라 함은 -18℃ 이하를 말하며, 냉동제품은 표면에서 식품의 중심부까지 -20℃ 정도의 냉기를 유지하고 있다. 따라서 운반할 때 보존할 때 반드시 -20~-23℃ 정도를 유지함

제5편

과자류·빵류 위생안전관리 (공통내용)

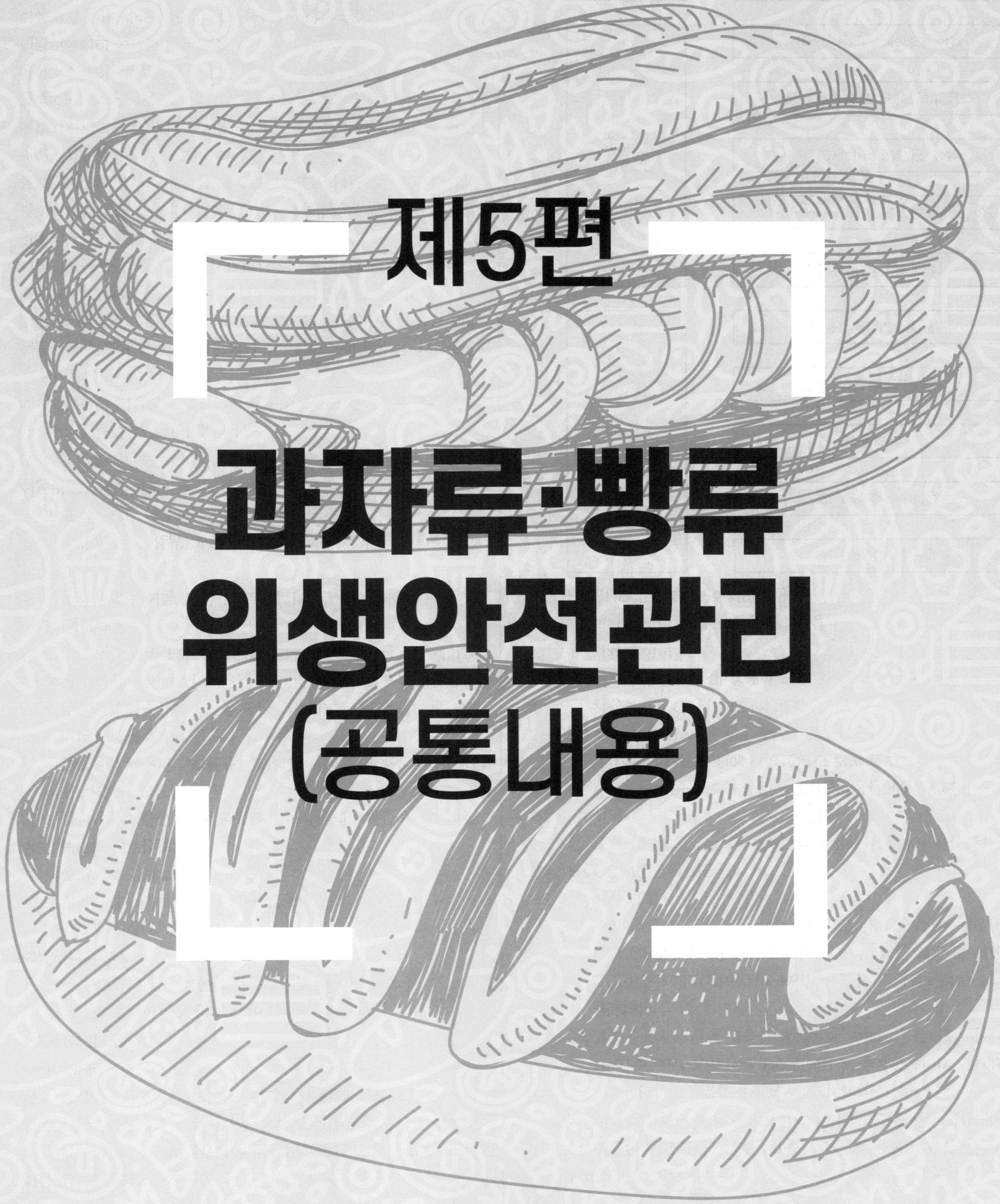

01 식품위생 관련 법규 및 규정

1 식품위생법 관련법규

① 식품위생의 정의

W.H.O에서는 식품위생관리란 식품의 생육, 생산, 제조로부터 최종적으로 사람에게 섭취되기까지의 모든 단계에 있어서 식품의 완전 무결성, 안정성, 건전성을 확보하기 위해 필요한 모든 관리 수단이라고 표현했다.

② 식품위생의 대상범위
- ㉠ 의약으로 섭취하는 것은 제외한다.
- ㉡ 모든 음식물(식품), 식품 첨가물, 기구, 용기와 포장 등

③ 식품위생의 목적
- ㉠ 식품으로 인한 위생상의 위해를 방지한다.
- ㉡ 국민보건의 향상과 증진에 이바지한다.
- ㉢ 식품영양의 질적 향상을 도모한다.

④ 우리나라의 식품위생법
- ㉠ 식품위생법 : 법규, 명령 등을 포함한 성문법, 불문법으로 이루어진 법률로 정한다.
- ㉡ 식품위생법 시행령 : 법률을 시행하는 필요한 사항을 규정한 시행령은 대통령령으로 정한다.
- ㉢ 식품위생법 시행규칙 : 법률 또는 시행령의 시행에 필요한 구체적인 사항을 규정한 시행규칙은 총리령 또는 부령으로 정한다.
- ㉣ 각종 고시 : 시행규칙의 시행에 필요한 각종 고시는 시행세칙으로 정한다.
- ㉤ 식품위생법의 '식품' : 의약으로 섭취하는 것을 제외한 모든 음식물
- ㉥ 식품위생법의 '식품위생 대상' : 식품, 식품 첨가물, 식품조리기구 또는 용기, 식품포장을 대상으로 하는 음식

⑤ 식품위생법에서 정의하는 집단급식소
- ㉠ 대통령령에 따라 지정된 시설이다.
- ㉡ 영리를 목적으로 하지 않는다.
- ㉢ 1회 50인 이상의 특정다수인에게 계속하여 음식물을 공급하는 급식시설이다.

⑥ 식품위생에 있어 식품의약품안전처장의 권한 : 식품의 규격인 식품의 성분 식품의 기준인 식품의 제조, 가공, 사용, 조리, 보관방법 그리고 식품 첨가물의 기준과 규격을 정하여 고시할 수 있다.

⑦ 식품의약품안전처장 또는 특별자치시장 · 특별자치도지사 · 시장 · 군수 · 구청장 등에게 영업신고를 하여야 하는 업종

즉석판매제조와 가공업, 식품운반업, 식품소분과 판매업, 식품냉동과 냉장업, 용기와 포장류 제조업, 휴게음식점영업, 일반음식점영업, 위탁급식영업, 제과점영업

⑧ 특별자치시장 · 특별자치도지사 · 시장 · 군수 · 구청장 등에게 허가를 받아야 하는 영업

단란주점영업, 유흥주점영업

⑨ 식품위생법의 적용을 받는 업종

식품접객업인 일반음식점, 휴게음식점, 단란주점, 유흥주점, 제과점 등

⑩ 건강진단결과 집단급식소에 종사할 수 없는 사람과 질병

후천성면역결핍증자(에이즈)이고, 건강진단결과 홍역에 걸린 자

⑪ 조리사 면허를 받을 수 없는 사람

정신질환자, 마약류 중독자

⑫ 조리사 면허를 받을 수 있는 사람

지체장애인, 미성년자, 알코올중독자 등

2 HACCP(해썹) : 식품 위해요소 중점관리기준

① HACCP(해썹)의 정의
- ㉠ 식품의 원료관리, 제조, 가공, 조리 및 유통의 모든 과정에서 위해한 물질이 식품에 혼입되거나 식품이 오염되는 것을 방지하기 위하여 각 공정을 중점적으로 관리하는 기준
- ㉡ HA(Hazard Analysis)은 위해요소 분석의 의미로 원재료와 제조공정에서 발생 가능한 생물학적, 화학적, 물리적 위해요소를 분석하는 것
- ㉢ CCP(Critical Control Point)는 중요 관리지점의 의미로 HACCP의 12가지 절차 중 위해요소의 예방, 제거 및 허용 가능한 수준까지 감소를 위해 엄정한 관리가 요구되는 최종 공정이나 단계

② HACCP의 관련 기관
- ㉠ HACCP의 기준은 식품의약품안전처에서 정하고 식품의약품안전처장이 고시함
- ㉡ HACCP의 인증 및 교육은 한국식품안전관리인증원에서 진행함

③ 식품업체(제과제빵업계)에 HACCP 도입의 효과
- ㉠ 자주적 위생관리체계의 구축
- ㉡ 위생적이고 안전한 식품의 제조
- ㉢ 위생관리 집중화 및 효율성 도모
- ㉣ 경제적 이익 도모
- ㉤ 회사의 이미지 제고와 신뢰성 향상

④ HACCP(해썹)의 12절차와 7원칙

HACCP 준비단계	1. HACCP팀 구성
	2. 제품 설명서 작성
	3. 용도 확인
	4. 공정 흐름도 작성
	5. 공정 흐름도 현장 확인
HACCP 실천단계	6. (1원칙) : 위해분석
	7. (2원칙) : CCP(중요 관리지점)의 설정
	8. (3원칙) : 한계기준 설정
	9. (4원칙) : 모니터링 방법 설정
	10. (5원칙) : 개선조치 설정
HACCP 관리단계	11. (6원칙) : 검증방법 설정
	12. (7원칙) : 기록의 유지관리

3 공정별 위해요소 파악 및 예방

1) 생물학적, 화학적, 물리적 위해요소 도출하기

과자류 · 빵류제품을 생산하는 업체의 제품에서 발생할 수 있는 위해요소를 분석해 보면 다음과 같다.

① 물리적 위해요소 : 금속조각, 비닐, 노끈 등 이물질
② 화학적 위해요소 : 중금속, 잔류농약 등
③ 생물학적 위해요소 : 황색포도상구균, 살모넬라균, 병원성 대장균 등의 식중독균

2) 위해요소를 효율적으로 관리하기 위한 방법

① 물리적 위해요소 : 제조공정에서 혼입할 수 있는 금속파편, 나사, 너트, 볼트 등의 금속성 이물은 금속검출기를 통과시켜 제거하고, 기타 비닐, 노끈 등 연질성 이물은 육안으로 선별함
② 화학적 위해요소 : 원료 입고 시 시험성적서 확인 등을 통하여 적합성 여부를 판단하고 관리함
③ 생물학적 위해요소 : 식중독균은 가열공정을 통해 제어함

4 식품 첨가물

① 식품 첨가물의 특징
㉠ 식품 첨가물은 식품을 제조, 가공 또는 보존함에 있어 식품에 첨가, 혼합, 침윤, 기타 방법으로 사용되는 물질임
㉡ 식품 첨가물의 규격과 사용기준은 식품의약품안전처장이 정함
㉢ 식품 첨가물 공전에서 종류, 규격 및 사용기준을 제안함
㉣ 식품의 조리 가공에 있어 상품적, 영양적, 위생적 가치를 향상시킬 목적으로 식품에 의도적으로 미량 첨가시키는 물질임
㉤ 식품을 제조, 가공 또는 보존함에 있어 식품에 첨가, 혼합, 침윤, 기타 방법으로 사용하는 물질임
㉥ 안전성이 입증된 것으로 최소사용량의 원칙을 적용함
㉦ 천연품과 화학적 합성품이 있으며 허용된 것은 사용가능한 식품과 사용기준이 정해져 있음
㉧ 자연의 동식물에서 추출한 천연물질(천연품)이든 인간이 만들어낸 화학적 합성물질 및 혼합제제(화학적 합성품)든 식품첨가물의 규격과 사용기준은 식품의약품안전처장이 정함

② 식품 첨가물의 구비조건
㉠ 미량으로도 효과가 클 것
㉡ 독성이 없거나 극히 적을 것
㉢ 사용하기 간편하고 경제적일 것
㉣ 변질 미생물에 대한 증식억제 효과가 클 것
㉤ 무미, 무취이고 자극성이 없을 것
㉥ 공기, 빛, 열에 대한 안정성이 있을 것
㉦ pH에 의한 영향을 받지 않을 것

③ 식품 첨가물의 종류 및 용도

식품의 부패와 변질 방지에 사용

㉠ 방부제(보존료)
- 디하이드로초산(치즈, 버터, 마가린), 프로피온산 칼슘(빵류), 프로피온산 나트륨(빵류, 과자류), 안식향산(간장, 청량음료), 소르브산(팥앙금류, 잼, 케첩, 식육가공물)
- 프로피온산류는 빵의 부패의 원인이 되는 곰팡이나 부패균에 유효하고 빵의 발효에 필요한 효모에는 작용하지 않는다. 이러한 특성으로 인해 빵이나 양과자의 보존료로 쓰인다.

㉡ 살균제
표백분, 차아염소산나트륨

㉢ 산화방지제(항산화제)
BHT(Butylated Hydroxy Toluene), BHA(Butylated Hydroxy Anisole), 비타민 E(토코페롤), 프로필갈레이트(PG), 에르소르브산, 세사몰

식품의 품질 개량과 유지에 사용

㉠ 밀가루 개량제
과황산암모늄, 브롬산칼륨, 과산화벤조일, 이산화염소, 염소

㉡ 유화제(계면활성제)
- 대두 인지질, 글리세린, 레시틴, 모노-디-글리세리드, 폴리소르베이트 20, 자당지방산에스테르, 글리세린지방산에스테르
- 초콜릿에 사용되는 유화제 : 레시틴, 슈거에스테르, 솔비탄지방산에스테르, 폴리솔베이트

㉢ 호료(증점제)
카세인, 메틸셀룰로오스, 알긴산나트륨

㉣ 이형제
유동파라핀 오일

㉤ 영양강화제
비타민류, 무기염류, 아미노산류

㉥ 피막제
몰포린 지방산염, 초산 비닐수지

㉦ 품질개량제
피로인산나트륨, 폴리인산나트륨

식품의 기호성과 관능 만족에 사용

㉠ 감미료
사카린나트륨, 아스파탐 등이 있으며, 합성감미료는 일반적으로 설탕보다 감미 강도가 높다. 예를 들어 아미노산으로 이루어진 아스파탐은 상대적 감미도가 설탕의 200배이다.

㉡ 산미료
구연산, 젖산(유산), 사과산, 주석산

㉢ 표백제
과산화수소, 무수 아황산, 아황산나트륨

㉣ 착색료
캐러멜, β-카로틴

㉤ 착향료
C-멘톨, 계피알데히드, 벤질 알코올, 바닐린

식품의 제조에 사용

㉠ 팽창제(화학적 팽창제)
명반, 소명반, 탄산수소나트륨(중조, 소다), 염화암모늄, 탄산수소암모늄, 탄산마그네슘, 베이킹파우더

㉡ 소포제
규소수지(실리콘 수지) 1종

02 개인 위생관리

1 개인 위생관리 사항

① 개인의 건강과 복장 위생관리 사항
㉠ 건강관리
- 제과 종사자의 건강진단은 1년에 1회 실시하고 보건증을 보관한다.
- 보건증 미발급자는 취업시키지 않도록 한다.

㉡ 머리
- 제과을 하는 모든 제과사 및 종사자는 위생모를 쓴다.
- 머리는 단정하고, 청결히 하며 긴 머리는 묶는다.
- 남자 제과사는 면도를 깨끗이 한다.

㉢ 얼굴
- 얼굴에 상처나 종기가 있는 제과사 및 종사자는 포장에서 배제한다.

㉣ 위생복
- 위생복은 세탁과 다림질을 깨끗이 한다.
- 단추가 떨어졌거나 바느질이 터진 곳이 없는지 확인한다.

㉤ 액세서리
- 작업장에서는 안전 및 위생 요건상 반지 착용을 금한다. 반지는 오물이나 다른 요소의 질병과 오염원으로부터 박테리아를 번식시킬 수 있으며, 또한 설비에 걸리거나 열이 전도되므로 안전상 위험할 수 있음을 제과사 및 종사자에게 인식시킨다.

㉥ 화장
- 눈화장, 립스틱은 진하게 하지 않는다.
- 향이 강한 화장품은 사용하지 않는다.

㉦ 신발
- 작업장 내에서 맨발에 슬리퍼만 신는 것을 금한다.
- 화장실 전용 신발을 비치 사용한다.

② 작업태도 관리
㉠ 머리를 긁는 행위, 손가락으로 머리카락을 넘기는 행위, 코를 닦거나 만지는 행위, 귀를 문지르는 행위, 여드름이나 감싸지 않은 염증 부위를 만지는 행위, 더러운 유니폼을 입는 행위, 손에 기침을 하거나 재채기를 하는 행위, 식당에 침을 뱉는 행위 등은 식품오염 가능 행동이므로 하지 않는다.
㉡ 깨끗한 모자 또는 머리 덮개와 매일 깨끗한 의복을 착용해야 한다.
㉢ 식품준비 구역을 벗어날 때는 앞치마를 벗어야 한다.
㉣ 손과 팔의 장신구를 제거해야한다.
㉤ 적절하고 깨끗하며 앞부분이 막힌 신발을 신어야 한다.

2 식품과 식중독

① 세균성 식중독과 경구감염병(소화기계 감염병)의 차이점

구분	경구감염병(소화기계 감염병)	세균성 식중독
필요한 균량	미량의 균이라도 숙주 체내에서 증식하여 발병한다.	대량의 생균 또는 증식과정에서 생성된 독소에 의해서 발병한다.
감염	원인병원균에 의해 오염된 물질(식기와 식품)에 의한 2차 감염이 있다.	종말감염이며 원인식품에 의해서만 감염해 발병한다. 2차 감염이 거의 없다.
잠복기	일반적으로 길다.	경구감염병에 비해 짧다.
면역	면역이 성립되는 것이 많다.	면역성이 없다.
독성	상대적으로 강하다.	상대적으로 약하다.

② 식중독 발생 시 대책
㉠ 식중독이 의심되면 환자의 상태를 메모하고 즉시 진단을 받는다.
㉡ 관할 보건소에 신고한다.
㉢ 추정 원인 식품을 수거하여 검사기관에 보낸다.

③ 노로바이러스 식중독의 발생과 대책
㉠ 바이러스성 식중독의 한 종류이며, 단일나선구조 RNA 바이러스이다.
㉡ 오염음식물을 섭취하거나 감염자와 접촉하면 감염된다.
㉢ 잠복기 : 24~28시간
㉣ 지속시간 : 1~2일정도
㉤ 발병률 : 40~70% 발병
㉥ 주요증상 : 급성장염을 일으키거나 설사, 탈수, 복통, 구토 등이 있다.
㉦ 발생 시 대책 : 환자가 접촉한 타월이나 구토물 등은 바로 세탁하거나 제거하여야 한다.
㉧ 완치되어도 최소 3일, 최대 2주간 바이러스를 방출하므로 개인위생을 철저히 관리한다.

3 세균성 식중독

1) 감염형 세균성 식중독

① 살모넬라균 식중독
㉠ 통조림 제품류는 제외하고 어패류, 유가공류, 육류 등 거의 모든 식품에 의하여 감염된다.
㉡ 쥐나 곤충류에 의해서 발생될 수 있으며, 급성 위장염을 일으킨다.
㉢ 62~65℃에서 30분간 가열하거나 70℃ 이상에서 3분만 가열해도 사멸한다.
㉣ 오염식품 섭취 10~24시간 후 발열(38~40℃)이 나타나며 1주일 이내 회복이 된다.

② 장염 비브리오균 식중독
㉠ 여름철에 어류, 패류, 해조류 등에 의해서 감염된다.
㉡ 구토, 상복부의 복통, 발열, 설사 등을 일으킨다.
㉢ 소금을 좋아하는 호염성균으로 해수(염분 3.0%)에서 잘 생육한다.

③ 병원성 대장균 식중독
㉠ 환자나 보균자의 분변 등에 의해서 감염된다.
㉡ 설사, 식욕부진, 구토, 복통, 두통 등을 유발하지만 발열증상이 없고 치사율도 거의 없다.
㉢ 그람음성균이며 무아포 간균이다. 대장균 O-157 등이 대표적이다.
㉣ 호기성 또는 통성 혐기성이며 유당(젖당, Lactose)을 분해하고 분변오염의 지표가 된다.
㉤ 베로톡신을 생성하여 대장점막에 궤양(급성 장염)을 유발하는 대장균도 있다.
㉥ 대장균은 열에 약하며 75℃에서 3분간 가열하면 사멸된다.

2) 독소형 세균성 식중독

① 포도상구균 식중독
㉠ 조리사의 피부에 생긴 고름인 화농에 있는 황색 포도상구균에 의하여 식중독이 일어난다.
㉡ 황색 포도상구균은 열에 약하나 이 균이 체외로 분비하는 독소는 내열성이 강해 일반 가열조리법(즉, 100℃에서 30분간 가열해도 파괴되지 않음)으로 식중독을 예방하기 어렵다.
㉢ 독소는 엔테로톡신이며, 구토, 복통, 설사증상이 나타난다.
㉣ 크림빵, 김밥, 도시락, 찹쌀떡이 주원인 식품이며, 봄 · 가을철에 많이 발생한다.
㉤ 조리사의 상처가 난 자리에 생긴 고름인 화농병소와 관련이 있고 잠복기는 평균 3시간이다.

② 보툴리누스균 식중독(클로스트리디움 보툴리늄 식중독)
㉠ 병조림, 통조림, 소시지, 훈제품 등의 원재료에서 발아 · 증식하여 독소를 생산한다.

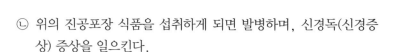

㉡ 위의 진공포장 식품을 섭취하게 되면 발병하며, 신경독(신경증상) 증상을 일으킨다.
㉢ 독소는 신경조직에 독소를 띄거나 아예 신경조직을 파괴할 수 있는 뉴로톡신이다.
㉣ 클로스트리디움 보툴리늄균이라고도 하며 혐기성 세균으로 형태는 간균이다.
㉤ 균은 비교적 내열성이 강하여 100℃에서 6시간 정도의 가열 시 겨우 살균된다.
㉥ 독소 뉴로톡신은 80℃에서 30분 정도 가열로 파괴된다.
㉦ 증상은 구토 및 설사, 호흡곤란, 사망, 시력저하, 동공확대, 신경마비가 일어난다.
㉧ 세균성 식중독 중 일반적으로 치사율이 가장 높다.
㉨ 고온에서 견디며 생존할 수 있는 성질을 갖는 세포 안의 소체인 내열성 포자를 형성한다.

③ 웰치균 식중독
㉠ 사람의 분변이나 토양에 분포하며 심한 설사, 복통의 식중독을 일으킨다.
㉡ 웰치균은 열에 강하며 아포(포자)는 100℃에서 4시간 가열해도 살아남는다.
㉢ 독소는 단백질의 성질을 가지며 비교적 열에 안정되고 체외 분비되는 엔테로톡신이다.

4 자연독 식중독을 일으키는 식재료와 독소

식재료	독소	식재료	독소
감자	솔라닌	독보리	테물린
정제가 불순한 면실유(목화씨)	고시폴	고사리	브렉큰 펀 톡신
청매, 은행, 살구씨	아미그달린	땅콩	플라톡신
복어	테트로도톡신	독버섯	무스카린
모시조개, 굴, 바지락	베네루핀	섭조개, 대합	삭시톡신

5 식중독을 일으키는 화학 첨가물의 종류와 특징

유해 방부제	붕산, 포름알데히드(포르말린), 우로트로핀, 승홍
유해 인공착색료	아우라민(황색 합성색소), 로다민 B(핑크색 합성색소)
유해 표백제	삼염화질소, 롱가리트
유해 감미료	사이클라메이트, 둘신, 페릴라틴, 에틸렌글리콜, 사이클라민산나트륨, 파라니트로올소톨루이딘(일명 살인당 또는 원폭당으로 불리며 설탕의 약 200배의 감미를 가짐

1) 식중독을 일으키는 중금속의 종류와 특징

① 납(Pb)
㉠ 도료, 안료, 농약 등에서 오염
㉡ 적혈구의 혈색소 감소, 체중감소 및 신장장애, 칼슘대사 이상과 호흡장애

② 수은(Hg) : 미나마타병
㉠ 유기 수은에 오염된 해산물 섭취로 발병
㉡ 구토, 복통, 설사, 위장장애, 전신 경련

③ 카드뮴(Cd) : 이타이이타이병
㉠ 카드뮴 공장폐수에 오염된 음료수, 오염된 농작물을 식용해서 발병
㉡ 신장장애, 골연화증

④ 비소(As)
㉠ 밀가루 등으로 오인하고 섭취하여 발병
㉡ 구토, 위통, 경련 등을 일으키는 급성 중독과 습진성 피부질환

⑤ 유해금속과 식품용기의 관계

주석	통조림관 내면의 도금재료	구리	놋그릇, 동그릇에서 생긴 녹청에 의한 식중독
납	도자기, 통조림관 내면	카드뮴	법랑

ADI(Acceptable Daily Intake, 일일섭취허용량) : 환경오염이나 음식물 섭취로 하루 동안 먹어도 몸에는 해롭지 않은 양을 나타내는 수치

6 식품과 감염병

감염병은 세균, 바이러스, 원충 등의 병원체가 인간이나 동물의 호흡기계, 소화기계, 피부로 침입하여 증식함으로써 일어나는 질병

1) 감염병 발생의 3대 요소

① **병원체(병인)** : 질병 발생의 직접적인 원인이 되는 요소
② **환경** : 질병 발생 분포과정에서 병인과 숙주간의 맥 역할을 하거나 양자의 조건에 영향을 주는 요소
③ **인간(숙주)** : 병원체의 침범을 받을 경우 그에 대한 반응은 사람에 따라 다르게 나타남

2) 감염병의 발생 과정

① **병원체** : 병의 원인이 되는 미생물로 세균, 리케차, 바이러스, 원생동물 등
② **병원소** : 병원체가 증식하고 생존을 계속하면서 인간에게 전파될 수 있는 상태로 저장되는 장소이다. 건강보균자, 감염된 가축, 토양 등
③ **병원소로부터의 탈출** : 호흡기, 대변, 소변 등을 통해 탈출
④ **병원체의 전파** : 사람에서 사람으로 전파되는 직접 전파와 물, 식품 등을 통한 간접전파
⑤ **새로운 숙주에의 침입** : 소화기, 호흡기, 피부점막을 통해 침입
⑥ **숙주의 감수성과 면역** : 병원체에 대한 감수성이 강하거나 면역이 없는 경우에 발병

3) 감염병 발생 시 대책

① 식중독과 마찬가지로 의사는 진단 즉시 행정기관(관할 시 · 군 보건소장)에 신고
② 행정기관에서는 역학조사와 함께 환자와 보균자를 격리하고, 접촉자에 대한 진단과 검변함
③ 환자나 보균자의 배설물, 오염물의 소독 등 방역조치를 취함
④ 추정 원인식품을 수거하여 검사기관에 보냄

4) 감염병의 예방대책

① 경구감염병의 예방대책 중 숙주(보균자)에 대한 예방대책
㉠ 건강유지와 저항력의 향상에 노력하여 숙주의 감수성을 낮춘다.
㉡ 의식전환 운동, 계몽활동, 위생교육 등을 정기적으로 실시한다.
㉢ 백신이 개발된 감염병은 반드시 예방접종을 실시한다.
㉣ 예방접종은 경구감염병의 종류에 따라 3회 실시하기도 한다.
㉤ 환자가 발생하면 접촉자의 대변을 검사하고 보균자를 관리한다.

② **경구감염병의 예방대책 중 병원체(병인)에 대한 예방대책**
- ㉠ 식품을 냉동 보관한다.
- ㉡ 보균자의 식품취급을 금한다.
- ㉢ 감염원이나 오염물을 소독한다.
- ㉣ 환자 및 보균자의 발견과 격리시킨다.
- ㉤ 오염이 의심되는 추정 원인식품은 수거하여 검사기관에 보낸다.

③ **경구감염병의 예방대책 중 환경에 대한 예방대책**
- ㉠ 음료수를 위생적으로 보관한다.
- ㉡ 식품취급자의 개인위생을 관리한다.
- ㉢ 일반 및 유흥음식점에서 일하는 사람들은 1년에 한 번씩 건강검진을 받아야 한다.

④ **인수(인축)공통감염병의 예방대책**
- ㉠ 우유의 멸균처리를 철저히 한다.
- ㉡ 병에 걸린(이환) 동물의 고기는 폐기처분한다.
- ㉢ 가축의 예방접종을 실시한다.
- ㉣ 외국으로부터 유입되는 가축은 항구나 공항 등에서 검역을 철저히 한다.

7 기생충 감염병

기생충은 원충류와 연충류로 분류되고, 연충류를 형태학적으로 분류하면 선충류, 흡충류, 조충류 등으로 나뉜다. 선충류에는 요충, 회충, 구충, 편충, 동양모양선충이 있고, 흡충류에는 간디스토마, 폐디스토마, 요꼬가와흡충이 있고, 조충류에는 광절열두조충, 선모충, 무구조충, 유구조충이 있다. 기생충은 입을 통한 경구감염과 피부를 통한 경피감염이 있다.

1) 채소를 통해 감염되는 기생충

① **요충** : 직장 내에서 기생하는 성충이 항문 주위에 산란, 경구(입)를 통해 침입

② **회충** : 채소를 통한 경구 감염, 인분을 비료로 사용하는 나라에서 감염률이 높음

③ **구충(십이지장충)** : 경구(입)를 통해 감염되거나 경피(피부)를 통해 침입

④ **편충** : 특히 맹장에 기생하며, 빈혈과 신경증을 유발시키고, 설사증도 일으킴

2) 어패류를 통해 감염되는 기생충

① **간디스토마(간흡충)** : 제1중간숙주는 왜우렁이, 제2중간숙주는 민물고기(잉어, 참붕어, 피라미, 모래무지)

② **폐디스토마(폐흡충)** : 제1중간숙주는 다슬기, 제2중간숙주는 민물가재, 게

3) 육류를 통해 감염되는 기생충

① **유구조충(갈고리촌충, 톡소플라스마)** : 돼지고기를 생식하는 지역에서 감염됨

② **무구조충(민촌충, 소고기촌충)** : 소고기를 생식하는 지역에서 감염됨

4) 기생충의 감염 예방

야채는 0.2~0.3% 농도의 중성세제에 세척하거나 흐르는 물에 세척하면 90% 이상의 충란이 제거된다. 그리고 어패류와 육류는 생식을 삼가고 익혀서 먹도록 한다.

8 경구감염병(소화기계 감염병)

경구감염병은 미량의 균이라도 식품, 손, 물, 위생동물(파리, 바퀴벌레, 쥐 등), 식기류 등 전파매체에 의해 세균이 입을 통하여 (경구감염) 체내로 침입한 후 장기간 잠복하면서 증식하여 발병하는 소화기계 감염병이다. 상대적으로 독성은 강하지만 면역이 성립되는 것이 많다.

1) 경구감염병(소화기계 감염병)의 종류와 특성

① **장티푸스**
- ㉠ 경구감염으로 환자, 보균자와의 직접 접촉과 식품을 매개로 한 간접 접촉으로 발병한다.
- ㉡ 두통, 오한, 40℃ 전후의 고열, 백혈구의 감소 등을 일으키는 급성 전신감염 질환이다.

② **파라티푸스**
- ㉠ 장티푸스와 감염원 및 감염경로가 같다.
- ㉡ 증상이 장티푸스와 유사하나, 경과가 짧고 증상이 가벼우며 치사율도 낮다.

③ **콜레라**
- ㉠ 제2급 법정감염병으로 환자의 분변, 구토물에 균이 배출되어 해수, 음료수, 식품, 특히 어패류를 오염시키고 경구적으로 감염되는 외래 감염병이다.
- ㉡ 쌀뜨물 같은 변을 하루에 10~30회 배설하고 구토, 갈증, 피부건조, 체온저하 등을 일으킴
- ㉢ 잠복기는 보통 1~3일 정도이며, 사망 원인은 대부분 탈수증이다.
- ㉣ 항구와 공항에서의 철저한 검역이 필요하며, 발견 시 항생제를 투여하여 완치시킬 수 있다.

④ **세균성 이질**
- ㉠ 환자, 보균자의 변에 의해 오염된 물, 우유, 식품, 파리가 가장 큰 매개체이다.
- ㉡ 오한, 발열, 구토, 설사, 하복통 등을 일으키며, 점액성 혈변을 배설한다.

⑤ **디프테리아**
- ㉠ 제1급 법정감염병으로 환자, 보균자의 비, 인후부의 분비물에 의한 비말감염과 오염된 식품을 통하여 경구적으로 감염된다.
- ㉡ 편도선 이상, 발열, 심장 장애, 호흡 곤란 등을 일으킨다.

⑥ **성홍열**
- ㉠ 환자, 보균자와의 직접 접촉, 이들의 분비물에 오염된 식품을 통하여 경구적으로 감염된다.
- ㉡ 발열, 두통, 인후통, 발진 등을 일으킨다.

⑦ **급성 회백수염(소아마비, 폴리오)**
- ㉠ 환자, 불현성 감염자의 분변 혹은 인후 분비물에 바이러스가 포함되어 배출되고, 오염된 식품을 통해 경구감염, 비말감염된다.
- ㉡ 구토, 두통, 위장 증세, 뇌증상, 근육통, 사지마비를 일으킨다.
- ㉢ 처음에는 감기증상으로 시작하여 열이 내릴 때 사지마비가 시작된다.
- ㉣ 감염되기 쉬운 연령은 1~2세, 잠복기는 7~12일 정도이다.
- ㉤ 소아의 척수신경계를 손상하여 영구적인 마비를 일으킨다.
- ㉥ 병원체가 바이러스이며 가장 적절한 예방법은 예방접종이다.

⑧ **유행성 간염**
- ㉠ 감염원인 환자의 분변을 통한 경구감염, 손에 의한 식품의 오염, 물의 오염 등으로 감염됨
- ㉡ 발열, 두통, 복통, 식욕 부진, 황달 등을 일으킨다.
- ㉢ 잠복기가 20~25일로 경구감염병 중에서 가장 길다.

⑨ 감염성 설사증
㉠ 감염원은 환자의 분변이며 식품이나 음료수를 거쳐 경구감염되고, 바이러스는 환자의 분변에만 배설되고 바이러스가 함유된 수양변은 미량으로도 감염을 시킨다.
㉡ 복부 팽만감, 메스꺼움, 구갈, 심한 수양성 설사 등을 일으킨다.

세균성 감염형	세균성 이질, 장티푸스, 파라티푸스, 콜레라, 성홍열, 디프테리아
바이러스성 감염형	유행성 간염, 감염성 설사증, 폴리오, 천열, 홍역
원충성 감염형	아메바성 이질

9 인수공통감염병

1) 인간과 척추동물 사이에 자연적으로 전파되는 질병의 종류와 특성

① 탄저병
㉠ 제1급 법정감염병으로 사람의 탄저는 주로 가축 및 축산물로부터 감염되며 감염 부위에 따라 피부, 장, 폐탄저가 된다.
㉡ 피부를 통하여 감염되는 피부탄저가 침입한 부위에는 홍반점이 생기며, 종창, 수포, 가피도 생긴다. 기도를 통하여 감염되는 폐탄저는 급성폐렴을 일으켜 폐혈증(패혈증)이 된다.
㉢ 원인균은 바실러스 안트라시스(Bacillus anthracis)로 세균성 질병이며 수육을 조리하지 않고 섭취하였거나 피부상처 부위로 감염되기 쉽다.
㉣ 원인균이 내열성 포자를 형성하기 때문에 병든 가축의 사체를 처리할 경우 반드시 소각처리 해야 한다.
㉤ 원인균은 급성감염병을 일으키는 병원체로 생물학전이나 생물테러에 사용될 수 있는 위험성이 높은 병원체이다.

② 파상열(브루셀라증)
㉠ 세균성 질병으로 병에 걸린 동물의 젖, 유제품이나 고기를 통해 경구적으로 감염된다.
㉡ 결핵, 말라리아와 유사하며 38~40℃의 고열이 나는데 발열현상이 2~3주 동안 일정한 간격을 두고 나타나기 때문에 파상열이라 한다.
㉢ 산양, 양, 돼지, 소에게 감염되면 유산을 일으킨다.

③ 결핵
㉠ 병에 걸린 동물의 젖(우유)을 통해 경구적으로 감염된다.
㉡ 정기적인 투베르쿨린반응 검사를 실시하여 감염된 소를 조기에 발견하여 조치하고, 사람이 음성인 경우는 BCG접종을 한다. 식품을 충분히 가열하여 섭취한다.

④ 야토병
㉠ 제1급 법정감염병으로 동물은 이, 진드기, 벼룩에 의해 전파되고, 사람은 병에 걸린 토끼고기, 모피에 의해 피부점막에 균이 침입되거나 경구적으로 감염된다.
㉡ 오한, 전율이 나면서 발열한다. 균이 침입된 부위에 농포가 생기고 궤양이 되고 임파선이 붓는다.

⑤ 돈단독
㉠ 돼지 등 가축의 장기나 고기를 다룰 때 피부의 창상으로 균이 침입하거나 경구감염되기도 한다.
㉡ 돼지의 예방접종에는 약독생균 백신이 사용되며 치료제로서 항생물질이 효과적이다.

⑥ Q열
㉠ 리케차(Rickettsia)성 질병으로 병원균이 존재하는 동물의 생젖을 마시거나 병에 걸린 동물의 조직이나 배설물에 접촉하면 감염된다.
㉡ 우유 살균, 흡혈곤충 박멸, 감염 동물의 조기발견, 치료제 클로람페니콜 사용 등이 있다.

⑦ 리스테리아증
㉠ 병에 감염된 동물과 접촉하거나 오염된 식육, 유제품 등을 섭취하여 감염된다.
㉡ 리스테리아균은 균수가 적어도 식중독을 일으키며, 주로 냉동된 육류에서 발생하고 저온에서도 생존력이 강하고 수막염이나 임신부의 자궁 내 패혈증을 일으킨다.

불안전 살균우유로 감염되는 병에는 결핵, Q열, 파상열(브루셀라증) 등

03 환경 위생관리

1 작업환경 위생관리

① 가스기기는 조립부분 모두 분리 세제로 깨끗이 씻고, 화구 막혔을 경우 철사로 구멍 뚫고, 가스 새어나오지 않도록 가스코크, 공기조절기 등을 점검한다.
② 제과기기는 전원 꺼진 것 확인하고 청소 및 손질한다.
③ 믹서기계 바깥부분 청소 시 모터에 물 들어가지 않도록 한다.
④ 기기의 칼날 교체는 3개월 정도에 실시한다.
⑤ 진열용 과자 플레이트(plate)는 3년에 1회 정도 교환한다.
⑥ 스테인리스 용기, 기구는 중성세제 이용 세척, 열탕소독, 약품소독(화학소독)을 사용전후에 한다.
⑦ 냉장, 냉동고는 주 1회 세정, 소독, 정기적 서리 제거를 한다.
⑧ 소기구류(칼, 도마, 행주)는 중성세제, 약알칼리세제를 사용하거나 세척 후 바람이 잘 통하고 햇볕 잘 드는 곳에 1일 1회 이상 소독한다.
⑨ 제과소도구, 과자 보존용기, 칼은 중성세제를 이용하여 세척하고 자외선 소독을 1일 1회 이상 실시한다.

2 미생물에 의한 식품 변질

1) 식품 변질의 종류와 특성

① **부패** : 육가공품 단백질 식품에 혐기성 세균이 증식한 생물학적 요인에 의해 분해되어 악취와 유해물질(페놀, 메르캅탄, 황화수소, 아민류, 암모니아 등)을 생성하는 현상
② **변패** : 탄수화물, 지방 식품이 생물학적 요인인 미생물의 분해작용으로 냄새나 맛이 변화하는 현상
③ **발효** : 식품에 생물학적 요인인 미생물이 번식하여 식품의 성질이 인체에 유익하게 변화를 일으키는 현상
④ **산패** : 지방의 산화 등에 의해 악취나 변색이 일어나는 현상

2) 식품 변질에 영향을 미치는 식품위생 미생물의 증식조건(환경요인)

① 영양소
㉠ **무기염류** : 세포 구성 성분과 조절작용에 필요한 영양소
㉡ **탄소원** : 에너지원으로 이용되는 영양소
㉢ **질소원** : 세포 구성 성분에 필요한 영양소
㉣ **비타민 B군** : 발육에 필요한 영양소
② **수분** : 미생물의 증식이 억제되는 수분활성도[Aw]
㉠ 세균 Aw : 0.8 이하
㉡ 효모 Aw : 0.75 이하
㉢ 곰팡이 Aw : 0.7 이하

③ **온도** : 식품의 온도에 따라서 증식하는 균류

저온균	10~15℃(예 수중 세균)
중온균	20~40℃(예 병원성 세균이나 식품 부패 세균)
고온균	50~70℃(예 온천수 세균)

④ **pH(수소이온 농도)** : 식품의 pH에 따라서 증식하는 균류

pH 4~6(산성)	효모, 곰팡이의 증식에 최적
pH 6.5~7.5 (약산성에서 중성)	일반 세균의 증식에 최적
pH 8.0~8.6 (알칼리성)	콜레라균

⑤ **산소** : 식품의 산소농도에 따라서 증식하는 균류

편성 호기성균	산소가 존재하는 상태에서만 증식하는 균
편성 혐기성균	산소가 있으면 생육에 지장을 받고 없어야 증식되는 균
통성 혐기성균	산소가 있어도 이용하지 않는, 산소가 있거나 없어도 증식 가능한 균

⑥ **삼투압** : 식품의 용질농도가 발생시키는 압력차가 미생물의 증식에 미치는 영향
㉠ 설탕, 식염에 의한 삼투압은 세균 증식에 영향을 끼침
㉡ 일반 세균은 3% 식염에서 증식이 억제되지만, 호염 세균은 3% 식염에서 증식함
㉢ 내염성 세균은 8~10% 식염에서도 증식함

3 식품위생 미생물의 개요

1) 식품위생 미생물의 분류와 특성

① **세균류의 종류와 특징**
㉠ **세균류의 3가지 형태** : **구균**(공 모양), **나선균**(나사 모양), **간균**(막대기 모양)
㉡ **락토바실루스속** :간균으로 당류를 발효시켜 젖산을 생성하므로 젖산균
㉢ **바실루스속**
- 호기성 간균으로, 아포를 형성하며 열 저항성이 강함
- 토양 등 자연계에 널리 분포하며, 전분과 단백질 분해작용을 갖는 부패세균
- 빵의 점조성 원인이 되는 로프균이 이에 속함

㉣ **비브리오속**
- 무아포, 혐기성 간균
- 콜레라균, 장염 비브리오균 등

㉤ **리케차**
- 세균과 바이러스의 중간 크기에 속함
- 절대 기생성 세균류로 분류됨. 발진열, 발진티푸스 등

② **진균류의 종류와 특징**
㉠ **곰팡이**
- 분류학상 진균류에 속하는 것으로 사상균이라고도 함
- 무성 포자나 유성 포자가 있고 식품변패의 원인이 되기도 함
- 술, 된장, 간장 등 양조에 이용되는 누룩곰팡이처럼 유용한 것
- 과일, 채소와 빵, 밥의 부패에 관여하는 대표적인 미생물군

㉡ **효모** : 세균보다 크기가 크고, 출아증식에 의한 무성생식을 하며 비 운동성

③ **바이러스의 특징**
㉠ 미생물 중에서 가장 작은 것으로, 살아있는 세포에서만 증식함
㉡ 형태와 크기가 일정치 않고, 순수 배양이 불가능함
㉢ 바이러스는 물리·화학적으로 안정하여 일반 환경에서 증식은 하지 못하나 생존이 가능함
㉣ 천연두, 인플루엔자, 일본 뇌염, 광견병, 간염, 소아마비(폴리오) 등

> ※ 제1군 법정감염병 : 남아메리카출혈열(바이러스성출혈열), 동물인플루엔자 인체감염증, 두창, 디프테리아, 라싸열(바이러스성출혈열), 리프트밸리열(바이러스성출혈열), 마버그열(바이러스성출혈열), 보툴리눔독소증, 신종감염병증후군, 신종인플루엔자, 야토병, 에볼라바이러스병(바이러스성출혈열, 중동호흡기증후군(MERS), 중증급성호흡기증후군, 크리미안콩고출혈열(바이러스성출혈열), 탄저병 등
> ※ 곰팡이 독의 종류 : 파툴린, 아플라톡신, 오크라톡신, 시트리닌, 맥각 중독, 황변미 중독
> ※ 로프균
> - 제과·제빵 작업 중 99℃의 제품 내부온도에서도 생존하며, 전분과 단백질을 분해하는 부패세균
> - 내열성이 강하여 최고 200℃에서도 죽지 않고 치사율이 높음
> - 산에 약하여 pH 5.5의 약산성에도 모두 사멸함
> - 점조성을 갖는 점질물을 만들기 때문에 점질균이고 Bacillus subtilis라고 불린다.

4 미생물의 살균과 소독제

소독	병원균을 대상으로 병원 미생물을 죽이거나 병원 미생물의 병원성을 약화시켜 감염을 없애는 일
멸균	병원 미생물 뿐 아니라 모든 미생물을 사멸시켜 완전한 무균상태가 되도록 하는 일

1) 물리·화학적 살균 방법의 종류와 특징

① **염소** : 상수원(수돗물) 소독에 이용되며 자극성 금속의 부식으로 트리할로메탄이 발생할 수 있다.
② **차아염소산나트륨** : 음료수, 조리기구, 조리설비 등의 소독에 이용된다.
③ **석탄산(페놀)용액** : 음료수나 식품을 제외한 손, 의류, 오물, 조리기구 등의 소독에 이용되며, 순수하고 살균이 안정되어 다른 소독제의 살균력 표시기준으로 쓰인다.
④ **역성비누** : 원액을 200~400배 희석하여 손, 식품, 조리기구 등의 소독에 사용하며, 무독성이고 살균력이 강하다. 일종의 양이온계 면활성제이다.
⑤ **과산화수소** : 3% 수용액을 피부, 상처소독에 사용한다.
⑥ **알코올** : 70% 수용액을 금속, 유리, 조리기구, 손소독에 사용한다.
⑦ **크레졸 비누액** : 50% 비누액에 1~3% 수용액을 섞어 오물소독, 손소독 등에 사용한다. 피부자극은 비교적 약하지만 소독력은 석탄산보다 강하며 냄새도 강하다.
⑧ **포르말린** : 30~40% 수용액을 오물소독에 이용한다.
⑨ **자외선을 이용하는 방법**
㉠ 자외선으로 조리실에서는 물이나 공기, 용액의 살균, 도마, 조리기구의 표면을 살균함
㉡ **자외선 살균의 장점은 다음과 같다.**
- 살균효과가 크다.
- 자외선 조사 후 피조사물의 변화가 작다.
- 표면 투과성이 나쁘다.
- 거의 모든 균종에 대해 유효하다.

5 방충 · 방서 관리

① 생산시설 및 위생시설 내에 쥐나 해충의 침입을 예방, 박멸함으로써 이를 통하여 근로자 위생 및 생산활동 중에 해충으로부터의 영향을 최소화 하는 것
② 생산시설 및 보관시설 내에 쥐나 해충의 침입을 예방하여 생산활동 중 발생될 수 있는 해충으로부터의 영향을 최소화 하는 것

1) 방서를 해야만 하는 쥐의 특징

① 설치류인 쥐 한 쌍은 1년 후에 1,250마리로 번식이 가능
② 0.7㎝의 틈만 있으면 내부로 침입 가능하며 1km까지 수영이 가능
③ 주로 배관이나 배선을 이용하여 이동하며 개체수가 늘어날 경우 경쟁에 의해 서식처를 새로운 곳으로 옮김
④ 이빨이 계속 자라므로 뭐든 갉는 습성이 있고 잡식성이지만 새로운 음식에 대한 경계심이 강함
⑤ 전선을 갉아 전기 합선 사고로 인한 화재를 유발함

2) 쥐가 유발하는 전염병

신증후군출혈열(유행성출혈열), 렙토스피라증, 쯔쯔가무시증, 페스트(흑사병)

04 공정 점검 및 관리

1 공정의 이해 및 위생관리

1) 제조공정과 위생관리

제품을 제조하는 공정에서는 가열 전 제조공정과 가열 후 제조공정 및 내포장 후 제조공정으로 구분할 수 있다. 이렇게 구분하는 목적은 가열은 위해요소 제거 중 CCP1에 해당하고, 내포장은 위해요소 제거 중 CCP2에 해당하기 때문이다. CCP1이란 제품에 잔존할 수 있는 세균을 제거하는 단계로서 가열을 하는 것으로서 세균을 박멸하는 단계이고, CCP2란 금속검출기를 통과시키는 방법으로서 이물질 또는 금속을 제거하는 단계이다. CCP는 중요 관리지점이라는 뜻이다.

2) 가열 전 일반제조 공정

① 가열공정에서 생물학적 위해요소(식중독균 등)가 제어되므로, 해당 공정은 일반적인 위생관리 수준으로 관리를 해도 무방한 공정을 말한다.
② 재료의 입고 및 보관 단계 → 계량 단계 → 배합 → 발효 → 분할 → 성형 → 패닝 → 굽기 전 충전물 주입 및 토핑 순으로 공정이 진행된다.

3) 가열 후 청결제조 공정

① 가열 후에는 CCP1 단계가 종료되었기 때문에 일반적인 위생관리로는 부족하고 반드시 청결구역에서 보다 더 청결하게 관리가 되어야 하는 공정으로 내포장 공정까지를 청결제조 공정이라고 한다.
② 가열(굽기)공정 → 냉각 → 굽기 후 충전물 주입 및 토핑 → 내포장 순으로 공정이 진행된다.

4) 내포장 후 일반제조 공정

① 내포장 후 일반제조공정이란 포장된 상태로 제품을 취급하는 공정이기 때문에 일반적인 위생관리 수준으로 관리하는 공정을 말한다.
② 금속검출 → 외포장 → 보관 및 출고 순으로 공정이 진행된다.

2 작업환경 관리

1) 제과 · 제빵 공정상의 조도기준

작업내용	표준조도(lux)	한계조도(lux)
장식(수작업), 마무리 작업	500	300~700
계량, 반죽, 조리, 정형	200	150~300
굽기, 포장, 장식(기계작업)	100	70~150
발효	50	30~70

3 생산관리

생산관리부서에 있어서 사람(Man), 재료(Material), 자금(Money)의 3요소를 유효적절하게 사용하여 좋은 물건을 저렴한 비용으로 필요한 물량을 필요한 시기에 만들어내기 위한 관리 또는 경영을 위한 수단과 방법을 말한다.

① 기업 활동의 5대 기능 : 전진기능의 생산, 판매와 지원기능의 재무, 자재, 인사 등의 기능
② 생산 활동의 구성요소 7M(제과 생산관리의 구성요소 7M)
   ㉠ 제1차 관리 : Man(사람 질과 양), Material(재료, 품질), Money(자금, 원가)
   ㉡ 제2차 관리 : Method(방법), Minute(시간, 공정), Machine(기계, 시설), Market(시장)
③ 원가의 구성요소 : 원가는 직접비(재료비, 노무비, 경비)에 제조 간접비를 가산한 제조원가, 그리고 그것에 판매, 일반 관리비를 가산한 총 원가로 구성된다.
   ㉠ 직접비(직접원가) = 직접 재료비+직접 노무비+직접 경비
   ㉡ 제조원가(제품원가) = 직접비+제조 간접비
   ㉢ 매출원가 = 판매비+일반 관리비
   ㉣ 총 원가 = 제조원가+매출원가

개당 제품의 노무비 = 인(사람의 수)×시간×시간당 노무비(인건비)÷제품의 개수

4 제과 · 제빵 설비 및 기기

① 믹서의 종류와 특징
   ㉠ 수직형 믹서(버티컬 믹서) : 주로 소규모 제과점에서 케이크 반죽뿐만 아니라 빵 반죽을 만들 경우에도 사용한다. 반죽 상태를 수시로 점검할 수 있는 장점이 있다.
   ㉡ 수평형 믹서 : 글루텐 형성능력이 좋은 제빵용 밀가루로 많은 양의 빵 반죽을 만들 때 사용한다. 다른 종류의 믹서처럼 반죽의 양은 전체 반죽통 용적의 30~60%가 적당하다.
   ㉢ 스파이럴 믹서(나선형 믹서) : 나선형 훅이 내장되어 있어 프랑스빵, 독일빵, 토스트 브레드 같이 된 반죽이나 글루텐 형성능력이 다소 떨어지는 밀가루로 빵을 만들 때 적합하다.

※ 제빵 전용 믹서에는 스파이럴 믹서가 있다.
※ 제과 전용 믹서에는 과자 반죽에 일정한 기포를 형성시키는 에어 믹서가 있다.

② 오븐 : 공장 설비 중 제품의 생산능력을 나타내는 기준으로 오븐의 제품 생산능력은 오븐 내 매입 철판 수로 계산함
   ㉠ 데크 오븐
   • '단 오븐'이라는 뜻으로 소규모 제과점(윈도우 베이커리)에서 많이 사용되는 기종이다.
   • 구울 반죽을 넣는 입구와 구워진 제품을 꺼내는 출구가 같다.

- 입구와 출구가 같은 단에 있고, 평면판으로 다른 단과 구분이 된다.
- 평철판을 손으로 넣고 꺼내기가 편리하며, 앞뒤 자리를 바꾸어가며 굽기를 한다.

㉡ 터널 오븐
- 터널 모양의 오븐으로 단일 품목을 대량 생산하는 공장에서 많이 사용하는 기종이다.
- 구울 반죽을 넣는 입구와 구워진 제품을 꺼내는 출구가 서로 다르다.
- 터널을 통과하는 동안 온도가 다른 몇 개의 구역을 지나면서 굽기가 끝난다.
- 빵틀의 크기에 거의 제한받지 않고, 윗불과 아랫불의 조절이 쉽다.
- 반면에 넓은 면적이 필요하고 열손실이 큰 결점이 있다.

㉢ 컨벡션 오븐
- 강제 순환된 공기의 흐름(대류)은 굽는 반죽 위에 차가운 공기층이 형성되는 것을 막기 때문에 열이 빵이나 케이크에 좀 더 직접적이고도 효율적으로 도달하게 된다.
- 컨벡션 오븐(대류식 오븐)은 오븐 내에서 자연 순환에 의존하는 데크 오븐보다 반죽을 14~19℃ 낮은 온도에서 좀 더 빠르게 구울 수 있다.

과자류·빵류 위생관리 빈출 내용정리

중금속이 일으키는 식중독 증상

① 납(Pb) : 적혈구 혈색소 감소, 체중감소, 신장장애, 호흡장애 등
② 비소(As) : 구토, 위통, 경련 등 급성중독과 피부질환
③ 수은(Hg) : 미나마타병 발병, 구토, 복통, 설사, 위장 장애, 전신 경련 등
④ 카드뮴(Cd) : 이타이이타이병 발병, 신장 장애, 골연화증 등

경구감염병의 종류

① 세균성 감염 : 세균성 이질, 장티푸스, 파라티푸스, 콜레라, 성홍열, 디프테리아
② 바이러스성 감염 : 유행성간염, 감염성 설사증, 폴리오(급성회백수염, 소아마비), 천열, 홍역
③ 원충성 감염 : 아메바성이질

식품첨가물 – 밀가루 개량제

① 밀가루의 표백과 숙성기간을 단축시키고, 제빵 효과의 저해물질을 파괴시켜 품질을 개량한다.
② 종류에는 과산화벤조일, 과황산암모늄, 브롬산칼륨, 염소, 이산화염소 등이 있다.

식품첨가물 – 호료(증점제)

① 식품에 점착성 증가, 유화 안정성, 선도유지, 형체 보존에 도움을 주며, 점착성을 줌으로써 촉감을 좋게 하기 위해 사용한다.
② 종류에는 메틸셀룰로오스, 구아검, 알긴산나트륨, 카제인 등이 있다.

빵 보존료

빵의 부패와 변질을 방지하고 화학적인 변화를 억제하며 보존성을 높이는 보존료는 프로피온산 칼슘과 프로피온산 나트륨이다.

감염병 발생 시 대책

① 의사는 환자의 증상이 확인되는 대로 관할 시 · 군보건소장에 보고
② 환자와 보균자를 격리하고, 접촉자에 대한 진단과 검변을 실시
③ 환자나 보균자의 배설물, 오염물의 소독 등 방역조치를 실시
④ 추정 원인식품을 수거하여 검사기관에 보낸다.

HACCP(해썹)의 지정기관과 교육기관

HACCP(해썹)은 생물학적, 화학적, 물리적 식품위해요소 중점관리기준이며, 식품의약품안전처장이 지정하고 한국식품안전관리인증원에서 인증 및 교육을 한다.

식품위생의 대상범위

① 식품, 식품첨가물, 기구, 용기와 포장 등에서 발생하는 오염을 대상으로 한다.
② 모든 음식물을 말하나 의약으로 섭취하는 것은 예외로 한다.

아플라톡신 중독증

① 아플라톡신을 생산하는 곰팡이에는 Aspergillus flavus, Aspergillus parasiticus, Aspergillus nomius 등이 있다.
② 이들 곰팡이는 영양원으로 탄수화물이 풍부한 기질(곡류)을 선호한다.
③ 이들이 아플라톡신을 생산하는 최적 조건은 기질(곡류) 수분 16% 이상, 상대습도 80~85% 이상, 온도 25~30℃이다.
④ 아플라톡신은 열에 매우 강하여 280~ 300℃로 가열하여야만 분해된다.

감염병 발생 시 대책

① 식중독과 마찬가지로 의사는 환자의 증상이 확인되는 대로 행정기관(관할 시 · 군 보건소장)에 보고한다.
② 환자와 보균자를 격리하고, 접촉자에 대한 진단과 검변을 실시한다.
③ 환자나 보균자의 배설물, 오염물의 소독 등 방역조치를 취한다.
④ 추정 원인식품을 수거하여 검사기관에 보낸다.

쥐를 매개체로 감염되는 질병의 종류

쯔쯔가무시증, 신증후군출혈열(유행성출혈열), 렙토스피라증, 페스트(흑사병) 등이 있다.

HACCP 적용의 7가지 원칙

- 1원칙 : 위해요소분석
- 2원칙 : 중요 관리점 확인
- 3원칙 : 한계기준설정
- 4원칙 : 모니터링 방법의 설정
- 5원칙 : 개선조치의 설정
- 6원칙 : 검증방법의 설정
- 7원칙 : 기록유지 및 문서관리

제6편

제과기능사 실전 모의고사

제1회 제과기능사 실전모의고사

01 **스펀지 케이크를 부풀리는 주요 방법은?**

① 계란의 기포성에 의한 법
② 이스트에 의한 법
③ 화학팽창제에 의한 법
④ 수증기 팽창에 의한 법

해설
- 계란의 기포성에 의한 법 : 스펀지케이크, 롤 케이크, 카스텔라
- 이스트에 의한 법 : 식빵, 과자빵, 특수빵, 조리빵
- 화학팽창제에 의한 법 : 파운드케이크, 레이어 케이크, 머핀 케이크
- 수증기 팽창에 의한 법 : 파이, 페이스트리

02 **케이크에서 설탕의 역할과 거리가 먼 것은?**

① 감미를 준다.
② 껍질색을 진하게 한다.
③ 수분보유력이 있어 노화가 지연된다.
④ 제품의 형태를 유지시킨다.

해설
제품의 형태에 관여하는 재료는 단백질을 함유한 밀가루, 계란, 분유

03 **다음 중 반죽형 케이크에 대한 설명으로 틀린 것은?**

① 밀가루, 계란, 분유 등과 같은 재료에 의해 케이크의 구조가 형성된다.
② 유지의 공기 포집력, 화학적 팽창제에 의해 부피가 팽창하기 때문에 부드럽다.
③ 레이어 케이크, 파운드 케이크, 마들렌 등이 반죽형 케이크에 해당된다.
④ 제품의 특징은 해면성(海面性)이 크고 가볍다.

해설
제품의 특징이 해면성이 크고 가벼우면 거품형 케이크이다.

04 **다음 믹싱 방법 중 먼저 유지와 설탕을 섞는 방법으로 부피를 우선으로 할 때 사용하는 방법은?**

① 크림법 ② 블렌딩법
③ 설탕&물법 ④ 1단계법

해설
- 유지+설탕=크림법
- 유지+밀가루=블렌딩법
- 유지+설탕물=설탕&물법
- 유지+모든 재료=1단계법

05 **달걀 흰자를 이용한 머랭 제조 시 좋은 머랭을 얻기 위한 방법이 아닌 것은?**

① 사용 용기 내에 유지가 없어야 한다.
② 머랭의 온도를 따뜻하게 한다.
③ 달걀 노른자를 첨가한다.
④ 주석산크림을 넣는다.

해설
머랭 제조 시 달걀 노른자를 첨가하면 노른자의 지방이 흰자의 단백질 기포 생성을 방해한다.

06 **거품형 케이크를 만들 때 녹인 버터는 언제 넣어야 하는가?**

① 처음부터 다른 재료와 함께 넣는다.
② 밀가루와 섞어 넣는다.
③ 설탕과 섞어 넣는다.
④ 반죽의 최종단계에 넣는다.

해설
50~70℃로 중탕하여 녹인 버터는 반죽의 최종단계(밀가루를 혼합한 후)에서 넣고 가볍게 섞는다.

07 **케이크 반죽에 있어 고율배합 반죽의 특성을 잘못 설명한 것은?**

① 화학팽창제의 사용은 적다.
② 구울 때 굽는 온도를 낮춘다.
③ 반죽하는 동안 공기와의 혼합은 양호하다.
④ 비중이 높다.

해설
고율배합 반죽은 설탕, 유지, 계란의 비율이 높아 반죽 속에 공기가 많이 함유되므로 비중이 낮다.

08 **과자 반죽의 믹싱완료 정도를 파악할 때 사용되는 항목으로 적합하지 않은 것은?**

① 반죽의 비중 ② 글루텐의 발전정도
③ 반죽의 점도 ④ 반죽의 색

해설
글루텐의 발전정도는 빵 반죽의 믹싱 완료점을 파악할 때 사용하는 항목이다.

09 **반죽온도 조절을 위한 고려사항으로 적절하지 않은 것은?**

① 마찰계수를 구하기 위한 필수적인 요소는 반죽결과 온도, 원재료 온도, 작업장 온도, 사용되는 물 온도, 작업장 상대습도이다.
② 기준이 되는 반죽온도보다 결과온도가 높다면 사용하는 물(배합수) 일부를 얼음으로 사용하여 희망하는 반죽온도를 맞춘다.
③ 마찰계수란 일정량의 반죽을 일정한 방법으로 믹싱할 때 반죽온도에 영향을 미치는 마찰열을 실질적인 수치로 환산한 것이다.
④ 계산된 사용수 온도가 56℃ 이상일 때는 뜨거운 물을 사용할 수 없으며, 영하로 나오더라도 절대치의 차이라는 개념에서 얼음계산법을 적용한다.

해설
- 마찰계수를 구하는 공식에는 작업장 상대습도가 들어가지 않는다.
- 마찰계수=(결과 반죽온도×6)−(실내 온도+밀가루 온도+설탕 온도+쇼트닝 온도+계란 온도+수돗물 온도)

정답 01 ① 02 ④ 03 ④ 04 ① 05 ③ 06 ④ 07 ④ 08 ② 09 ①

10 비중컵의 무게는 40g, 물을 담은 비중컵의 무게는 240g, 반죽을 담은 비중컵의 무게는 180g일 때 반죽의 비중은?

① 0.2 ② 0.4
③ 0.6 ④ 0.7

해설

$$비중 = \frac{(반죽을\ 담은\ 비중컵의\ 무게 - 비중컵의\ 무게)}{(물을\ 담은\ 비중컵의\ 무게 - 비중컵의\ 무게)}$$

$$x = \frac{(180 - 4)}{(240 - 40)} = 0.7$$

11 케이크 반죽의 비중이 정상보다 높을 때의 현상은?(단, 분할 무게는 같다)

① 부피가 커진다.
② 내부에 큰 기포가 생긴다.
③ 부피에 비해 가벼운 제품이 된다.
④ 기공이 조밀해진다.

해설

① 부피가 작다.
② 내부에 작은 기포가 생긴다.
③ 부피에 비해 무거운 제품이 된다.

12 다음 중 반죽의 pH가 가장 낮아야 좋은 제품은?

① 화이트 레이어 케이크
② 스펀지 케이크
③ 엔젤 푸드 케이크
④ 파운드 케이크

해설

- 화이트 레이어 케이크 : pH 7.2~7.8
- 스펀지 케이크 : pH 7.3~7.6
- 엔젤 푸드 케이크 : pH 5.0~6.5
- 파운드 케이크 : pH 6.6~7.1
- 엔젤 푸드 케이크는 완제품의 속 색을 하얗게 만들어야 하므로 반죽제조 시 주석산 크림(산영제)을 첨가하여 반죽의 pH를 낮추어 당의 캐러멜화 반응온도를 높인다.

13 다음 중 일정한 용적 내에서 팽창이 가장 큰 제품은?

① 파운드 케이크 ② 스펀지 케이크
③ 레이어 케이크 ④ 엔젤 푸드 케이크

해설

비용적이 가장 큰 제품을 고른다.

- 파운드 케이크 : 2.40㎤/g
- 레이어 케이크 : 2.96㎤/g
- 엔젤 푸드 케이크 : 4.70㎤/g
- 스펀지 케이크 : 5.08㎤/g

14 언더 베이킹(Under baking)에 대한 설명으로 틀린 것은?

① 높은 온도에서 짧은 시간 굽는 것이다.
② 중앙부분이 익지 않는 경우가 많다.
③ 제품이 건조되어 바삭바삭하다.
④ 수분이 빠지지 않아 껍질이 쭈글쭈글하다.

해설

- 완제품이 건조되어 바삭바삭한 이유는 오버 베이킹 때문이다.
- 낮은 온도에서 오래 굽는 오버 베이킹을 하면 제품의 수분손실률이 높아져 제품이 건조되어 바삭바삭하다.

15 완제품 440g인 스펀지 케이크 500개를 주문받았다. 굽기 손실이 12%라면 준비해야 할 전체 반죽량은?

① 125kg
② 250kg
③ 300kg
④ 600kg

해설

- 완제품의 중량×완제품의 개수÷{1－(굽기손실÷100)}＝전체 반죽량
- 440g × 500개 ÷ {1－(12 ÷ 100)} = 250,000g ÷ 1,000 = 250kg

16 열원으로 찜(수증기)을 이용했을 때의 주열전달 방식은?

① 대류
② 전도
③ 초음파
④ 복사

해설

① 대류 : 가열된 오븐에 의해 뜨거워진 공기가 팽창하여 순환하면서 반죽을 가열하는 것
② 전도 : 가열된 오븐에 팬이 직접 닿음으로써 열이 전달되어 반죽을 가열하는 것
③ 초음파 : 주파수가 들을 수 있는 가청주파수보다 커서 인간이 청각을 이용해 들을 수 없는 음파
④ 복사 : 가열된 오븐의 측면 및 윗면으로부터 방사되는 적외선이 반죽에 흡수되어 열로 변환된 후 반죽을 가열하는 것

17 파운드 케이크 제조에서 쇼트닝의 기본적인 3가지 기능에 해당하지 않는 것은?

① 팽창기능
② 윤활기능
③ 유화기능
④ 안정기능

해설

안정기능은 유통기간이 긴 건과자와 높은 온도에 노출되는 튀김물에 중요한 기능이다.

18 파운드 케이크 제조 시 윗면이 터지는 경우가 아닌 것은?

① 굽기 중 껍질 형성이 느릴 때
② 반죽 내의 수분이 불충분할 때
③ 설탕 입자가 용해되지 않고 남아있을 때
④ 반죽을 팬에 넣은 후 굽기까지 장시간 방치할 때

해설

굽기 중 껍질 형성이 느리면 반죽의 팽창만큼 껍질도 함께 팽창할 수 있어 파운드 케이크 윗면이 터지지 않는다.

19 옐로 레이어 케이크를 제조할 때 달걀을 50% 사용했다면 같은 <u>배합비율</u>로 화이트 레이어 케이크를 제조할 경우 달걀흰자는 몇 %를 사용해야 하는가?

① 45% ② 55%
③ 65% ④ 75%

해설

옐로우 레이어 케이크의 계란 사용량에서 노른자의 양만큼 흰자를 추가하여 화이트 레이어 케이크의 흰자량을 구한다(주의 : '같은 배합비율로'를 확인한다).

∴ 50% × 1.3 = 65%

정답 10 ④ 11 ④ 12 ③ 13 ② 14 ③ 15 ② 16 ① 17 ④ 18 ① 19 ③

20 **코코아 20%에 해당하는 초콜릿을 사용하여 케이크를 만들려고 할 때 초콜릿 사용량은?**

① 16%　② 20%
③ 28%　④ 32%

해설
- 여기서 이야기하는 초콜릿은 비터 초콜릿으로 코코아 함량이 62.5%, 카카오 버터 함량이 37.5%로 구성되어 있다.
- 코코아 20% : 초콜릿 % = 코코아 62.5% : 초콜릿 100%
- 그래서 20% × 100% ÷ 62.5% = 32%이다.

21 **반죽형 케이크의 결점과 원인의 연결이 잘못된 것은?**

① 고율배합 케이크의 부피가 작음 – 설탕과 액체재료의 사용량이 적었다.
② 굽는 동안 부풀어 올랐다가 가라앉음 – 설탕과 팽창제 사용량이 많았다.
③ 케이크 껍질에 반점이 생김 – 입자가 굵고 크기가 서로 다른 설탕을 사용했다.
④ 케이크가 단단하고 질김 – 고율배합 케이크에 맞지 않은 밀가루를 사용했다.

해설
설탕과 액체재료의 사용량이 많으면 포집한 공기의 안정성이 떨어져 고율배합 케이크의 부피가 작음

22 **밀가루 100%, 계란 166%, 설탕 166%, 소금 2%인 배합률은 어떤 케이크 제조에 적당한가?**

① 파운드 케이크
② 옐로우 레이어 케이크
③ 스펀지 케이크
④ 엔젤 푸드 케이크

해설
※ 자주 출제되는 제품의 기본재료와 기본 배합비
- 파운드 케이크 : 밀가루 100%, 설탕 100%, 유지 100%, 계란 100%
- 퍼프 페이스트리 : 밀가루 100%, 유지 100%, 물 50%, 소금 2%
- 스펀지 케이크 : 밀가루 100%, 설탕 166%, 계란 166%, 소금 2%

23 **젤리 롤 케이크를 마는데 표피가 터질 때 조치할 사항으로 적합하지 않은 것은?**

① 덱스트린의 점착성을 이용한다.
② 고형질 설탕 일부를 물엿으로 대치한다.
③ 팽창제를 다소 감소시킨다.
④ 계란 중 노른자 비율을 증가시킨다.

해설
계란 노른자는 유연성이 떨어져 젤리 롤 케이크를 말 때 표면이 터지도록 작용한다.

24 **다음 제품 중 이형제로 팬에 물을 분무하여 사용하는 제품은?**

① 슈 페이스트리　② 시폰 케이크
③ 오렌지 케이크　④ 마블 파운드 케이크

해설
이형제로 팬에 물을 분무하여 사용하는 제품에는 엔젤 푸드 케이크, 시폰 케이크가 있다.

25 **퍼프 페이스트리 제조 시 팽창이 부족하여 부피가 빈약해지는 결점의 원인에 해당하지 않는 것은?**

① 반죽의 휴지가 길었다.
② 밀어 펴기가 부적절하였다.
③ 부적합한 유지를 사용하였다.
④ 오븐의 온도가 너무 높았다.

해설
반죽의 휴지가 길면 글루텐이 부드러워져 유지에서 만들어지는 수증압에 의해 좀 더 팽창한다.

26 **다음 굽기 중 과일 충전물이 끓어 넘치는 원인으로 점검할 사항이 아닌 것은?**

① 배합의 부정확 여부를 확인한다.
② 충전물 온도가 높은지 점검한다.
③ 바닥 껍질이 너무 얇지는 않은지를 점검한다.
④ 껍데기에 구멍이 없어야 하고, 껍질 사이가 잘 봉해져 있는지의 여부를 확인한다.

해설
껍데기에 구멍이 있어야 하고, 껍질 사이가 잘 봉해져 있는지의 여부를 확인한다.

27 **다음 중 쿠키의 과도한 퍼짐 원인이 아닌 것은?**

① 반죽의 되기가 너무 묽을 때
② 유지함량이 적을 때
③ 설탕 사용량이 많을 때
④ 굽는 온도가 너무 낮을 때

해설
쿠키의 모양과 형태(구조력)를 파괴하는 유지, 설탕, 화학팽창제의 지나친 사용량 증가는 쿠키의 과도한 퍼짐 원인이 된다.

28 **반죽형 쿠키 중 전란의 사용량이 많아 부드럽고 수분이 가장 많은 쿠키는?**

① 스냅 쿠키
② 머랭 쿠키
③ 드롭 쿠키
④ 스펀지 쿠키

해설
반죽형 쿠키 중 전란의 사용량이 가장 많은 제품은 드롭 쿠키이지만 반죽형, 거품형 쿠키를 통틀어서 전란의 사용량이 가장 많은 제품은 스펀지 쿠키이다.

29 **도넛에 기름이 많이 흡수되는 이유에 대한 설명으로 틀린 것은?**

① 믹싱이 부족하다.
② 반죽에 수분이 많다.
③ 배합에 설탕과 팽창제가 많다.
④ 튀김온도가 높다.

해설
튀김온도가 높으면 튀기는 시간이 짧기 때문에 도넛에 기름이 적게 흡수된다.

정답　20 ④　21 ①　22 ③　23 ④　24 ②　25 ①　26 ④　27 ②　28 ③　29 ④

30 **푸딩 제조공정에 관한 설명으로 맞는 것은?**

① 우유와 설탕을 섞어 설탕이 캐러멜화될 때까지 끓인다.
② 우유와 소금의 혼합비율은 100:10이다.
③ 계란의 열변성에 의한 농후화 작용을 이용한 제품이다.
④ 육류, 과일, 야채, 빵을 섞어 만들지는 않는다.

해설
- 우유와 설탕은 80℃로 데운다.
- 우유와 소금의 혼합비율은 100:1이다.
- 육류, 과일, 야채, 빵을 섞어 만든다.

31 **검류에 대한 설명으로 틀린 것은?**

① 유화제, 안정제, 점착제 등으로 사용된다.
② 낮은 온도에서도 높은 점성을 나타낸다.
③ 무기질과 단백질로 구성되어 있다.
④ 친수성 물질이다.

해설
검류는 탄수화물로 구성되어 있다.

32 **다음 당류 중 감미도가 가장 낮은 것은?**

① 전화당 ② 유당
③ 맥아당 ④ 포도당

해설
전화당(130) 〉 포도당(75) 〉 맥아당(32) 〉 유당(16)

33 **전분을 효소나 산에 의해 가수분해시켜 얻은 포도당액을 효소나 알칼리 처리로 포도당과 과당으로 만들어 놓은 당의 명칭은?**

① 전화당 ② 맥아당
③ 이성화당 ④ 전분당

해설
이성화당이란 전분당(포도당) 분자의 분자식은 변화시키지 않으면서 분자 구조를 바꾼 당(과당)을 가리킨다.

34 **다음 중 밀가루 제품의 품질에 가장 크게 영향을 주는 것은?**

① 글루텐의 함유량
② 빛깔, 맛, 향기
③ 비타민 함유량
④ 원산지

해설
- 밀가루 제품별 분류 기준은 단백질 함량
- 밀가루 등급별 분류 기준은 회분 함량

35 **다음 중 밀가루에 함유되어 있지 않은 색소는?**

① 카로틴 ② 멜라닌
③ 크산토필 ④ 플라본

해설
밀가루에 함유된 대부분의 색소는 크산토필이며, 약간의 카로틴과 플라본 등이 있다.

36 **일반적으로 신선한 우유의 pH는?**

① pH 4.0~4.5 ② pH 3.0~4.0
③ pH 5.5~6.0 ④ pH 6.5~6.7

해설
※ 가장 많이 쓰는 재료의 pH
- 박력분 : pH 5.2
- 흰자 : pH 8.8~9
- 우유 : pH 6.6
- 증류수 : pH 7

37 **과자와 빵에서 우유가 미치는 영향 중 틀린 것은?**

① 우유에 함유되어 있는 단백질, 유지방, 무기질, 비타민으로 영양을 강화시킨다.
② 우유에 함유되어 있는 단백질은 이스트에 의해 생성된 향을 착향시킨다.
③ 우유에 함유되어 있는 유당은 겉껍질 색깔을 강하게 한다.
④ 우유에 함유되어 있는 단백질은 보수력이 없어서 쉽게 노화된다.

해설
※ 과자와 빵에서 우유가 미치는 영향
① 영양을 강화시킨다.
② 보수력이 있어서 과자와 빵의 노화를 지연시키고 선도를 연장시킨다.
③ 겉껍질 색깔을 강하게 한다.
④ 이스트에 의해 생성된 향을 착향시킨다.

38 **다음 중 제과제빵 재료로 사용되는 쇼트닝(Shortening)에 대한 설명으로 틀린 것은?**

① 쇼트닝을 경화유라고 말한다.
② 쇼트닝은 불포화 지방산의 이중결합에 촉매 존재 하에 수소를 첨가하여 제조한다.
③ 쇼트닝성과 공기포집 능력을 갖는다.
④ 쇼트닝은 융점(Melting point)이 매우 낮다.

해설
- 쇼트닝은 단단하게 만든 기름(경화유)이므로 융점(녹는점)이 높다.
- 쇼트닝은 니켈을 촉매로 수소를 첨가하여 경화유를 만든다.

39 **달걀의 특징적 성분으로 지방의 유화력이 강한 성분은?**

① 레시틴(Lecithin) ② 스테롤(Sterol)
③ 세팔린(Cephalin) ④ 아비딘(Avidin)

해설
달걀 노른자에 함유된 인지질의 유화력이 강한 성분은 레시틴이다.

40 **제과제빵 재료 중 일명 트리몰린(Trimolin)이라고 하는 전화당을 설명한 것 중 틀린 것은?**

① 설탕의 1.3배의 감미를 갖는다.
② 상대적 감미도는 포도당보다 낮으나 쿠키의 광택과 촉감을 위해 사용한다.
③ 흡습성이 강해서 제품의 보존기간을 지속시킬 수 있다.
④ 설탕을 가수분해시켜 생긴 포도당과 과당의 혼합물이다.

해설
※ 전화당
① 설탕의 1.3배의 감미를 가지며, 쿠키의 광택과 촉감을 위해 사용한다.
② 상대적 감미도는 과당(175), 전화당(130)으로 2번째로 높다.
③ 흡습성이 강해서 제품의 보존기간을 지속시킬 수 있다.
④ 설탕을 가수분해시켜 생긴 포도당과 과당의 혼합물이다.

정답 30 ③ 31 ③ 32 ② 33 ③ 34 ① 35 ② 36 ④ 37 ④ 38 ④ 39 ① 40 ②

41 제과제조 시 설탕 100g을 이스트의 먹이로 활용될 수 있는 발효성 탄수화물 91%에 물 9%로 이루어진 함수포도당으로 대체하고자 한다. 이때 함수 포도당은 몇 g인가?

① 100g ② 105.26g
③ 115.67g ④ 200g

해설
설탕 100g을 발효성 탄수화물 91%에 물 9%로 이루어진 함수포도당으로 대체할 경우
① 설탕 100g을 가수분해하려면 물 5.26g에 인베르타아제를 설탕에 첨가하여 105.26g의 무수포도당을 얻는다.
② 이때 설탕 100g을 함수포도당으로 만들고자 한다면 함수포도당의 91%를 차지하는 발효성 탄수화물(무수포도당) 105.26g에 9%를 차지하는 물 10.41g 첨가시켜 115.67g의 함수포도당을 만든다.

42 찜류 또는 찜만쥬 등에 사용하는 이스트 파우더의 특성이 아닌 것은?

① 팽창력이 강하다.
② 제품의 색을 희게 한다.
③ 암모니아 냄새가 날 수 있다.
④ 중조와 산제를 이용한 팽창제이다.

해설
• 중조와 산제를 이용한 팽창제는 베이킹파우더이다.
• 이스트 파우더는 암모니아계 합성 팽창제로 염화암모늄, 탄산수소나트륨, 전분, 주석산수소칼륨 등이 혼합되어 만들어진 것이다.

43 초콜릿의 보관온도 및 습도로 가장 알맞은 것은?

① 온도 18℃, 습도 45%
② 온도 24℃, 습도 60%
③ 온도 30℃, 습도 70%
④ 온도 36℃, 습도 80%

해설
초콜릿의 보관온도 및 습도는 초콜릿의 숙성을 고려하여 설정한다. 포장한 초콜릿을 온도 18℃, 상대습도 50% 이하의 저장실에서 7~10일간 숙성(보관)시키면 초콜릿 속의 카카오버터 조직이 더욱 안정된다.

44 유화제에 대한 설명으로 틀린 것은?

① 계면활성제라고도 한다.
② 친유성기와 친수성기를 각 50%씩 갖고 있어 물과 기름의 분리를 막아준다.
③ 레시틴, 모노글리세라이드, 난황 등이 유화제로 쓰인다.
④ 빵에서는 글루텐과 전분 사이로 이동하는 자유수의 분포를 조절하여 노화를 방지한다.

해설
계면활성제 분자 중 친수성 부분의 (%)를 5로 나눈 수치로 9 이하는 지방에 용해되고 11 이상은 물에 녹는다.

45 다음 중 일상적으로 먹는 소금인 식염을 구성하는 대표적인 원소는?

① 마그네슘, 염소 ② 칼슘, 탄소
③ 나트륨, 염소 ④ 칼륨, 탄소

해설
소금은 나트륨과 염소의 화합물로, 화학명은 염화나트륨(NaCl)이다.

46 우유 1컵(200㎖)에 지방이 6g이라면 지방으로부터 얻을 수 있는 열량은?

① 6㎉ ② 24㎉
③ 54㎉ ④ 120㎉

해설
6g × 9㎉ = 54㎉

47 아미노산의 성질에 대한 설명 중 옳은 것은?

① 모든 아미노산은 선광성을 갖는다.
② 아미노산은 융점이 낮아서 액상이 많다.
③ 아미노산은 종류에 따라 등전점이 다르다.
④ 천연단백질을 구성하는 아미노산은 주로 D형이다.

해설
• 등전점이란 용매의 (+), (−) 전하량이 같아져서 아미노산이 중성이 되는 pH시기를 말한다.
• 등전점에서 용해도가 낮아져 결정이 석출되는 성질은 아미노산의 종류에 따라 다르다.
• 아미노산은 단백질을 구성하며 단백질의 특성을 부여한다.

48 단백질의 소화, 흡수에 대한 설명으로 틀린 것은?

① 단백질은 위에서 소화되기 시작한다.
② 펩신은 육류 속 단백질 일부를 폴리펩티드로 만든다.
③ 십이지장과 췌장에서 분비된 트립신에 의해 더 작게 분해된다.
④ 소장에서 단백질이 완전히 분해되지는 않는다.

해설
소장에서 단백질이 완전히 분해되어 아미노산이 생성된다.

49 혈당의 저하와 가장 관계가 깊은 것은?

① 인슐린 ② 리파아제
③ 프로테아제 ④ 펩신

해설
혈당(혈액을 구성하는 당, 포도당)의 저하 : 인슐린

50 무기질에 대한 설명으로 틀린 것은?

① 나트륨은 결핍증이 없으며 소금, 육류 등에 많다.
② 마그네슘 결핍증은 근육 약화, 경련 등이며 생선, 견과류 등에 많다.
③ 철은 결핍 시 빈혈증상이 있으며 시금치, 두류 등에 많다.
④ 요오드 결핍 시 갑상선증이 생기며 유제품, 해조류 등에 많다.

해설
나트륨 결핍증은 구토, 발한, 설사 등이며, 소금, 우유, 치즈, 김치 등에 많다.

51 식품첨가물의 사용에 대한 설명 중 틀린 것은?

① 식품첨가물 공전에서 식품 첨가물의 규격 및 사용기준을 제한하고 있다.
② 식품첨가물은 안전성이 입증된 것으로 최대 사용량의 원칙을 적용한다.
③ GRAS란 역사적으로 인체에 해가 없는 것이 인정된 화합물을 의미한다.
④ ADI란 일일섭취허용량을 의미한다.

해설
식품첨가물은 최소사용량의 원칙을 적용한다.

정답 41 ③ 42 ④ 43 ① 44 ② 45 ③ 46 ③ 47 ③ 48 ④ 49 ① 50 ① 51 ②

52 위해요소중점관리기준(HACCP)을 식품별로 정하여 고시하는 자는?

① 보건복지부장관
② 식품의약품안전처장
③ 시장, 군수 또는 구청장
④ 환경부장관

해설
식품의약품안전처장(식약처장)

53 식자재의 교차오염을 예방하기 위한 보관방법으로 잘못된 것은?

① 원재료와 완성품을 구분하여 보관
② 바닥과 벽으로부터 일정거리를 띄워 보관
③ 뚜껑이 있는 청결한 용기에 덮개를 덮어서 보관
④ 식자재와 비식자재를 함께 식품창고에 보관

해설
식자재와 비식자재를 구분하여 창고에 보관한다.

54 세균이 분비한 독소에 의해 감염을 일으키는 것은?

① 감염형 세균성 식중독
② 독소형 세균성 식중독
③ 화학성 식중독
④ 진균독 식중독

해설
- 세균이 분비한 독소에 의해 발병하면 독소형 세균성 식중독을 의미한다.
- 직접 세균에 의해 발병하면 감염형 세균성 식중독을 의미한다.

55 메틸알코올의 중독 증상과 거리가 먼 것은?

① 두통
② 구토
③ 실명
④ 환각

해설
- 메틸알코올은 두통, 구토, 실명 등을 일으킨다.
- 에틸알코올은 환각을 일으킨다.

56 마시는 물 또는 식품을 매개로 발생하고 집단 발생의 우려가 커서 발생 또는 유행 즉시 방역대책을 수립하여야 하는 감염병은?

① 제1군 감염병
② 제2군 감염병
③ 제3군 감염병
④ 제4군 감염병

해설
제1군 감염병은 집단 발생의 우려가 커서 발생 또는 유행 즉시 방역대책을 수립한다.

57 보툴리누스 식중독에서 나타날 수 있는 주요 증상 및 증후가 아닌 것은?

① 구토 및 설사
② 호흡곤란
③ 출혈
④ 사망

해설
주요 증상 및 증후 : 구토 및 설사, 호흡곤란, 사망, 시력저하, 동공확대, 신경마비

58 경구감염병과 거리가 먼 것은?

① 유행성 간염
② 콜레라
③ 세균성이질
④ 일본뇌염

해설
일본뇌염은 경피감염병(피부를 통해 감염)이다.

59 주기적으로 열이 반복되어 나타나므로 파상열이라고 불리는 인수공통감염병은?

① Q열
② 결핵
③ 브루셀라병
④ 돈단독

해설
파상열을 브루셀라증(병)이라고도 한다.

60 경구감염병에 관한 설명 중 틀린 것은?

① 미량의 균으로 감염이 가능하다.
② 식품은 증식매체이다.
③ 감염환이 성립된다.
④ 잠복기가 길다.

해설
- 경구감염병에 있어서 식품은 병원체의 전파매체이다.
- 세균성 식중독에 있어서 식품은 병원체의 증식매체이다.

정답 52 ② 53 ④ 54 ② 55 ④ 56 ① 57 ③ 58 ④ 59 ③ 60 ②

제2회 제과기능사 실전모의고사

01 다음 중 화학적 팽창 제품이 아닌 것은?

① 과일 케이크
② 팬 케이크
③ 파운드 케이크
④ 시폰 케이크

해설
시폰 케이크는 물리적 팽창방법과 화학적 팽창방법을 함께 쓴다.

02 케이크 제조 시 제품의 부피가 크게 팽창했다가 가라앉는 원인이 아닌 것은?

① 물 사용량의 증가
② 밀가루 사용의 부족
③ 분유 사용량의 증가
④ 베이킹파우더 증가

해설
단백질을 함유하여 구조작용을 하는 분유 사용량의 증가는 케이크 제품의 부피를 가능한 한 크게 유지하여 준다.

03 반죽형 케이크의 반죽 제조법에 대한 설명이 틀린 것은?

① 크림법 : 유지와 설탕을 넣어 가벼운 크림상태로 만든 후 계란을 넣는다.
② 블렌딩법 : 밀가루와 유지를 넣고 유지에 의해 밀가루가 가볍게 피복되도록 한 후 건조, 액체 재료를 넣는다.
③ 설탕&물법 : 건조 재료를 혼합한 후 설탕 전체를 넣어 포화용액을 만드는 방법이다.
④ 1단계법 : 모든 재료를 한꺼번에 넣고 믹싱하는 방법이다.

해설
설탕&물법 : 유지에 설탕물을 넣고 균일하게 혼합한 후 건조재료를 넣고 섞은 다음 계란을 넣고 반죽한다.

04 먼저 밀가루와 유지를 넣고 믹싱하여 유지에 의해 밀가루가 피복되도록 한 후 나머지 재료를 투입하는 방법으로 유연감을 우선으로 하는 제품에 사용되는 반죽법은?

① 크림법
② 블렌딩법
③ 설탕&물법
④ 1단계법

해설
※ 제법별 장점
- 1단계법 : 노동력과 제조시간 절약
- 별립법 : 구조력이 강한 거품형 케이크를 제조할 때 사용함
- 블렌딩법 : 부드럽고 유연감 있는 식감
- 크림법 : 부피감 좋은 제품

※ 제법별 단점
- 1단계법 : 믹서의 성능이 좋아야 함
- 별립법 : 작업성이 떨어짐
- 블렌딩법 : 팽창이 작음
- 크림법 : 스크랩핑을 자주 함

05 머랭 제조에 대한 설명으로 옳은 것은?

① 기름기나 노른자가 없어야 튼튼한 거품이 나온다.
② 일반적으로 흰자 100에 대하여 설탕 50의 비율로 만든다.
③ 고속으로 거품을 올린다.
④ 설탕을 믹싱 초기에 첨가하여야 부피가 커진다.

해설
- 머랭 제조 시 볼이나 휘퍼에 기름기나 노른자가 있으면 흰자의 표면장력이 커져 기포가 잘 일어나지 않는다.
- 일반적으로 흰자 100에 대하여 설탕 200의 비율로 만든다.
- 중속을 위주로 휘핑하여 기포를 치밀하게 만든다.
- 설탕을 흰자 60% 정도 휘핑 후 첨가하여야 부피가 커진다.

06 시폰 케이크 제조 시 냉각 전에 팬에서 분리되는 결점이 나타났을 때의 원인과 거리가 먼 것은?

① 굽기 시간이 짧다.
② 밀가루 양이 많다.
③ 반죽에 수분이 많다.
④ 오븐 온도가 낮다.

해설
- 시폰 케이크 제조 시 냉각 전에 팬에서 분리되는 이유는 완제품이 설익었기 때문이다. 굽기 시간이 짧거나, 반죽에 수분이 많거나, 오븐 온도가 낮은 경우 완제품이 설익을 수 있다.
- 시폰 케이크 반죽에 밀가루 양이 많으면 제품의 구조력이 강해져 냉각 시 수축이 잘 일어나지 않아 팬에서 빨리 분리되지 않는다.

07 다음 중 케이크 제품의 부피 변화에 대한 설명이 틀린 것은?

① 계란은 혼합 중 공기를 보유하는 능력을 가지고 있으므로 계란이 부족한 반죽은 부피가 줄어든다.
② 크림법으로 만드는 반죽에 사용하는 유지의 크림성이 나쁘면 부피가 작아진다.
③ 오븐 온도가 높으면 껍질 형성이 빨라 팽창에 제한을 받아 부피가 작아진다.
④ 오븐 온도가 높으면 지나친 수분의 손실로 최종 부피가 커진다.

해설
오븐 온도가 높으면 제품 내에 잔유수분함량이 많아 주저앉기 쉽다.

08 아래의 조건에서 사용할 물 온도를 계산하면?

• 반죽 희망온도 : 23℃	• 밀가루 온도 : 25℃
• 실내 온도 : 25℃	• 설탕 온도 : 25℃
• 쇼트닝 온도 : 20℃	• 계란 온도 : 20℃
• 수돗물 온도 : 23℃	• 마찰계수 : 20℃

① 0℃ ② 3℃
③ 8℃ ④ 12℃

해설
사용할 물 온도=(반죽 희망온도×6)−(밀가루 온도+실내 온도+설탕 온도+쇼트닝 온도+계란 온도+마찰계수)=(23×6)−(25+25+25+20+20+20)=3℃

정답 01 ④ 02 ③ 03 ③ 04 ② 05 ① 06 ② 07 ④ 08 ②

09 직접배합에 사용하는 물의 온도로 반죽온도 조절이 편리한 제품은?

① 젤리 롤 케이크
② 과일 케이크
③ 퍼프 페이스트리
④ 버터 스펀지 케이크

해설
퍼프 페이스트리만이 각 재료들의 배합비율에 있어서 물이 50%를 차지하기 때문에 물의 온도로 반죽 온도 조절이 용이하다.

10 반죽의 비중이 제품에 미치는 영향 중 관계가 가장 적은 것은?

① 제품의 부피
② 제품의 조직
③ 제품의 점도
④ 제품의 기공

해설
반죽의 비중은 완제품의 부피, 기공, 조직에 영향을 미친다. 또한 반죽의 비중은 반죽의 점도와도 관계가 밀접하지만 제품의 점도와는 관계가 적다.

11 다음 제품 중 비중이 가장 낮은 것은?

① 젤리 롤 케이크
② 버터 스펀지 케이크
③ 파운드 케이크
④ 옐로 레이어 케이크

해설
- 젤리 롤 케이크 : 비중 0.4~0.45
- 버터 스펀지 케이크 : 비중 0.55 전후
- 파운드 케이크 : 비중 0.75 전후
- 옐로 레이어 케이크 : 비중 0.85 전후

12 틀의 안치수 지름이 12㎝, 높이가 4㎝인 둥근 틀에 케이크 반죽을 채우려고 한다. 반죽이 1g당 2.40㎤의 부피를 가진다면 이 틀에 약 몇 g의 반죽을 넣어야 알맞은가?

① 63g ② 95g
③ 130g ④ 188g

해설
반죽량 = 용적 ÷ 비용적 = (6 × 6 × 3.14 × 4) ÷ 2.4 = 188g

13 일반적인 과자반죽의 패닝 시 주의점이 아닌 것은?

① 종이 깔개를 사용한다.
② 철판에 넣은 반죽은 두께가 일정하게 되도록 펴준다.
③ 팬기름을 많이 바른다.
④ 패닝 후 즉시 굽는다.

해설
팬기름을 많이 바르면 과자가 구워지는 게 아니라 튀겨진다.

14 오버 베이킹(Over Baking)에 대한 설명으로 옳은 것은?

① 낮은 온도의 오븐에서 굽는다.
② 윗면 가운데가 올라오기 쉽다.
③ 제품에 남는 수분이 많아진다.
④ 중심부분이 익지 않을 경우 주저앉기 쉽다.

해설
- 오버 베이킹이란 낮은 온도에서 장시간 굽기이다.
- ②,③,④는 언더 베이킹에 대한 설명이다.

15 도넛 튀김용 유지로 가장 적당한 것은?

① 라드
② 유화쇼트닝
③ 면실유
④ 버터

해설
도넛 튀김용 유지로는 푸른 연기가 발생하는 발연점이 높은 면실유가 적당하다.

16 다음 중 익히는 방법이 다른 것은?

① 찐빵
② 엔젤 푸드 케이크
③ 스펀지 케이크
④ 파운드 케이크

해설
- 찐빵은 증기로 익히는 방법을 사용한다.
- 찐빵을 익히는 찌기는 수증기가 갖고 있는 잠열(1g당 539㎉)을 이용하여 식품을 가열하는 조리법이다.

17 다음 중 파운드 케이크를 제조할 때 유지의 품온으로 가장 알맞은 것은?

① −5~3℃
② 0~2℃
③ 18~20℃
④ 35~37℃

해설
유지의 종류에 따라서 적정품온(알맞은 재료 온도)은 달라지겠지만 버터를 기준으로보면 18~20℃가 크림성과 유화성이 가장 좋다.

18 파운드 케이크 제조 시 이중팬을 사용하는 목적이 아닌 것은?

① 제품 바닥의 두꺼운 껍질 형성을 방지하기 위하여
② 제품 옆면의 두꺼운 껍질 형성을 방지하기 위하여
③ 제품의 조직과 맛을 좋게 하기 위하여
④ 오븐에서의 열전도 효율을 높이기 위하여

해설
파운드 케이크 굽기 시 이중팬을 사용하면 오븐에서의 열전도 효율은 낮아지지만 제품바닥과 옆면의 두꺼운 껍질 형성을 방지할 수 있고 제품의 조직과 맛을 좋게 할 수 있다.

19 화이트 레이어 케이크에서 설탕 130%, 유화쇼트닝 60%를 사용한 경우 흰자 사용량은?

① 약 60%
② 약 66%
③ 약 78%
④ 약 86%

해설
흰자 사용량 = 유화쇼트닝량 × 1.43
60% × 1.43=85.8
∴ 약 86%

정답 09 ③ 10 ③ 11 ① 12 ④ 13 ③ 14 ① 15 ③ 16 ① 17 ③ 18 ④ 19 ④

20 **케이크 제품의 기공이 조밀하고 속이 축축한 결점의 원인이 아닌 것은?**

① 액체 재료 사용량 과다
② 과도한 액체당 사용
③ 너무 높은 오븐 온도
④ 계란 함량의 부족

해설
계란 함량이 많고 휘핑이 부족한 경우 기공이 조밀하고 속이 축축한 결점이 생긴다.

21 **완성된 반죽형 케이크가 단단하고 질길 때 원인이 아닌 것은?**

① 부적절한 밀가루의 사용
② 달걀의 과다 사용
③ 높은 굽기 온도
④ 팽창제의 과다 사용

해설
팽창제는 제품의 식감을 부드럽게 하고 유연하게 하는 역할에 관여한다.

22 **스펀지 케이크에서 계란 사용량을 감소시킬 때의 조치사항으로 잘못된 것은?**

① 베이킹 파우더를 사용한다.
② 물 사용량을 추가한다.
③ 쇼트닝을 첨가한다.
④ 양질의 유화제를 병용한다.

해설
※ 스펀지 케이크 제조 시 계란의 기능 4가지
- 팽창작용
- 수분공급
- 구조형성
- 유화작용

23 **젤리 롤 케이크 반죽을 만들어 패닝하는 방법으로 틀린 것은?**

① 넘치는 것을 방지하기 위하여 팬 종이는 팬 높이보다 2㎝ 정도 높게 한다.
② 평평하게 패닝하기 위해 고무주걱 등으로 윗부분을 마무리한다.
③ 기포가 꺼지므로 패닝은 가능한 빨리 한다.
④ 철판에 패닝하고 볼에 남은 반죽으로 무늬반죽을 만든다.

해설
팬 종이가 팬 높이보다 높으면 높은 만큼 제품의 가장자리에 그림자 현상이 생겨 착색이 여리게 된다.

24 **다음의 머랭(Meringue) 중에서 설탕을 끓여서 시럽으로 만들어 제조하는 것은?**

① 이탈리안 머랭
② 스위스 머랭
③ 냉제 머랭
④ 온제 머랭

해설
- 흰자를 거품 내면서 뜨겁게 조린 시럽(설탕 100에 물 30을 넣고 114~118℃ 끓임)을 부어 이탈리안 머랭을 만든다.
- 이탈리안 머랭 제조 시 설탕을 끓여서 만든 시럽을 넣는 이유는 달걀 흰자에 있을 수도 있는 살모넬라균을 사멸시켜 무스나 냉과를 만들 때 오염을 방지하기 위함이다.

25 **퍼프 페이스트리 굽기 후 결점과 원인으로 틀린 것은?**

① 수축 : 밀어 펴기 과다, 너무 높은 오븐온도
② 껍질에 수포 생성 : 단백질 함량이 높은 밀가루로 반죽
③ 충전물 흘러나옴 : 충전물량 과다, 봉합 부적절
④ 작은 부피 : 수분이 없는 경화 쇼트닝을 충전용 유지로 사용

해설
※ 퍼프 페이스트리 껍질에 수포가 생성된 경우
- 굽기 전 껍질에 구멍을 뚫어놓지 않음
- 껍질에 계란물 칠을 너무 많이 함

26 **슈 제조 시 반죽표면을 분무 또는 침지시키는 이유가 아닌 것은?**

① 껍질을 얇게 한다.
② 팽창을 크게 한다.
③ 기형을 방지한다.
④ 제품의 구조를 강하게 한다.

해설
제품의 구조를 강하게 하고자 한다면, 슈 배합의 유지량을 줄이고 계란양을 늘린다.

27 **쿠키가 잘 퍼지지(Spread) 않는 이유가 아닌 것은?**

① 고운 입자의 설탕 사용
② 과도한 믹싱
③ 알칼리 반죽 사용
④ 너무 높은 굽기 온도

해설
쿠키 반죽이 알칼리가 되면 제품의 모양과 형태를 유지시키는 단백질이 용해되어 쿠키가 잘 퍼지게 된다.
※ 쿠키가 잘 퍼지지 않는 이유
- 된 반죽
- 유지가 너무 적다.
- 믹싱을 많이 했다.
- 산성 반죽
- 설탕을 적게 사용
- 굽기 온도가 높았다.
- 설탕 입자가 작다.

28 **도넛 제조 시 수분이 적을 때 나타나는 결점이 아닌 것은?**

① 팽창이 부족하다.
② 혹이 튀어나온다.
③ 형태가 일정하지 않다.
④ 표면이 갈라진다.

해설
- 수분이 적을 때 : 팽창 부족, 형태 불균일, 딱딱한 내부, 표면의 요철, 표면 갈라짐, 톱니 모양의 외피, 강한 점도 등
- 수분이 많을 때 : 팽창 과도, 형태 불균일, 혹 모양의 돌출, 흡유 과다, 딱딱한 내부, 외부 링 모양 과대현상 등

29 **도넛을 튀길 때의 설명으로 틀린 것은?**

① 튀김기름의 깊이는 12㎝ 정도가 알맞다.
② 자주 뒤집어 타지 않도록 한다.
③ 튀김온도는 185℃ 정도로 맞춘다.
④ 튀김기름에 스테아린을 소량 첨가한다.

해설
도넛을 튀길 때는 한두 번만 뒤집어 튀겨야 도넛의 튀김시간을 단축하여 흡유율을 낮출 수 있다.

정답 20 ④ 21 ④ 22 ③ 23 ① 24 ① 25 ② 26 ④ 27 ③ 28 ② 29 ②

30 도넛 글레이즈의 사용온도로 가장 적합한 것은?

① 49℃
② 39℃
③ 29℃
④ 19℃

해설

도넛 글레이즈는 분당에 물을 넣으면서 물이 고루 분산되도록 갠다. 45~50℃가 되도록 가온하여 도넛 표면에 묻힌다. 향과 색을 넣을 수 있으며, 안정제로 약간의 전분을 사용하기도 한다.

31 밀가루 반죽에 관여하는 단백질은?

① 라이소자임
② 글루텐
③ 알부민
④ 글로불린

해설

- 밀가루 단백질(글리아딘, 글루테닌)에 물과 힘을 가하면 글루텐이 형성되어 밀가루 반죽을 만든다.
- 글루텐은 단순단백질인 글리아딘과 글루테닌이 주성분이 되어 단순히 엉겨있는 단백질의 복합체이다. 그러므로 단백질의 화학적 분류 기준으로는 복합단백질은 아니고 단순단백질이다.

32 다음 중 단당류는?

① 포도당
② 자당
③ 맥아당
④ 유당

해설

- 자당, 맥아당, 유당은 이당류이다.
- 포도당, 과당, 갈락토오스는 단당류이다.

33 다음 중 호화(Gelatinization)에 대한 설명 중 맞는 것은?

① 호화는 주로 단백질과 관련된 현상이다.
② 호화되면 소화되기 쉽고 맛이 좋아진다.
③ 호화는 냉장온도에서 잘 일어난다.
④ 유화제를 사용하면 호화를 지연시킬 수 있다.

해설

- 호화는 주로 전분과 관련된 현상이다.
- 호화는 60℃ 이상에서 잘 일어난다.
- 노화는 냉장온도에서 잘 일어난다.
- 유화제를 사용하면 호화를 촉진시킬 수 있다.

34 설탕은 포도당($C_6H_{12}O_6$)과 과당($C_6H_{12}O_6$)이 축합하여 설탕과 물을 생성한다. 다음 중 설탕의 분자식으로 옳은 것은?

① $C_6H_{12}O_6$
② $C_{12}H_{24}O_{12}$
③ $C_{12}H_{22}O_{11}$
④ $C_{11}H_{24}O_{12}$

해설

설탕은 포도당($C_6H_{12}O_6$)과 과당($C_6H_{12}O_6$)이 축합하여($C_{12}H_{22}O_{11}+H_2O$) 설탕과 물을 생성하므로 설탕의 분자식은 $C_{12}H_{22}O_{11}$이다.

35 다음 중 숙성한 밀가루에 대한 설명으로 틀린 것은?

① 밀가루의 pH가 낮아져 발효가 촉진된다.
② 글루텐의 질이 개선되고 흡수성을 좋게 한다.
③ 환원성 물질이 산화되어 반죽의 글루텐 파괴가 줄어든다.
④ 밀가루의 황색색소가 공기 중의 산소에 의해 더욱 진해진다.

해설

숙성한 밀가루는 밀가루의 황색색소인 크산토필과 카로틴, 플라본 등이 공기 중의 산소와 결합해서 산화되어 백색으로 바뀐다.

36 글루텐의 구성 물질 중 반죽을 질기고 탄력성 있게 하는 물질은?

① 글리아딘
② 글루테닌
③ 메소닌
④ 알부민

해설

글리아딘은 글루텐에 신장성을 부여하고 글루테닌은 글루텐에 탄력성을 부여한다.

37 연수의 광물질 함량 범위는?

① 280~340ppm
② 200~260ppm
③ 120~180ppm
④ 0~60ppm

해설

- 연수(부드러운 물) : 0~60ppm
- 아연수(연수에 가까운 물) : 61~120ppm
- 아경수(경수에 가까운 물) : 121~180ppm
- 경수(단단한 물) : 181ppm 이상

38 다음 중 캐러멜화가 가장 높은 온도에서 일어나는 당은?

① 과당
② 벌꿀
③ 설탕
④ 전화당

해설

여기에서는 설탕이 이당류로서 고분자 화합물이므로 캐러멜화가 가장 높은 온도에서 일어난다.

39 알파 아밀라아제(α-amlylase)에 대한 설명으로 틀린 것은?

① 베타 아밀라아제(β-amlylase)에 비하여 열 안정성이 크다.
② 당화효소라고도 한다.
③ 전분의 내부 결합을 가수분해할 수 있어 내부 아밀라아제라고도 한다.
④ 액화효소라고도 한다.

해설

- 베타 아밀라아제는 덱스트린을 단맛을 느낄 수 있는 맥아당 단위로 가수분해하므로 당화효소이다.
- 알파 아밀라아제는 전분을 덱스트린으로 가수분해하면서 수분을 만드므로 액화효소이다.
- 글루코아밀라아제는 전분을 포도당 단위로 가수분해한다.

정답 30 ① 31 ② 32 ① 33 ② 34 ③ 35 ④ 36 ② 37 ④ 38 ③ 39 ②

40 패리노그래프에 관한 설명 중 틀린 것은?

① 흡수율 측정
② 믹싱시간 측정
③ 믹싱내구성 측정
④ 전분의 점도 측정

해설
전분의 점도는 아밀로그래프로 측정한다.

41 우유의 성분 중 치즈를 만드는 원료는?

① 유지방 ② 카제인
③ 유당 ④ 비타민

해설
카제인은 우유의 주된 단백질로서 우유 단백질의 약 80% 정도를 차지하고 있다. 열에는 응고하지 않으나 산과 효소 레닌에 의해 응유된다. 이 원리로 만든 유제품의 종류에는 치즈, 요구르트 등이 있다.

42 10㎏의 베이킹파우더에 28%의 전분이 들어 있고 중화가가 80이라면 중조의 함량은?

① 7.2kg ② 4.0kg
③ 3.2kg ④ 2.8kg

해설
- 베이킹파우더는 전분, 산염제, 탄산수소나트륨 등으로 이루어져 있다.
- 전분의 양 10kg×(28÷100)=2.8kg
- 산염제의 양=$x$kg
- 중화가가 80이므로 탄산수소나트륨(중조, 소다)의 양=$0.8x+x$
- $1.8x$=7.2kg(산염제와 중조의 합)
- $x=7.2÷1.8$, x=4.0kg
- 산염제가 4.0kg이므로 탄산수소나트륨은 3.2kg이다.
- 중화가란 산염제 100을 중화시키는 데 필요한 탄산수소나트륨의 양을 가리킨다.

43 다음 중 달걀에 대한 설명이 틀린 것은?

① 달걀은 −5~−10℃로 냉동 저장하여야 품질을 보장할 수 있다.
② 노른자에는 유화기능을 갖는 레시틴이 함유되어 있다.
③ 전란(흰자와 노른자)의 수분함량은 75% 정도이다.
④ 노른자의 수분함량은 약 50% 정도이다.

해설
달걀은 5~10℃로 냉장 저장하여야 품질을 보장할 수 있다.

44 베이킹파우더 성분 중 이산화탄소를 발생시키는 것은?

① 전분
② 탄산수소나트륨
③ 주석산
④ 인산칼슘

해설
탄산수소나트륨(중조, 소다)과 산성제(주석산, 인산칼슘)가 화학반응을 일으켜 이산화탄소를 발생시키고 기포를 만들어 반죽을 부풀린다. 이 화학반응의 원리는 탄산수소나트륨이 분해되어 이산화탄소, 물, 탄산나트륨이 되는 것이다.

45 유지의 기능이 아닌 것은?

① 감미제 ② 안정화
③ 가소성 ④ 유화성

해설
감미제는 일반적으로 당류의 기능이다.

46 탄수화물은 체내에서 주로 어떤 작용을 하는가?

① 골격을 형성한다.
② 혈액을 구성한다.
③ 체내에서 일어나는 체작용을 조절한다.
④ 열량을 공급한다.

해설
탄수화물은 3대 열량 영양소로서 체내에서 에너지를 발생한다.

47 비타민 B_1의 특징으로 옳은 것은?

① 단백질의 연소에 필요하다.
② 탄수화물 대사에서 조효소로 작용한다.
③ 결핍증은 펠라그라(Pellagra)이다.
④ 인체의 성장인자이며 항빈혈작용을 한다.

해설
조효소(Coenzyme)란 복합단백질로 이루어진 효소의 비단백질 성분을 가리키며, 효소 반응과정에서 그 자신이 화학적으로 관여하여 변화를 받아 보조작용을 한다. 그래서 보효소라고도 한다.
※ 비타민 B_1의 기능
- 탄수화물 대사의 보조작용을 한다.
- 뇌, 심장, 신경조직의 유지에 관계한다.
- 식욕을 촉진시킨다.

48 단순단백질이 아닌 것은?

① 프롤라민 ② 헤모글로빈
③ 글로불린 ④ 알부민

해설
헤모글로빈은 일명 크로모단백질인 색소단백질에 속하는 복합단백질이다.

49 유당불내증의 원인은?

① 대사과정 중 비타민 B군의 부족
② 변질된 유당의 섭취
③ 우유 섭취량의 절대적인 부족
④ 소화액 중 락타아제의 결여

해설
유당불내증이란 우유 중에 있는 유당을 소화하지 못하기 때문에 오는 증상(복부경련, 설사, 메스꺼움)이므로 유당을 가수분해하는 소화효소를 찾으면 된다.

50 생체 내에서의 지방의 기능으로 틀린 것은?

① 생체기관을 보호한다.
② 체온을 유지한다.
③ 효소의 주요 구성 성분이다.
④ 주요한 에너지원이다.

해설
효소의 주요 구성 성분은 단백질이다.

정답 40 ④ 41 ② 42 ③ 43 ① 44 ② 45 ① 46 ④ 47 ② 48 ② 49 ④ 50 ③

51 식중독 발생 시 의사는 환자의 식중독이 확인되는 대로 가장 먼저 보고해야 하는 사람은?

① 식품의약품안전처장
② 국립보건원장
③ 시 · 도 보건연구소장
④ 시 · 군 보건소장

해설
의사는 환자의 식중독이 확인되는 대로 행정기관(관할 시 · 군 보건소장)에 보고한다.

52 식중독의 원인 세균은 대체로 중온균이다. 다음 중 중온균의 발육온도는?

① 10~20℃　② 15~25℃
③ 25~37℃　④ 50~60℃

해설
식중독의 원인균은 대체로 중온균으로 25~37℃에서 왕성하게 발육한다.

53 식품위생의 대상범위는 식품, 식품 첨가물, 기구 · 용기 · 포장 등에서 발생하는 오염을 대상범위로 한다. 다음 중 식품위생의 대상과 가장 거리가 먼 것은?

① 영양결핍증 환자
② 세균성 식중독
③ 농약에 의한 식품 오염
④ 방사능에 의한 식품 오염

해설
식품위생의 대상범위는 식품, 식품 첨가물, 기구, 용기와 포장 등에서 발생하는 오염을 대상범위로 한다. 단, 의약으로 섭취하는 것은 예외로 한다.

54 밀가루의 표백과 숙성기간을 단축시키고, 제빵 효과의 저해물질을 파괴시켜 분질을 개량하는 밀가루 개량제가 아닌 것은?

① 염소　② 과산화벤조일
③ 염화칼슘　④ 이산화염소

해설
※ 밀가루 개량제의 특징과 종류
- 밀가루 개량제는 밀가루의 표백과 숙성기간을 단축시키고, 제빵 효과의 저해물질을 파괴시켜 분질을 개량한다.
- 종류에는 과산화벤조일, 과황산암모늄, 브롬산칼륨, 염소, 이산화염소 등이 있다.

55 다음 중 기생충과 숙주와의 연결이 틀린 것은?

① 유구조충(갈고리촌충) – 돼지
② 아니사키스 – 해산어류
③ 간흡충 – 소
④ 폐디스토마 – 다슬기

해설
간흡충(간디스토마) – 왜우렁이, 담수어

56 환경오염 물질이 일으키는 화학성 식중독의 원인이 될 수 있는 것과 거리가 먼 것은?

① 납(Pb)　② 칼슘(Ca)
③ 수은(Hg)　④ 카드뮴(Cd)

해설
칼슘은 인간의 뼈를 구성하며 인체 무기질의 대부분을 차지한다. 화학성 식중독을 일으키는 것에는 납(Pb), 비소(As), 수은(Hg), 카드뮴(Cd) 등이 있다.

57 감염병 및 질병 발생의 3대 요소가 아닌 것은?

① 병인(병원체)　② 환경
③ 숙주(인간)　④ 항생제

해설
감염병 및 질병 발생의 3대 요소에는 병인, 환경, 숙주 등이 있다.

58 육안의 가시한계를 넘어선 0.1mm 이하의 크기인 미세한 생물, 주로 단일세포 또는 균사로 몸을 이루며, 생물로서 최소 생활단위를 영위하는 미생물의 일반적 성질에 대한 설명으로 옳은 것은?

① 세균은 주로 출아법으로 그 수를 늘리며 술 제조에 많이 사용된다.
② 효모는 주로 분열법으로 그 수를 늘리며 식품 부패에 가장 많이 관여하는 미생물이다.
③ 곰팡이는 주로 포자에 의하여 그 수를 늘리며 빵, 밥 등의 부패에 관여하는 미생물이다.
④ 바이러스는 주로 출아법으로 그 수를 늘리며 스스로 필요한 영양분을 합성한다.

해설
세균은 분열법, 효모는 출아법, 바이러스는 기생을 하면서 복제를 통하여 증식을 한다.

59 병원체가 음식물, 손, 식기, 완구, 곤충 등을 통하여 입으로 침입하여 감염을 일으키는 것 중 바이러스가 아닌 것은?

① 유행성간염
② 콜레라
③ 홍역
④ 폴리오

해설
바이러스성 감염의 종류에는 유행성간염, 간염성 설사증, 폴리오(급성회백수염, 소아마비), 천열, 홍역 등이 있다.

60 식품에 점착성 증가, 유화안정성, 선도유지, 형체보존에 도움을 주며, 점착성을 줌으로써 촉감을 좋게 하기 위하여 사용하는 식품 첨가물은?

① 호료(증점제)
② 발색제
③ 산미료
④ 유화제

해설
호료(증점제) : 메틸셀룰로스, 구아검, 알긴산나트륨, 카제인이 있으며, 식품의 점착성 증가, 유화안정성, 선도유지, 형체보존에 도움을 주며, 점착성을 줌으로써 촉감을 좋게 하기 위하여 사용한다.

정답 51 ④ 52 ③ 53 ① 54 ③ 55 ③ 56 ② 57 ④ 58 ③ 59 ② 60 ①

제3회 제과기능사 실전모의고사

01 **파이나 퍼프 페이스트리는 무엇에 의하여 팽창되는가?**

① 화학적인 팽창
② 중조에 의한 팽창
③ 유지에 의한 팽창
④ 이스트에 의한 팽창

해설
파이나 퍼프 페이스트리에 사용되는 충전용 유지에 의하여 팽창하는 물리적 방법을 사용한다.

02 **베이킹파우더(Baking powder)에 대한 설명으로 틀린 것은?**

① 소다가 기본이 되고 여기에 산을 첨가하여 중화가를 맞추어 놓은 것이다.
② 베이킹파우더의 팽창력은 이산화탄소에 의한 것이다.
③ 케이크나 쿠키를 만드는 데 많이 사용된다.
④ 과량의 산은 반죽의 pH를 높게, 과량의 중조는 pH를 낮게 만든다.

해설
과량의 산은 반죽의 pH를 낮게, 과량의 중조는 pH를 높게 만든다.

03 **다음 중 크림법에서 가장 먼저 배합하는 재료의 조합은?**

① 유지와 설탕
② 계란과 설탕
③ 밀가루와 설탕
④ 밀가루와 계란

해설
크림법은 유지에 설탕을 넣고 균일하게 혼합한 후 계란을 나누어 넣으면서 부드러운 크림상태로 만든 다음 밀가루와 베이킹 파우더를 체에 쳐서 넣고 가볍게 섞는다.

04 **반죽형 과자반죽의 믹싱법과 장점이 잘못 짝지어진 것은?**

① 크림법 – 제품의 부피를 크게 함
② 블렌딩법 – 제품의 내상이 부드러움
③ 설탕&물법 – 계량의 정확성과 운반의 편리성
④ 1단계법 – 사용 재료의 절약

해설
1단계법은 노동력과 시간을 절약한다.

05 **스펀지 케이크 제조 시 더운 믹싱방법(Hot method)을 사용할 때 계란과 설탕의 중탕 온도로 가장 적합한 것은?**

① 23℃　② 43℃
③ 63℃　④ 83℃

해설
- 23℃는 찬 믹싱방법의 반죽온도이다.
- 계란과 설탕의 중탕 온도가 63℃ 이상이 되면 흰자의 단백질이 열변성을 일으키기 시작하면서 기포력이 떨어진다.
- 43℃는 스펀지 케이크 반죽의 기포성과 안정성에 있어서 계란과 설탕의 상관관계를 함께 고려한 최적의 온도이다.

06 **고율배합에 대한 설명으로 틀린 것은?**

① 화학팽창제를 적게 쓴다.
② 굽는 온도를 낮춘다.
③ 반죽 시 공기 혼입이 많다.
④ 비중이 높다.

해설
고율배합은 반죽 시 공기 혼입이 많기 때문에 비중이 낮다.

07 **케이크 반죽의 혼합 완료 정도는 무엇으로 알 수 있는가?**

① 반죽의 온도　② 반죽의 점도
③ 반죽의 비중　④ 반죽의 색상

해설
- 케이크 반죽의 혼합 완료 정도는 반죽에 혼입되어 있는 공기의 함유량을 확인하는 반죽의 비중 측정으로 알 수 있다.
- 반죽의 점도와 반죽의 색상은 반죽의 혼합 완료 정도를 예측하는 반죽의 물리적 변화에 대한 지표이다. 이 지표는 매우 주관적이므로 많은 숙련이 필요한 암묵적 지식이다.

08 **총 사용물량 500g, 수돗물 온도 20℃, 사용할 물 온도 14℃일 때 얼음 사용량은?**

① 30g　② 32g
③ 34g　④ 36g

해설

$$\text{얼음 사용량} = \frac{\text{사용할 물량} \times (\text{수돗물 온도} - \text{사용할 물 온도})}{(80 + \text{수돗물 온도})}$$

$$= \frac{500 \times (20 - 14)}{(80 + 20)} = 30g$$

09 **엔젤 푸드 케이크 반죽의 온도 변화에 따른 설명이 틀린 것은?**

① 반죽 온도가 낮으면 제품의 기공이 조밀하다.
② 반죽 온도가 낮으면 색상이 진하다.
③ 반죽 온도가 높으면 기공이 열리고 조직이 거칠어진다.
④ 반죽 온도가 높으면 부피가 작다.

해설
- 반죽 온도가 높으면 공기와의 융합이 빨라 완제품의 기공이 열리고 조직이 거칠어지며 부피는 크다.
- 반죽 온도가 낮으면 같은 증기압을 형성하는 데 더 많은 굽기시간이 요구되므로 완제품의 색상이 진하다.

10 **케이크 반죽이 30ℓ 용량의 그릇 10개에 가득 차있다. 이것으로 분할반죽 300g짜리 600개를 만들었다. 이 반죽의 비중은?**

① 0.8　② 0.7
③ 0.6　④ 0.5

해설
- 제시된 케이크 반죽의 부피는 물의 부피와 같고 물의 부피는 물의 질량을 나타낸다. 왜냐하면 비중 측정 시 동일한 컵에 동일한 부피만큼 반죽과 물을 계량하기 때문이다.
- 비중 $= \frac{300g \times 600\text{개}}{(30 \times 1,000)m\ell \times 10\text{개}} = 0.6$

(단, 물만 1cc=1mℓ=1g이 같다.)

정답 01 ③ 02 ④ 03 ① 04 ④ 05 ② 06 ④ 07 ③ 08 ① 09 ④ 10 ③

11 다른 조건이 모두 동일할 때 케이크 반죽의 비중에 관한 설명으로 맞는 것은?

① 비중이 높으면 제품의 부피가 크다.
② 비중이 낮으면 공기가 적게 포함되어 있음을 의미한다.
③ 비중이 낮을수록 제품의 기공이 조밀하고 조직이 묵직하다.
④ 일정한 온도에서 반죽의 무게를 같은 부피의 물의 무게로 나눈 값이다.

해설
비중이 높으면 공기가 적게 포함되어 있음을 의미하며, 제품의 부피가 작고 기공이 조밀하고 조직이 묵직하다.

12 파운드 케이크의 패닝은 틀 높이의 몇 % 정도까지 반죽을 채우는 것이 가장 적당한가?

① 50% ② 70%
③ 90% ④ 100%

해설
함께 암기해야 할 제품의 패닝량
- 파운드 케이크 : 70%
- 푸딩 : 95%
- 초콜릿 케이크 : 55~60%
- 스펀지 케이크 : 50~60%

13 고율배합의 제품을 굽는 방법으로 알맞은 것은?

① 저온단시간 ② 고온단시간
③ 저온장시간 ④ 고온장시간

해설
- 저율배합의 제품은 고온단시간에 굽는다.
- 고율배합의 제품은 저온장시간에 굽는다.

14 다음 중 가장 고온에서 굽는 제품은?

① 파운드 케이크
② 시폰 케이크
③ 퍼프 페이스트리
④ 과일 케이크

해설
반죽 제조 시 설탕을 가장 적게 넣는 퍼프 페이스트리를 가장 고온에서 굽는다.

15 튀김기름의 품질을 저하시키는 요인으로만 나열된 것은?

① 수분, 탄소, 질소
② 수분, 공기, 반복 가열
③ 공기, 금속, 토코페롤
④ 공기, 탄소, 사사몰

해설
- 튀김기름을 산화시키는 요인에는 수분(물), 공기(산소), 철, 동(구리), 자외선, 이물질, 고온(열), 반복가열 등이 있다.
- 질소, 토코페롤, 세사몰 등은 지방의 산화를 억제하는 기능이 있다.

16 찜을 이용한 제품에 사용되는 팽창제의 특성으로 알맞은 것은?

① 지속성 ② 속효성
③ 지효성 ④ 이중팽창

해설
찌기로 반죽익힘을 하는 제품에 사용하는 팽창제는 팽창의 효과가 빠르게 일어나는 특성을 지닌 속효성 팽창제를 사용한다. 왜냐하면 증기에 의한 대류식 열전달의 효율이 떨어지므로 반죽을 빨리 팽창시킨 후 형태를 안정화시켜야 하기 때문이다.

17 파운드 케이크를 구울 때 윗면이 자연적으로 터지는 경우가 아닌 것은?

① 굽기 시작 전에 증기를 분무할 때
② 설탕 입자가 용해되지 않고 남아있을 때
③ 반죽 내 수분이 불충분할 때
④ 오븐 온도가 높아 껍질 형성이 너무 빠를 때

해설
굽기 전 증기를 분무하는 이유는 제품의 윗면이 터지지 않게 하기 위함이다.

18 일반 파운드 케이크와는 달리 마블 파운드 케이크에 첨가하여 색상을 나타내는 재료는?

① 코코아 ② 버터
③ 밀가루 ④ 계란

해설
마블이란 대리석 무늬같은 것을 의미하며, 케이크를 만들 때 코코아 분말이나 초콜릿을 사용하여 표현한다.

19 데블스 푸드 케이크에서 전체 액체량을 구하는 식은?

① 설탕+30+(코코아×1.5)
② 설탕−30−(코코아×1.5)
③ 설탕+30−(코코아×1.5)
④ 설탕−30+(코코아×1.5)

해설
- 전체 액체량은 우유와 계란의 합으로 이루어진다.
- 우유+계란=설탕+30+(코코아×1.5)

20 유화 쇼트닝을 60% 사용해야 할 옐로우 레이어 케이크 배합에 32%의 초콜릿을 넣어 초콜릿 케이크를 만든다면 원래의 쇼트닝 60%는 얼마로 조절해야 하는가?

① 48% ② 54%
③ 60% ④ 72%

해설
- 카카오버터 = 초콜릿량 × 37.5%($\frac{3}{8}$)
- 조절한 유화 쇼트닝=원래 유화 쇼트닝 − (카카오버터 × $\frac{1}{2}$)
- 32×0.375=12% 혹은 32×$\frac{3}{8}$ = 12%
- 60 − (12 × $\frac{1}{2}$) = 54%

21 케이크 제품의 굽기 후 제품 부피가 기준보다 작은 경우의 원인이 아닌 것은?

① 틀의 바닥에 공기나 물이 들어갔다.
② 반죽의 비중이 높았다.
③ 오븐의 굽기 온도가 높았다.
④ 반죽을 패닝한 후 오래 방치했다.

해설
틀의 바닥에 공기나 물이 들어가면 완제품의 바닥면이 오목하게 들어가는 현상이 생긴다.

정답 11 ④ 12 ② 13 ③ 14 ③ 15 ② 16 ② 17 ① 18 ① 19 ① 20 ② 21 ①

22 소프트 롤을 말 때 겉면이 터지는 경우 조치사항이 아닌 것은?

① 팽창이 과도한 경우 팽창제 사용량을 감소시킨다.
② 설탕의 일부를 물엿으로 대치한다.
③ 저온 처리하여 말기를 한다.
④ 덱스트린의 점착성을 이용한다.

해설
소프트 롤 케이크는 냉각 후 생크림, 버터크림을 바르고 말기를 하는 제품이므로 저온 처리 후 말지만 겉면이 터지는 경우의 조치사항과는 관계없다.

23 젤리 롤 케이크 반죽 굽기에 대한 설명으로 틀린 것은?

① 두껍게 편 반죽은 낮은 온도에서 굽는다.
② 구운 후 철판에서 꺼내지 않고 냉각시킨다.
③ 양이 적은 반죽은 높은 온도에서 굽는다.
④ 열이 식으면 압력을 가해 수평을 맞춘다.

해설
젤리, 롤 케이크를 구운 후 철판에서 꺼내지 않고 냉각을 시키면 완제품이 지나치게 수축을 하게 된다.

24 쿠키 포장지의 특성으로 적합하지 않은 것은?

① 내용물의 색, 향이 변하지 않아야 한다.
② 독성 물질이 생성되지 않아야 한다.
③ 통기성이 있어야 한다.
④ 방습성이 있어야 한다.

해설
통기성(공기가 통하는 성질)이 있는 포장지를 쓰면 쿠키의 향이 날아가고 수분이 증발된다. 또한 공기 중의 산소에 의한 산패가 생기고 노화가 촉진된다.

25 파이 제조에 대한 설명으로 틀린 것은?

① 아래 껍질을 윗 껍질보다 얇게 한다.
② 껍질 가장자리에 물칠을 한 뒤 윗 껍질을 얹는다.
③ 위, 아래의 껍질을 잘 붙인 뒤 남은 반죽을 잘라낸다.
④ 덧가루 뿌린 면포 위에서 반죽을 밀어 편 뒤 크기에 맞게 자른다.

해설
아래 껍질은 0.3㎝, 윗 껍질은 0.2㎝ 두께로 밀어 편다.

26 슈 껍질의 굽기 후 밑면이 좁고 공과 같은 형태를 가졌다면 그 원인은?

① 밑불이 윗불보다 강하고 팬에 기름칠이 적다.
② 반죽이 질고 글루텐이 형성된 반죽이다.
③ 온도가 낮고 팬에 기름칠이 적다.
④ 반죽이 되거나 윗불이 강하다.

해설
슈의 굽는 온도가 낮으면 슈가 팽창하지 않아 공처럼 되고 팬에 기름칠이 적으면 슈의 밑면이 옆으로 퍼지지 못해 밑면이 좁아진다.

27 비스킷을 제조할 때 유지보다 설탕을 많이 사용하면 어떤 결과가 일어나는가?

① 제품의 촉감이 단단해진다.
② 제품이 부드러워진다.
③ 제품의 퍼짐이 작아진다.
④ 제품의 색깔이 엷어진다.

해설
- 비스킷에 설탕을 많이 넣으면, 달고나처럼 제품의 촉감이 단단해진다.
- 유지를 많이 넣으면 제품의 촉감이 Short, 즉 바삭해진다.
- 달걀을 많이 넣으면 제품의 촉감이 부드러워진다.

28 도넛의 설탕이 수분을 흡수하여 녹는 현상을 방지하기 위한 방법으로 잘못된 것은?

① 도넛에 묻는 설탕의 양을 증가시킨다.
② 튀김시간을 증가시킨다.
③ 포장용 도넛의 수분을 38% 전후로 한다.
④ 냉각 중 환기를 더 많이 시키면서 충분히 냉각한다.

해설
- 도넛의 표면에 묻힌 설탕이 수분을 흡수하여 녹는 현상을 발한이라고 한다.
- 도넛의 수분함량을 21~25%로 한다.

29 냉과류에 속하는 무스 케이크의 무스(Mousse)의 원 뜻은?

① 생크림 ② 젤리
③ 거품 ④ 광택제

해설
- 무스란 프랑스어로 거품이란 뜻으로 커스타드 또는 초콜릿 과일 퓌레에 생크림, 머랭, 젤라틴 등을 넣고 굳혀 만든 제품이다.
- 냉과류에 속하는 제품류 : 바바루아, 무스, 푸딩, 블라망제

30 퐁당 아이싱이 끈적거리거나 포장지에 붙는 경향을 감소시키는 방법으로 옳지 않은 것은?

① 아이싱을 다소 뜨겁게(40℃)하여 사용한다.
② 아이싱에 최대의 액체를 사용한다.
③ 굳은 것은 설탕시럽을 첨가하거나 데워서 사용한다.
④ 젤라틴, 한천 등과 같은 안정제를 적절하게 사용한다.

해설
퐁당 아이싱의 끈적거림을 방지하기 위해서는 아이싱에 최소의 액체를 사용한다.

31 다음 중 아미노산을 구성하는 주된 원소가 아닌 것은?

① 탄소(C)
② 수소(H)
③ 질소(N)
④ 규소(Si)

해설
단백질의 최소 단위는 아미노산이고 아미노산을 구성하는 주된 원소에는 탄소(C), 수소(H), 산소(O), 질소(N), 황(S) 등이 있다.

32 데커레이션(Decoration) 케이크의 장식에 사용되는 분당의 성분은?

① 설탕
② 포도당
③ 과당
④ 전화당

해설
분당은 설탕을 마쇄(갈아 부수어)하여 만들고, 물엿은 전분을 가수분해하여 만든다.

정답 22 ③ 23 ② 24 ③ 25 ① 26 ③ 27 ① 28 ③ 29 ③ 30 ② 31 ④ 32 ①

33 버터를 구성하는 성분에는 소금, 수분, 우유지방, 무기질 등이 있다. 다음 중 버터수분함량으로 옳은 것은?

① 1~3% ② 80~85%
③ 14~17% ④ 40~45%

해설
※ 버터의 구성성분 함량
• 무기질 : 2% • 소금 : 1~3%
• 수분 : 14~17% • 우유지방 : 80~85%

34 밀가루의 등급은 무엇을 기준으로 하는가?

① 회분 ② 단백질
③ 지방 ④ 탄수화물

해설
• 밀가루의 제품 유형별 분류 기준은 단백질이다.
• 밀가루의 등급별 분류 기준은 회분이다.

35 케이크 제조에서 쇼트닝의 기본적인 3가지 기능에 해당하지 않는 것은?

① 팽창기능 ② 윤활기능
③ 유화기능 ④ 안정기능

해설
안정기능은 유통기간이 긴 건과자와 높은 온도에 노출되는 튀김물에 중요한 기능이다.

36 우유 성분 중 산에 의해 응고되는 물질은?

① 단백질 ② 유당
③ 유지방 ④ 회분

해설
카세인은 우유의 주된 단백질로서 열에는 응고하지 않으나 산과 효소 레닌에 의해 응유된다.

37 빈 컵의 무게가 120g이었고, 이 컵에 물을 가득 넣었더니 250g이 되었다. 물을 빼고 우유를 넣었더니 254g이 되었을 때 우유의 비중은 약 얼마인가?

① 1.03
② 1.07
③ 2.15
④ 3.05

해설

$$\text{비중} = \frac{(\text{우유의 무게} - \text{컵 무게})}{(\text{물의 무게} - \text{컵 무게})}$$

$$x = \frac{(254-120)}{(250-120)} = 1.03$$

38 밀가루 반죽의 탄성을 강하게 하는 재료가 아닌 것은?

① 비타민 C
② 레몬즙
③ 칼슘염
④ 식염

해설
밀가루 반죽에 탄성을 부여하는 글루테닌은 레몬즙의 묽은 산에 용해된다.

39 88%의 수분과 11.2%의 단백질(오브알부민, 콘알부민, 오보뮤코이드, 아비딘)로 이루어진 달걀 흰자의 기포성을 좋게 하는 재료는?

① 유지, 설탕 ② 주석산 크림, 소금
③ 레몬즙, 유지 ④ 주석산 크림, 설탕

해설
• 흰자의 기포성을 좋게 하는 재료에는 주석산 크림, 레몬즙, 식초, 과일즙 등의 산성재료와 소금 등이 있다.
• 흰자의 안정성을 좋게 하는 재료에 설탕, 산성재료 등이 있다.

40 계란 흰자가 360g 필요하다고 할 때 전란 60g짜리 계란은 몇 개 정도 필요한가?(단, 계란 중 난백의 함량은 60%)

① 6개 ② 8개
③ 10개 ④ 13개

해설
360g ÷ (60g × 0.6) = 10개

41 1g을 검화하는 데 소요되는 수산화칼륨(KOH)의 밀리그램(mg) 수를 무엇이라고 하는가?

① 검화가 ② 요오드가
③ 산가 ④ 염

해설
• 1g의 유지에 들어 있는 유리지방산을 중화하는 데 필요한 수산화칼륨의 밀리그램(mg) 수를 (%)로 표시한 것을 유리지방산가(혹은 산가)라고 한다.
• 유지 1g을 검화하는 데 소요되는 수산화칼륨의 밀리그램(mg) 수는 검화가라고 한다.

42 젤리 형성의 3요소가 아닌 것은?

① 당분 ② 유기산
③ 펙틴 ④ 염

해설
설탕 농도 50% 이상, pH 2.8~3.4의 산, 메톡실기 7% 이상의 펙틴이 존재해야 젤리를 형성한다.

43 초콜릿을 템퍼링한 효과에 대한 설명 중 틀린 것은?

① 안정한 결정이 많고 결정형이 일정하다.
② 광택이 좋고 내부 조직이 조밀하다.
③ 팻 블룸(Fat bloom)이 일어나지 않는다.
④ 입안에서의 용해성이 나쁘다.

해설
초콜릿의 템퍼링은 구용성(입안에서의 용해성)을 좋게 한다.

44 향신료(Spice & herb)에 대한 설명으로 틀린 것은?

① 향신료는 고대 이집트, 중동 등에서 방부제, 의약품의 목적으로 사용되던 것이 식품으로 이용된 것이다.
② 향신료는 주로 전분질 식품의 맛을 내는 데 사용된다.
③ 스파이스는 주로 열대지방에서 생산되는 향신료로 뿌리, 열매, 꽃, 나무껍질 등 다양한 부위가 이용된다.
④ 허브는 주로 온대지방의 향신료로 식물의 잎이나 줄기가 주로 이용된다.

해설
향신료는 주로 육류와 생선 요리에 많이 사용된다.

정답 33 ③ 34 ① 35 ④ 36 ① 37 ① 38 ② 39 ② 40 ③ 41 ① 42 ④ 43 ④ 44 ②

45 다음과 같은 조건에서 나타나는 현상과 그와 관련한 물질을 바르게 연결한 것은?

> 초콜릿의 보관방법이 적절치 않아 공기 중의 수분이 표면에 부착한 뒤 그 수분이 증발해버려 어떤 물질이 결정형태로 남아 흰색이 나타났다.

① 슈가블룸(Sugar Bloom) – 카카오 버터
② 슈가블룸(Sugar Bloom) – 설탕
③ 팻블룸(Fat Bloom) – 카카오 매스
④ 팻블룸(Fat Bloom) – 글리세린

해설
초콜릿의 템퍼링이 잘못되면 카카오버터에 의한 팻블룸이, 보관이 잘못되면 설탕에 의한 슈가블룸이 생긴다.

46 정상적인 건강유지를 위해 반드시 필요한 지방산으로 체내에서 합성되지 않아 식사로 공급해야 하는 것은?

① 고급지방산
② 포화지방산
③ 필수지방산
④ 불포화지방산

해설
필수지방산의 종류에는 리놀레산, 리놀렌산, 아라키돈산 등이 있다.

47 무기질의 기능이 아닌 것은?

① 세포의 삼투압 평형유지 작용을 한다.
② 효소의 기능을 촉진시킨다.
③ 우리 몸의 경조직 구성성분이다.
④ 열량을 내는 열량 급원이다.

해설
무기질은 구성 영양소, 조절 영양소이지 열량 영양소는 아니다.

48 유용한 장내세균의 발육을 도와 정장 작용을 하는 이당류는?

① 셀로비오스
② 유당
③ 맥아당
④ 설탕

해설
유당은 유산균에 의해서 발효되면 뷰티르산과 이산화탄소로 분해된다.

49 하루에 섭취하는 총에너지 중 식품이용을 위한 에너지 소모량은 평균 얼마인가?

① 10%
② 30%
③ 60%
④ 20%

해설
- 식품이용을 위한 에너지를 식품의 열생산효과(TEF)라고 한다. TEF는 기초대사와 활동대사에 필요한 에너지의 대략 10%에 달한다. 그러므로 하루의 총 에너지 필요량을 계산하려면 기초대사량과 활동대사량을 합한 다음에 이에 10%를 더해주어야 한다. 이를 특이동적 대사량이라고도 한다.
- 1일 총 에너지 소요량=1일 기초대사량+특이동적 대사량+활동대사량

50 단백질 식품을 섭취한 결과, 음식물 중의 질소량이 13g, 대변 중의 질소량이 0.7g, 소변 중의 질소량이 4g으로 나타났을 때 이 식품의 생물가(B.V)는 약 얼마인가?

① 25%
② 36%
③ 64%
④ 92%

해설
생물가(B.V)란 단백질의 체내 이용 정도를 평가하는 방법이다. 체내에 흡수된 질소량에 대한 체내에 보유된 질소량을 %로 나타낸다.

$$\text{생물가} = \frac{\text{체내에 보유된 질소량}}{\text{체내에 흡수된 질소량}} \times 100$$

$$x = \frac{13g-(0.7g+4g)}{13g} \times 100 = 63.8\%$$

51 식중독과 관련된 내용의 연결이 옳은 것은?

① 포도상구균 식중독 : 심한 고열을 수반
② 살모넬라 식중독 : 높은 치사율
③ 클로스트리디움 보툴리늄 식중독 : 독소형 식중독
④ 장염비브리오 식중독 : 주요 원인은 민물고기 생식

해설
- 포도상구균 식중독의 증상 : 구토, 복통, 설사
- 살모넬라 식중독의 증상 : 심한 고열을 수반
- 클로스트리디움 보툴리늄 식중독 : 높은 치사율, 독소형 식중독
- 장염 비브리오 식중독 : 바다고기 생식

52 팥앙금류, 잼, 케첩, 식육 가공품에 사용하는 보존료는?

① 소르빈산(소르브산)
② 데히드로초산
③ 프로피온산
④ 파라옥시 안식향산 부틸

해설
- 데히드로초산 : 치즈, 버터, 마가린
- 프로피온산 : 빵류, 과자류
- 파라옥시 안식향산 부틸 : 간장, 청량음료

53 미나마타병은 어떤 중금속에 오염된 어패류의 섭취 시 발생되는가?

① 수은
② 카드뮴
③ 납
④ 아연

해설
- 카드뮴(Cd) : 이타이이타이병
- 납(Pb) : 빈혈, 체중 감소, 사지마비
- 아연(Zn) : 복통, 구토, 경련

정답 45 ② 46 ③ 47 ④ 48 ② 49 ① 50 ③ 51 ③ 52 ① 53 ①

54 다음 감염병 중 잠복기가 가장 짧은 것은?

① 후천성 면역결핍증
② 광견병
③ 콜레라
④ 매독

해설
콜레라의 잠복기는 10시간에서 5일이다.

55 다음 중 미생물의 증식에 대한 설명으로 틀린 것은?

① 한 종류의 미생물이 많이 번식하면 다른 미생물의 번식이 억제될 수 있다.
② 수분함량이 낮은 저장곡류에서도 미생물은 증식할 수 있다.
③ 냉장온도에서는 유해 미생물이 전혀 증식할 수 없다.
④ 70℃에서도 생육이 가능한 미생물이 있다.

해설
우유는 냉장고에서 보관해도 시간이 경과하면 상한다.

56 밀가루의 표백과 숙성을 위하여 사용하는 첨가물은?

① 개량제
② 유화제
③ 점착제
④ 팽창제

해설
밀가루 개량제에는 과황산암모늄, 브롬산칼륨, 과산화벤조일, 염소, 이산화염소 등이 있다.

57 식품의 부패를 판정하는 화학적 방법은?

① 관능시험
② 생균수 측정
③ 온도 측정
④ TMA 측정

해설
TMA 측정은 어패류의 선도 판정법 중 휘발성 염기 질소량을 측정하여 선도를 판정하는 화학적 방법이다.

58 알레르기성 식중독의 원인이 될 수 있는 가능성이 가장 높은 식품은?

① 오징어
② 꽁치
③ 갈치
④ 광어

해설
알레르기성 식중독은 꽁치, 전갱이, 청어 등의 어류를 먹은 후 두드러기와 같은 발진이 나타나는 것을 말한다.

59 노로바이러스 식중독에 대한 설명으로 틀린 것은?

① 완치되면 바이러스를 방출하지 않으므로 임상증상이 나타나지 않으면 바로 일상생활로 복귀한다.
② 주요증상은 설사, 복통, 구토 등이다.
③ 양성환자의 분변으로 오염된 물로 씻은 채소류에 의해 발생할 수 있다.
④ 바이러스는 물리·화학적으로 안정하여 일반 환경에서 생존이 가능하다.

해설
- 바이러스는 인공적인 배지에서는 배양할 수 없지만 살아있는 세포에서는 선택적으로 기생하여 증식한다. 그러나 바이러스는 물리·화학적으로 안정하여 일반환경에서 증식은 하지 못하나 생존이 가능하다.
- 노로바이러스 식중독은 완치되어도 바이러스를 방출한다.

60 결핵균의 병원체를 보유하는 주된 동물은?

① 쥐
② 소
③ 말
④ 돼지

해설
양, 소가 결핵균의 병원체를 보유하고 있다.

정답 54 ③ 55 ③ 56 ① 57 ④ 58 ② 59 ① 60 ②

제4회 제과기능사 실전모의고사

01 제품의 팽창형태가 화학적 팽창에 해당하지 않는 것은?

① 와플 ② 팬 케이크
③ 비스킷 ④ 잉글리시 머핀

해설
잉글리시 머핀의 팽창형태는 이스트를 사용하는 생물학적 팽창방법을 사용한다.

02 제과 · 제빵 시 당의 기능과 가장 거리가 먼 것은?

① 구조 형성 ② 색 형성
③ 수분 보유 ④ 단맛 부여

해설
당은 단백질의 결합을 방해하여 제품의 식감을 부드럽게 하는 연화작용을 한다.

03 다음 제품 중 일반적으로 유지를 사용하지 않는 제품은?

① 마블 케이크 ② 파운드 케이크
③ 코코아 케이크 ④ 엔젤 푸드 케이크

해설
거품형 반죽으로 만드는 제품은 유지를 넣지 않는다.

04 다음 재료들을 동일한 크기의 그릇에 측정하여 중량이 가장 높은 것은?

① 우유 ② 분유
③ 쇼트닝 ④ 분당

해설
4가지 재료 중에서 물을 기준으로 측정하는 비중값이 가장 큰 것이 우유이므로 중량이 가장 높다.

05 실내 온도 25℃, 밀가루 온도 25℃, 설탕 온도 20℃, 유지 온도 22℃, 계란 온도 20℃, 마찰계수가 12일 때 희망온도를 22℃로 맞추려 한다. 사용할 물 온도는?

① 7℃ ② 8℃
③ 9℃ ④ 15℃

해설
사용할 물 온도=(희망온도×6)−(밀가루 온도+설탕 온도+유지 온도+실내 온도+계란 온도+마찰계수)
(22×6)−(25+20+22+25+20+12)=8℃

06 케이크 제조 시 비중의 효과를 잘못 설명한 것은?

① 비중이 낮은 반죽은 기공이 크고 거칠다.
② 비중이 낮은 반죽은 냉각 시 주저앉는다.
③ 비중이 높은 반죽은 부피가 커진다.
④ 제품별로 비중을 다르게 하여야 한다.

해설
반죽 속에 혼입된 공기의 양을 실질적 수치로 나타낸 비중이 높은 반죽은 공기 함유량이 적어 부피가 작다.

07 같은 용적의 팬에 같은 무게의 반죽을 패닝하였을 경우 부피가 가장 작은 제품은?

① 시폰 케이크
② 레이어 케이크
③ 파운드 케이크
④ 스펀지 케이크

해설
파운드 케이크가 비용적이 2.4㎤/g으로 가장 작으므로 부피가 가장 작은 제품이 된다.

08 다음 중 고온에서 빨리 구워야 하는 제품은?

① 파운드 케이크
② 고율배합 제품
③ 저율배합 제품
④ 패닝량이 많은 제품

해설
- 고율배합 반죽, 다량 반죽일수록 낮은 온도에서 오래 구워야 한다.
- 저율배합 반죽, 소량 반죽일수록 높은 온도에서 짧게 구워야 한다.
- 파운드 케이크는 고율배합 반죽이다.

09 튀김기름의 산패를 일으키는 원인 요소와 가장 거리가 먼 것은?

① 산소 ② 금속
③ 열 ④ 수소

해설
수소는 유지를 경화(단단하게)시킬 때 사용된다.

10 찜(수증기)을 이용하여 만들어진 제품이 아닌 것은?

① 소프트 롤 ② 찜 케이크
③ 중화 만두 ④ 호빵

해설
- 찜은 수증기가 갖고 있는 잠열(1g당 539㎉)을 이용하여 식품을 가열하는 조리법이다.
- 소프트 롤은 구워서 만드는 제품이다.

11 파운드 케이크를 구울 때 윗면이 자연적으로 터지는 경우가 아닌 것은?

① 반죽 내의 수분이 불충분한 경우
② 반죽 내에 녹지 않은 설탕입자가 많은 경우
③ 팬에 분할한 후 오븐에 넣을 때까지 장시간 방치하여 껍질이 마른 경우
④ 오븐 온도가 낮아 껍질이 서서히 마를 경우

해설
구울 때 오븐의 온도가 높아 파운드 케이크의 윗면 껍질이 빨리 형성되면 윗면이 자연적으로 터진다.

정답 01 ④ 02 ① 03 ④ 04 ① 05 ② 06 ③ 07 ③ 08 ③ 09 ④ 10 ① 11 ④

12 초콜릿 케이크에서 우유 사용량을 구하는 공식은?

① 설탕+30-(코코아×1.5)+전란
② 설탕-30-(코코아×1.5)-전란
③ 설탕+30+(코코아×1.5)-전란
④ 설탕-30+(코코아×1.5)+전란

해설
- 우유+계란(전란)=설탕+30+(코코아×1.5)
- 우유=설탕+30+(코코아×1.5)-계란(전란)
- 물=우유×0.9
- 분유=우유×0.1

위와 같은 순서로 이해하면서 암기하면 된다. 우유와 계란은 수분공급과 구성재료의 역할을 하고 설탕, 코코아는 고형분과 연화재료의 역할을 한다.

13 구워낸 케이크 제품이 너무 딱딱한 경우 그 원인으로 틀린 것은?

① 배합비에서 설탕의 비율이 높을 때
② 밀가루의 단백질 함량이 너무 많을 때
③ 높은 오븐 온도에서 구웠을 때
④ 장시간 굽기 했을 때

해설
배합비에서 설탕의 비율이 높아지면 반죽의 글루텐을 연화시켜 제품의 질감을 부드럽게 한다.

14 스펀지 케이크를 제조하기 위한 필수적인 재료들만으로 짝지어진 것은?

① 전분, 유지, 물엿, 계란
② 설탕, 계란, 소맥분, 소금
③ 소맥분, 면실유, 전분, 물
④ 계란, 유지, 설탕, 우유

해설
스펀지 케이크의 기본 재료와 기본 배합률은 다음과 같다.
소맥분(밀가루) : 100%, 계란 : 166%, 설탕 : 166%, 소금 : 2%

15 충전물 또는 젤리가 롤 케이크에 축축하게 스며드는 것을 막기 위해 조치해야 할 사항으로 틀린 것은?

① 굽기 조정
② 물 사용량 감소
③ 반죽시간 증가
④ 밀가루 사용량 감소

해설
밀가루 사용량을 증가시켜서 구조력을 증가시켜야 충전물 또는 젤리가 롤 케이크에 축축하게 스며드는 것을 막을 수 있다.

16 엔젤 푸드 케이크 제조 시 팬에 사용하는 이형제로 가장 적합한 것은?

① 쇼트닝 ② 밀가루
③ 라드 ④ 물

해설
이형제란 반죽을 구울 때 팬에 제품을 달라붙지 않게 하여 제품의 모양을 그대로 유지하기 위하여 사용하는 재료를 가리킨다.

17 퍼프 페이스트리 제조 시 휴지의 목적이 아닌 것은?

① 밀가루가 수화를 완전히 하여 글루텐을 안정시킨다.
② 밀어 펴기를 쉽게 한다.
③ 저온처리를 하여 향이 좋아진다.
④ 반죽과 유지의 되기를 같게 한다.

해설
휴지를 하면 생밀가루의 냄새는 줄일 수 있으나 향을 증진시키지 못한다.

18 파이 껍질이 질기고 단단한 원인이 아닌 것은?

① 강력분을 사용하였다. ② 반죽시간이 길었다.
③ 밀어 펴기를 덜하였다. ④ 자투리 반죽을 많이 썼다.

해설
- 밀어 펴기를 덜하면 반죽의 발전이 덜되어 반죽의 경화(단단하게)가 일어나지 않으므로 파이의 껍질이 질기거나 단단하지 않는다.
- 파이 껍질 제조 시 ①, ②, ④의 원인으로 반죽이 발전되면 반죽의 형태를 만드는 글루텐이 탄력을 갖게 되어 파이 껍질이 질기고 단단해진다.

19 당분이 있는 슈껍질을 구울 때의 현상이 아닌 것은?

① 껍질의 팽창이 좋아진다.
② 상부가 둥글게 된다.
③ 내부에 구멍형성이 좋지 않다.
④ 표면에 균열이 생기지 않는다.

해설
당분은 설탕을 의미하며 슈 반죽에 설탕이 들어가면 단백질의 구조가 약화되어 껍질의 팽창이 나빠진다.

20 다음 중 쿠키의 퍼짐이 작아지는 원인이 아닌 것은?

① 반죽에 아주 미세한 입자의 설탕을 사용한다.
② 믹싱을 많이 하여 글루텐이 많아졌다.
③ 오븐 온도를 낮게 하여 굽는다.
④ 반죽의 유지함량이 적고 산성이다.

해설
오븐 온도가 낮으면 쿠키의 퍼짐이 심해진다.

21 케이크 도넛 제품에서 반죽온도의 영향으로 나타나는 현상이 아닌 것은?

① 팽창과잉이 일어난다.
② 모양이 일정하지 않다.
③ 흡유량이 많다.
④ 표면이 꺼칠하다.

해설
모양이 일정하지 않은 형태 불균일의 원인은 반죽에 수분이 많거나 적기 때문이다.

22 젤리를 만드는 데 사용되는 재료가 아닌 것은?

① 젤라틴 ② 한천
③ 레시틴 ④ 알긴산

해설
레시틴은 천연 유화제이지 안정제가 아니다.

정답 12 ③ 13 ① 14 ② 15 ④ 16 ④ 17 ③ 18 ③ 19 ① 20 ③ 21 ② 22 ③

23 도넛 글레이즈가 끈적이는 원인과 대응방안으로 틀린 것은?

① 유지 성분과 수분의 유화 평형 불안정 – 원재료 중 유화제 함량을 높임
② 온도, 습도가 높은 환경 – 냉장 진열장 사용 또는 통풍이 잘 되는 장소 선택
③ 안정제, 농후화제 부족 – 글레이즈 제조 시 첨가된 검류의 함량을 높임
④ 도넛 제조 시 지친 반죽, 2차 발효가 지나친 반죽 사용 – 표준 제조 공정 준수

해설
도넛 글레이즈는 일반적으로 젤라틴, 젤리, 시럽, 퐁당, 초콜릿 등으로 만들므로 유화제를 사용하지 않는다.

24 생크림 보존온도로 가장 적합한 것은?

① −18℃ 이하　② −5~−1℃
③ 0~10℃　④ 15~18℃

해설
생크림을 오래 보관하고자 하면 −18℃ 이하에 넣어두고, 바로 사용 가능한 상태로 보관하고자 하면 0~10℃에 넣어둔다.

25 냉각 손실에 대한 설명 중 틀린 것은?

① 식히는 동안 수분 증발로 무게가 감소한다.
② 여름철보다 겨울철이 냉각손실이 크다.
③ 상대습도가 높으면 냉각손실이 작다.
④ 냉각손실은 5% 정도가 적당하다.

해설
냉각손실은 2% 정도가 적당하다.

26 포장에 대한 설명 중 틀린 것은?

① 포장은 제품의 노화를 지연시킨다.
② 뜨거울 때 포장하여 냉각손실을 줄인다.
③ 미생물에 오염되지 않은 환경에서 포장한다.
④ 온도, 충격 등에 대한 품질 변화에 주의한다.

해설
뜨거울 때 포장하면 포장지에 습기가 서려 미생물이 번식하기 쉬워진다.

27 포장된 케이크류에서 변패의 가장 중요한 원인은?

① 흡습　② 고온
③ 저장기간　④ 작업자

해설
적절하지 못한 제품의 냉각으로 인하여 포장된 케이크류에 일어나는 흡습현상이 변패의 가장 중요한 원인이다.

28 공장 설비 중 제품의 생산능력은 어떤 설비가 가장 중요한 기준이 되는가?

① 오븐　② 발효기
③ 믹서　④ 작업테이블

해설
- 오븐의 제품 생산능력을 고려하지 않고 믹서와 발효실에서 많은 반죽량을 만들면 반죽이 지치게 된다.
- 오븐의 제품 생산능력은 오븐 내 매입 평철판 수로 계산한다.

29 일반적인 제과작업장의 시설 설명으로 잘못된 것은?

① 조명은 50lux 이하가 좋다.
② 방충 · 방서용 금속망은 30메시(mesh)가 적당하다.
③ 벽면은 매끄럽고 청소하기 편리하여야 한다.
④ 창의 면적은 바닥면적을 기준하여 30% 정도가 좋다.

해설
조명은 작업내용에 따라 다르지만 50lux 이상이 좋다.

30 다음 중 총원가에 포함되지 않는 것은?

① 제조설비의 감가상각비
② 매출원가
③ 직원의 급료
④ 판매이익

해설
- 총원가 = 직접 재료비 + 직접 노무비 + 직접 경비 + 제조 간접비 + 판매비 + 일반관리비
- 제조 간접비(제조설비의 감가상각비), 판매비(매출원가), 직접 노무비(직원의 급료)

31 열량영양소이며, 구성영양소인 단백질을 구성하는 원소들 중 단백질을 특징짓는 원소는?

① 탄소(C)
② 질소(N)
③ 규소(Si)
④ 수소(H)

해설
단백질을 구성하는 주된 원소에는 탄소(C), 수소(H), 질소(N), 산소(H), 황(S) 등이 있다.

32 전분의 호화 현상에 대한 설명으로 틀린 것은?

① 전분의 종류에 따라 호화 특성이 달라진다.
② 전분 현탁액에 적당량의 수산화나트륨(NaOH)을 가하면 가열하지 않아도 호화될 수 있다.
③ 수분이 적을수록 호화가 촉진된다.
④ 알칼리성일 때 호화가 촉진된다.

해설
수분이 많을수록 호화가 촉진된다.

33 다음 중 신선한 달걀의 특징은?

① 난각 표면에 광택이 없고 선명하다.
② 난각 표면에 기름기가 있다.
③ 난각 표면이 매끈하다.
④ 난각에 광택이 있다.

해설
난각(계란 껍질) 표면에 광택이 없고 선명하다(까슬까슬하다).

정답 23 ① 24 ③ 25 ④ 26 ② 27 ① 28 ① 29 ① 30 ④ 31 ② 32 ③ 33 ①

34 밀가루의 단백질 함량이 증가하면 패리노그래프 흡수율은 증가하는 경향을 보인다. 밀가루의 등급이 낮을수록 패리노그래프에 나타나는 현상은?

① 흡수율은 증가하나 반죽시간과 안정도는 감소한다.
② 흡수율은 감소하고 반죽시간과 안정도도 감소한다.
③ 흡수율은 증가하나 반죽시간과 안정도는 변화가 없다.
④ 흡수율은 감소하나 반죽시간과 안정도는 변화가 없다.

해설
밀가루의 등급이 낮을수록 질이 낮은 단백질의 함유량이 많은 껍질 부위가 많아지므로 흡수율은 증가하나 반죽시간과 안정도는 감소한다.

35 물 100%에 설탕 25g을 녹이면 당도는?

① 20% ② 30%
③ 40% ④ 50%

해설
• 당도 = $\frac{용질}{용매+용질} \times 100$
• $\frac{25}{100+25} \times 100 = 20\%$

36 밀가루의 일반적인 자연숙성 기간은?

① 1~2주 ② 2~3개월
③ 4~5개월 ④ 5~6개월

해설
자연숙성한 밀가루는 온도 20℃, 습도 60%에서 약 2~3개월 저장 중 제분한 밀가루가 산화작용을 받아 그 성질이 개선된 것이다.

37 식품향료에 대한 설명 중 틀린 것은?

① 천연향료는 자연에서 채취한 후 추출, 정제, 농축, 분리과정을 거쳐 얻는다.
② 합성향료는 석유 및 석탄류에 포함되어 있는 방향성 유기물질로부터 합성하여 만든다.
③ 조합향료는 천연향료와 합성향료를 조합하여 양자 간의 문제점을 보완한 것이다.
④ 식품에 사용하는 향료는 첨가물이지만 품질, 규격 및 사용법을 준수하지 않아도 된다.

해설
식품에 사용하는 향료는 식품 첨가물이므로 품질, 규격 및 사용법을 준수하여야 한다.

38 유지에 알칼리를 가할 때 일어나는 반응은?

① 가수분해 ② 비누화
③ 에스테르화 ④ 산화

해설
동물성 유지에 가성소다(양잿물, 알칼리성 물질)를 넣을 때 비누화 반응이 일어난다.

39 압착효모(생이스트)의 일반적인 고형분 함량은?

① 10% ② 30%
③ 50% ④ 60%

해설
압착효모(생이스트)는 고형분 30~25%와 70~75%의 수분을 함유하고 있다.

40 다음의 초콜릿 성분이 설명하는 것은?

• 글리세린 1개에 지방산 3개가 결합한 구조이다.
• 실온에서는 단단한 상태이지만, 입안에 넣는 순간 녹게 만든다.
• 고체로부터 액체로 변하는 온도 범위(가소성)가 겨우 2~3℃로 매우 좁다.

① 카카오 버터
② 카카오 기름
③ 카카오 매스
④ 코코아 파우더

해설
카카오 버터는 초콜릿의 풍미, 구용성, 감촉, 맛 등을 결정하는 중요한 구성 성분이다.

41 분유의 종류에 대한 설명으로 틀린 것은?

① 혼합분유 : 연유에 유청을 가하여 분말화한 것
② 전지분유 : 원유에서 수분을 제거하여 분말화한 것
③ 탈지분유 : 탈지유에서 수분을 제거하여 분말화한 것
④ 가당분유 : 원유에 당류를 가하여 분말화한 것

해설
혼합분유는 전지분유나 탈지분유에 곡분, 곡류, 가공품, 코코아 가공품, 유청분말 등의 식품이나 식품 첨가물을 섞어 가공 · 분말화한 것이다.

42 밀가루를 체로 쳐서 사용하는 이유와 가장 거리가 먼 것은?

① 불순물 제거 ② 공기의 혼입
③ 재료 분산 ④ 표피색 개선

해설
표피색 개선은 배합비, 발효, 굽기로 조절한다.

43 과일의 껍질에 존재하고, 당(60~65%)과 산(pH 3.2)에 의해서 젤, 잼을 형성하며 젤화제, 증점제, 안정제, 유화제 등으로 사용되는 것은?

① 한천 ② 펙틴
③ 젤라틴 ④ 씨엠씨(C.M.C)

해설
메톡실기 7% 이상의 펙틴은 당과 산이 있으면 젤리나 잼을 형성하며 젤화제, 증점제, 안정제, 유화제 등으로 사용된다.

44 어떤 음식 100g 중에서 켈달(Kjeldahl)법으로 질소를 정량하니 질소 함량이 4g이라면 그 음식에는 몇 g의 단백질이 함유된 것인가?(단, 단백질 1g에는 16%의 질소가 함유되어 있다)

① 64g
② 50g
③ 35g
④ 25g

해설
• 단백질 양=질소의 양×질소계수, 4×(100÷16)=25g
• 질소계수=밀가루의 질소계수 5.7, 밀가루 이외의 질소계수 6.25

정답 34 ① 35 ① 36 ② 37 ④ 38 ② 39 ② 40 ① 41 ① 42 ④ 43 ② 44 ④

45 **분당(Sugar Powder)은 저장 중 응고되기 쉬운데, 이를 방지하기 위하여 어떤 재료를 첨가하는가?**

① 설탕　② 소금
③ 전분　④ 글리세린

해설
분당의 응고를 방지하기 위하여 3%의 옥수수 전분을 혼합한다.

46 **아래의 쌀과 콩에 대한 설명 중 ( )에 알맞은 것은?**

> 쌀에는 라이신(Lysine)이 부족하고 콩에는 메티오닌(Methionine)이 부족하다. 이것을 쌀과 콩단백질의 (　　　　)이라 한다.

① 제한아미노산
② 필수아미노산
③ 불필수아미노산
④ 아미노산 불균형

해설
제한아미노산이란 식품에 함유되어 있는 필수아미노산 중 이상형보다 적은 아미노산을 말한다.

47 **당질을 소화시키는 데 관계되는 효소는?**

① 아밀라아제(Amylase)
② 레닌(Rennin)
③ 리파아제(Lipase)
④ 펩신(Pepsin)

해설
- 레닌 : 우유 단백질 카세인 응고
- 리파아제 : 지질 분해효소
- 펩신 : 단백질 분해효소

48 **제과, 제빵 시 사용되는 버터에 포함된 지방의 기능이 아닌 것은?**

① 에너지의 급원식품이다.
② 체온유지에 관여한다.
③ 항체를 생성하고 효소를 만든다.
④ 음식에 맛과 향미를 준다.

해설
항체를 생성하고 효소를 만드는 것은 단백질의 기능이다.

49 **체내에서 사용한 단백질은 주로 어떤 경로를 통해 배설되는가?**

① 호흡　② 소변
③ 대변　④ 피부

해설
단백질의 최종분해산물인 요소와 요산, 그 밖의 질소 화합물들은 소변으로 배설된다.

50 **니아신(Niacin)의 결핍증은?**

① 야맹증　② 신장병
③ 펠라그라　④ 괴혈병

해설
펠라그라는 체조직 내의 니아신이나 그 전구체인 트립토판이 결핍되어 여러 기관에 병변을 나타내는 영양장애에 의한 질환으로 피부염, 설사, 치매를 일으키며, 치료하지 않으면 사망에 이를 수 있다.

51 **어떤 첨가물의 LD_{50}의 값이 작을 때의 의미로 옳은 것은?**

① 독성이 많다.
② 독성이 적다.
③ 저장성이 나쁘다.
④ 저장성이 좋다.

해설
- LD_{50}은 통상 포유동물의 독성을 측정하는 것으로 LD 값과 독성은 반비례한다.
- LD_{50}(Lethal Dose 50%) : 약물 독성 치사량 단위이다.

52 **식품위생 검사의 종류로 틀린 것은?**

① 화학적 검사　② 관능 검사
③ 혈청학적 검사　④ 물리학적 검사

해설
혈청학적 검사란 세균이나 이물질에 대해 저항하는 항체를 검사하고 항체에 반응하는 항원을 검사하기 위함이다.

53 **인수공통감염병의 예방조치로 바람직하지 않은 것은?**

① 우유의 멸균처리를 철저히 한다.
② 이환된 동물의 고기는 익혀서 먹는다.
③ 가축의 예방접종을 한다.
④ 외국으로부터 유입되는 가축은 항구나 공항 등에서 검역을 철저히 한다.

해설
이환된(병에 걸린) 동물의 고기는 익혀서 먹는 것도 안 된다.

54 **테트로도톡신(Tetrodotoxin)은 어떤 식중독의 원인 물질인가?**

① 조개 식중독　② 버섯 식중독
③ 복어 식중독　④ 감자 식중독

해설
- 섭조개 : 삭시톡신
- 버섯 : 무스카린
- 감자 : 솔라닌

55 **산양, 양, 돼지, 소에게 감염되면 유산을 일으키고, 인체 감염 시 고열이 주기적으로 일어나는 인수공통감염병은?**

① 광우병　② 공수병
③ 파상열　④ 신증후군출혈열

해설
'주기적으로 일어나는'을 한자어로 '파상열'이라고 한다. 또는 파상열을 '브루셀라증'이라고도 한다.

56 **식품의 관능을 만족시키기 위해 첨가하는 물질은?**

① 강화제
② 보존제
③ 발색제
④ 이형제

해설
시각, 미각, 청각, 촉각, 후각 등을 관능이라고 하며, 식품 중에 존재하는 유색물질과 결합하여 그 색을 안정화시키거나 선명하게 하는 발색제는 식품의 시각이라는 관능을 만족시키기 위해 첨가하는 물질이다.

정답 45 ③　46 ①　47 ①　48 ③　49 ②　50 ③　51 ①　52 ③　53 ②　54 ③　55 ③　56 ③

57 **경구감염병에 속하지 않는 것은?**

① 장티푸스 ② 말라리아
③ 세균성이질 ④ 콜레라

해설
말라리아는 경피감염병을 일으킨다.

58 **다음 중 곰팡이독과 관계가 없는 것은?**

① 파툴린(Patulin)
② 아플라톡신(Aflatoxin)
③ 시트리닌(Citrinin)
④ 고시폴(Gossypol)

해설
고시폴은 목화씨에서 짠 기름의 정제가 불순한 면실유에 있는 식물성 자연독이다.

59 **대장균의 일반적인 특성에 대한 설명으로 옳은 것은?**

① 분변오염의 지표가 된다.
② 경피감염병을 일으킨다.
③ 독소형 식중독을 일으킨다.
④ 발효식품 제조에 유용한 세균이다.

해설
- 세균성 감염형 식중독을 일으키는 병원성 대장균은 유당을 발효시키기는 하나 발효식품 제조에 유용한 세균은 아니다.
- 대장균은 분변오염의 지표가 된다.

60 **다음 중 감염형 식중독을 일으키는 것은?**

① 보툴리누스균 ② 살모넬라균
③ 포도상구균 ④ 고초균

해설
감염형 식중독의 종류에는 살모넬라균, 장염비브리오균, 병원성 대장균 식중독 등이 있다.

정답 57 ② 58 ④ 59 ① 60 ②

제5회 제과기능사 실전모의고사

01 다음 당류 중 감미도가 가장 낮은 것은?

① 유당(Lactose) ② 전화당(Invert Sugar)
③ 맥아당(Maltose) ④ 포도당(Glucose)

해설
전화당(130) > 포도당(75) > 맥아당(32) > 유당(16)

02 맥아에 함유되어 있는 아밀라아제를 이용하여 전분을 당화시켜 엿을 만든다. 이때 엿에 주로 함유되어 있는 당류는?

① 포도당(Glucose, 글루코오스)
② 유당(Lactose, 락토오스)
③ 과당(Fructose, 프락토오스)
④ 맥아당(Maltose, 말토오스)

해설
엿에는 엿당이라고 불리는 맥아당이 많이 함유되어 있다.

03 열량영양소이며, 구성영양소인 단백질을 구성하는 원소들 중 단백질을 특징짓는 원소는?

① 탄소(C) ② 질소(N)
③ 규소(Si) ④ 수소(H)

해설
단백질을 구성하는 주된 원소에는 탄소(C), 수소(H), 질소(N), 산소(H), 황(S) 등이 있다. 이 원소들 중 단백질을 특징짓는 원소는 질소(N)이다.

04 빵 발효에 관련되는 효소로서 포도당을 분해하는 효소는?

① 아밀라아제(Amylase) ② 말타아제(Maltase)
③ 찌마아제(Zymase) ④ 리파아제(Lipase)

해설
아밀라아제는 전분을, 말타아제는 맥아당을, 찌마아제는 포도당을, 리파아제는 지방을 가수분해한다.

05 밀가루 50g에서 젖은 글루텐 18g을 얻었다. 이 밀가루의 조단백질 함량은?

① 6% ② 12%
③ 18% ④ 24%

해설
- 젖은 글루텐=(젖은 글루텐 반죽의 중량÷밀가루 중량)×100=(18÷50)×100=36%
- 건조 글루텐(조단백질)=젖은 글루텐(%)÷3=36%÷3=12%
- 조단백질이란 대강의 단백질이라는 뜻이다.

06 껍질을 포함하여 60g인 달걀 1개의 가식 부분은 몇 g 정도인가?

① 35g ② 42g
③ 49g ④ 54g

해설
- 달걀을 구성하는 성분 중 90%가 가식부분(먹을 수 있는 부분)이다.
- 60g×0.9=54g

07 식염이 반죽의 물성 및 발효에 미치는 영향에 대한 설명으로 틀린 것은?

① 흡수율이 감소한다.
② 반죽시간이 길어진다.
③ 껍질색상을 더 진하게 한다.
④ 프로테아제의 활성을 증가시킨다.

해설
효소 프로테아제는 온도, pH, 수분의 영향은 받으나 소금의 영향을 받지 않는다.

08 감미만을 고려할 때 설탕 100g을 포도당으로 대치한다면 약 얼마를 사용하는 것이 좋은가?

① 75g ② 100g
③ 130g ④ 170g

해설
100g(설탕의 중량)×100(설탕의 감미도)÷75(포도당의 감미도)=133g(포도당의 중량). 포도당의 종류에 따라 감미도에 편차가 있으므로 정답은 130g이다.

09 버터는 쇼트닝으로 대치하려 할 때 고려해야 할 재료와 거리가 먼 것은?

① 유지 고형질 ② 수분
③ 소금 ④ 유당

해설
버터의 구성성분 비율은 우유지방(유지 고형질) : 80~85%, 수분 : 14~17%, 소금 : 1~3% 등이 함유되어 있으나, 유당은 극히 소량 함유되어 있어 고려 대상이 되지 않는다.

10 다음 중 유지의 산패와 거리가 먼 것은?

① 온도 ② 수분
③ 공기 ④ 비타민 E

해설
비타민 E는 유지의 산패를 억제하는 항산화제(산화방지제)이다.

11 비중이 1.04인 우유에 비중이 1.00인 물을 1:1 부피로 혼합하였을 때 물을 섞은 우유의 비중은?

① 2.04 ② 1.02
③ 1.04 ④ 0.04

해설
비중이 다른 용액을 같은 부피로 혼합했을 때 혼합물의 비중은 평균값을 나타낸다. 즉, (1.04+1.00)÷2=1.02이다.

12 소다 1.5%를 사용하는 배합 비율에서 팽창제를 베이킹파우더로 대체하고자 할 때 사용량은?

① 4% ② 4.5%
③ 5% ④ 5.5%

해설
소다는 베이킹파우더보다 3배의 팽창력을 갖고 있다. 즉, 1.5%×3배=4.5%이다.

정답 01 ① 02 ④ 03 ② 04 ③ 05 ② 06 ④ 07 ④ 08 ③ 09 ④ 10 ④ 11 ② 12 ②

13 잎을 건조시켜 만든 향신료는?

① 계피 ② 넛메그
③ 메이스 ④ 오레가노

해설
- 계피 : 껍질
- 넛메그, 메이스 : 열매
- 오레가노 : 잎(피자 만들 때 사용)

14 비터 초콜릿(Bitter chocolate) 32% 중에는 코코아가 약 얼마 정도 함유되어 있는가?

① 8% ② 16%
③ 20% ④ 24%

해설
- 비터 초콜릿의 62.5%(5/8)가 코코아이다.
- 32%×0.625(5/8)=20%

15 글리코겐(Glycogen)이 주로 합성되는 곳은?

① 간, 신장 ② 소화관, 근육
③ 간, 혈액 ④ 간, 근육

해설
글리코겐은 동물의 에너지원으로 이용되는 동물성 전분으로 간이나 근육에서 합성 · 저장되어 있다.

16 글리세롤 1분자에 지방산, 인산, 콜린이 결합한 지질은?

① 레시틴 ② 에르고스테롤
③ 콜레스테롤 ④ 세파

해설
레시틴은 달걀 노른자에 함유되어 있으며, 인지질로 복합지질에 분류된다. 식품첨가물로써 유화제로 사용한다.

17 체내에서 단백질의 역할과 가장 거리가 먼 것은?

① 항체형성 ② 체조직의 구성
③ 대사작용의 조절 ④ 체성분의 중성 유지

해설
※ 단백질의 기능
- 효소, 호르몬, 항체 등을 구성한다.
- 근육, 피부, 머리카락 등 체조직을 구성한다.
- 체내에서 에너지 공급이 부족하면 에너지 공급을 한다(1g당 4kcal 방출). 항체를 형성한다.
- 체내 수분함량 조절, 조직 내 삼투압 조정, 체내에서 생성된 산성물질 · 염기성 물질을 중화하여 pH(수소이온농도)의 급격한 변동을 막는 완충작용을 한다. 즉, 체성분을 중성으로 유지한다.

※ 대사작용을 조절하는 조절영양소에는 무기질, 물, 비타민 등이 있다.

18 다음 무기질의 작용을 나타낸 말이 아닌 것은?

① 인체의 구성 성분 ② 체액의 삼투압 조절
③ 혈액응고 작용 ④ 에너지를 낸다.

해설
※ 무기질의 기능
- 골격 및 치아 구성
- 근육, 신경조직 구성
- 티록신 구성, 인슐린 합성
- 삼투압 조절
- 조혈작용, 혈액응고작용. 즉, 무기질은 구성 조절영양소이다.

19 비타민의 특성 또는 기능인 것은?

① 많은 양이 필요하다.
② 인체 내에서 조절물질로 사용된다.
③ 에너지로 사용된다.
④ 일반적으로 인체 내에서 합성된다.

해설
※ 비타민의 특성과 기능
- 체내에 극히 미량 함유되어 있다.
- 3대 영양소의 대사에 조효소 역할을 한다.
- 체내에서 합성되지 않는다.
- 부족하면 영양장애가 일어난다.
- 신체기능을 조절한다.

20 빵 · 과자 속에 함유되어 있는 지방이 리파아제에 의해 소화되면 무엇으로 분해되는가?

① 동물성 지방 + 식물성 지방 ② 글리세롤 + 지방산
③ 포도당 + 과당 ④ 트립토판 + 리신

해설
지방을 효소 리파아제로 가수분해하면 1분자의 글리세롤(글리세린)과 3분자의 지방산으로 분해된다.

21 퍼프 페이스트리의 팽창은 주로 무엇에 기인하는가?

① 공기 팽창 ② 화학 팽창
③ 증기압 팽창 ④ 이스트 팽창

해설
퍼프 페이스트리에서 퍼프의 뜻은 유지 속에 함유된 수분이 형성하는 '한 모금의 증기압'이다. 그러므로 팽창유형은 증기압 팽창이다.

22 제과 · 제빵에서 설탕의 주요 기능이 아닌 것은?

① 감미제의 역할을 한다.
② 껍질색을 좋게 한다.
③ 수분보유제로 노화를 지연시킨다.
④ 밀가루 단백질을 강하게 만든다.

해설
설탕은 밀가루 단백질을 약화시키는 연화작용을 한다.

23 제품의 중앙부가 오목하게 생산되었다. 조치하여야 할 사항이 아닌 것은?

① 단백질 함량이 높은 밀가루를 사용한다.
② 수분의 양을 줄인다.
③ 오븐의 온도를 낮추어 굽는다.
④ 우유를 증가시킨다.

해설
우유에 단백질이 있어 구조형성 작용을 하기는 하나 수분이 너무 많아 구조력을 기대하기는 어렵다.

24 다음 중 반죽형 케이크의 반죽 제조법에 해당하는 것은?

① 공립법 ② 별립법
③ 머랭법 ④ 블렌딩법

해설
반죽형 케이크의 반죽 제조법=크림법, 블렌딩법, 일단계법, 설탕/물법

정답 13 ④ 14 ③ 15 ④ 16 ① 17 ③ 18 ④ 19 ② 20 ② 21 ③ 22 ④ 23 ④ 24 ④

25 다음 중 케이크 도넛의 튀김 온도로 가장 적합한 것은?

① 140~160℃ ② 180~195℃
③ 217~227℃ ④ 230℃ 이상

해설
- 튀김물은 튀김기름의 발연점(215℃) 이하에서 튀기는 것이 좋다. 발연점에서 튀김물을 튀기면 푸른 연기가 제품에 스며들어 이상한 맛과 냄새가 난다.
- 튀김온도가 지나치게 낮으면 제품에 기름이 많이 흡수되고, 지나치게 높으면 제품 속이 덜 익는다.

26 반죽형 케이크의 특징으로 알맞지 않은 것은?

① 식감이 부드럽다.
② 반죽의 비중이 낮다.
③ 유지의 사용량이 많다.
④ 주로 화학팽창제를 사용한다.

해설
- 반죽형 케이크는 반죽의 비중이 높다.
- '비중이 높다'라는 뜻은 반죽에 함유된 공기의 양이 적다는 의미이므로 화학팽창제를 많이 첨가한다.
- 시험에서는 식감과 질감을 혼용하여 출제한다.

27 다음 중 거품형 케이크는?

① 파운드 케이크
② 스펀지 케이크
③ 데블스 푸드 케이크
④ 초콜릿 케이크

해설
거품형 케이크는 계란 단백질의 신장성과 열변성을 이용하여 만드는 스펀지 케이크가 가장 대표적이다.

28 머랭(Meringue)을 만드는 주요 재료는?

① 달걀흰자 ② 전란
③ 달걀노른자 ④ 박력분

해설
머랭은 흰자를 거품내어 만드는 제품으로 공예과자나 아이싱 크림으로 이용된다.

29 공립법으로 제조한 케이크의 최종 제품이 열린 기공과 거친 조직감을 갖게 되는 원인은?

① 적정 온도보다 높은 온도에서 굽기
② 오버 믹싱된 낮은 비중의 반죽으로 제조
③ 달걀 이외의 액체 재료 함량이 높게 배합
④ 품질이 낮은(오래된) 달걀을 배합에 사용

해설
※ 열린 기공이란 제품의 기포자국이 크다는 뜻이고, 거친 조직감이란 제품의 단면이 큰 기포자국으로 이루어진 상태이다.
※ 열린 기공과 거친 조직감을 갖게 되는 원인
- 적정 온도보다 낮은 온도에서 굽기
- 오버 믹싱된 낮은 비중의 반죽으로 제조
- 달걀 이외의 액체 재료 함량이 낮게 배합
- 품질이 좋은 달걀을 배합에 사용

30 밀가루, 설탕, 노른자, 식용유 및 물 등을 같이 혼합한 후 머랭을 투입하여 반죽하는 제법으로 알맞은 것은?

① 별립법 ② 공립법
③ 시폰법 ④ 단단계법

해설
시폰법은 별립법처럼 흰자로 머랭을 만들지만, 노른자는 거품을 내지 않는다. 거품을 낸 흰자와 화학팽창제로 반죽을 부풀린다.

31 다음 설명 중 저율배합에 대한 고율배합의 상대적 비교로 틀린 것은?

① 고율배합은 믹싱 중 공기혼입이 적은 편이다.
② 고율배합의 비중은 낮아진다.
③ 고율배합에는 화학팽창제의 사용량을 감소한다.
④ 고율배합의 제품은 상대적으로 낮은 온도에서 오래 굽는다.

해설

현상	고율배합	저율배합
믹싱 중 공기혼입 정도	많다	적다
반죽의 비중 정도	낮다	높다
화학팽창제 사용량	줄인다	늘린다
굽기 온도	낮다	높다

32 실내 온도 30℃, 실외 온도 35℃, 밀가루 온도 24℃, 설탕 온도 20℃, 쇼트닝 온도 20℃, 계란 온도 24℃, 마찰계수가 22이다. 반죽온도가 25℃가 되기 위해서 필요한 물의 온도는?

① 8℃ ② 9℃
③ 10℃ ④ 12℃

해설
- 필요한 물의 온도=(희망 반죽 온도×6)−(밀가루 온도+실내 온도+설탕 온도+쇼트닝 온도+계란 온도+마찰계수)
  (25℃×6)−(24+30+20+20+24+22)=10℃
- 필요한 물의 온도는 계산된 물의 온도 혹은 사용할 물의 온도라고도 한다.

33 다음 제품 중 반죽 희망온도가 가장 낮은 것은?

① 슈
② 퍼프 페이스트리
③ 카스텔라
④ 파운드 케이크

해설
퍼프 페이스트리는 냉장고에서 휴지를 시키므로 반죽 희망온도를 20℃로 맞춘다.

34 다음 재료들을 동일한 크기의 그릇에 측정하여 중량이 가장 높은 것은?

① 우유 ② 분유
③ 쇼트닝 ④ 분당

해설
4가지 재료 중에서 물을 기준으로 측정하는 비중값이 가장 큰 것이 우유이므로 중량이 가장 높다.

정답 25 ② 26 ② 27 ② 28 ① 29 ② 30 ③ 31 ① 32 ③ 33 ② 34 ①

35 40g의 계량컵에 물을 가득 채웠더니 240g이었다. 과자반죽을 넣고 달아보니 220g이 되었다면 이 반죽의 비중은?

① 0.85 ② 0.9
③ 0.92 ④ 0.95

해설
물 무게와 반죽 무게에 동일한 중량의 컵 무게가 포함되기 때문에 컵 무게를 빼지 않아도 계산되지 않는가라고 생각하는 경우가 있는데, 계산식이 덧셈, 뺄셈일 경우에는 괜찮으나 나누기, 곱하기는 갑절(倍, 갑절 배)로 계산되기 때문에 반드시 컵 무게를 빼야 한다.

$$비중 = \frac{(반죽을\ 담은\ 비중컵의\ 무게 - 비중컵의\ 무게)}{(물을\ 담은\ 비중컵의\ 무게 - 비중컵의\ 무게)}$$

$$x = \frac{(220 - 40)}{(240 - 40)} = 0.9$$

36 옐로 레이어 케이크의 비중이 낮을 경우에 나타나는 현상은?

① 부피가 작아진다.
② 상품적 가치가 높다.
③ 조직이 무겁게 된다.
④ 구조력이 약화되어 중앙부분이 함몰한다.

해설
비중이 낮으면, 반죽에 혼입된 공기량이 많아 구조력이 약화되어 중앙부분이 함몰된다.

37 슈(Choux)에 대한 설명이 틀린 것은?

① 패닝 후 반죽표면에 물을 분사하여 오븐에서 껍질이 형성되는 것을 지연시킨다.
② 껍질 반죽은 액체재료를 많이 사용하기 때문에 굽기 중 증기 발생으로 팽창한다.
③ 오븐의 열 분배가 고르지 않으면 껍질이 약하여 주저앉는다.
④ 기름칠이 적으면 껍질 밑부분이 접시 모양으로 올라오거나 위와 아래가 바뀐 모양이 된다.

해설
기름칠이 많으면 껍질 밑부분이 접시 모양으로 올라오거나 위와 아래가 바뀐 모양이 된다.

38 다음의 케이크 반죽 중 일반적으로 pH가 가장 낮은 것은?

① 스펀지 케이크 ② 엔젤 푸드 케이크
③ 파운드 케이크 ④ 데블스 푸드 케이크

해설
- 산도가 가장 높은 제품 혹은 pH가 가장 낮은 제품은 엔젤 푸드 케이크이다.
- 엔젤 푸드 케이크는 완제품의 속색이 하얀 것이 특징이다. 이 하얀색을 표현하기 위해 달걀의 흰자만 사용하고, pH 조절제인 주석산 크림을 넣어 반죽의 pH를 낮춰 열반응에 의한 갈색화 온도를 높였다.

39 어느 반죽의 비용적이 2.5(cc/g)이다. 즉, 반죽 1g당 2.5㎤의 부피를 갖는다면, 가로가 15㎝, 세로가 2㎝, 높이가 4㎝인 팬에는 몇 g의 반죽을 넣어야 하는가?

① 24g ② 48g
③ 84g ④ 12g

해설
- (15㎝ × 2㎝ × 4㎝)÷2.5cc/g=48g
- 패닝량=용적÷비용적

40 커스터드 푸딩은 틀에 몇 % 정도 채우는가?

① 55% ② 75%
③ 95% ④ 115%

해설
※ 제품들의 패닝량
- 파운드 케이크 : 70%
- 레이어 케이크류 : 55~60%
- 스펀지 케이크 : 60%
- 푸딩 : 95%
- 초콜릿 케이크 : 55~60%

41 쇼트 도우 쿠키의 제조상 유의사항으로 틀린 것은?

① 밀어 펼 때 많은 양의 덧가루를 사용한다.
② 덧가루를 뿌린 면포 위에서 밀어 편다.
③ 전면의 두께가 균일하도록 밀어 편다.
④ 성형하기 위하여 밀어 펴기 전에 휴지를 통해 냉각시킨다.

해설
밀어 펼 때 많은 양의 덧가루를 사용하면 제품에 생밀가루 맛이 나고 착색이 균일하지 않게 된다.

42 케이크 제품의 굽기 후 제품 부피가 기준보다 작은 경우의 원인이 아닌 것은?

① 틀의 바닥에 공기나 물이 들어갔다.
② 반죽의 비중이 높았다.
③ 오븐의 굽기 온도가 높았다.
④ 반죽을 패닝한 후 오래 방치했다.

해설
틀의 바닥에 공기나 물이 들어가면 완제품의 바닥면이 오목하게 들어가는 현상이 생긴다.

43 스펀지 케이크 400g짜리 완제품을 만들 때 굽기손실이 20%라면 분할반죽의 무게는?

① 600g ② 500g
③ 400g ④ 300g

해설
분할반죽의 무게=완제품÷{1－(굽기손실÷100)}
x=400÷{1－(20÷100)}
x=500g

44 튀김에 기름을 반복 사용할 경우 일어나는 주요한 변화 중 틀린 것은?

① 산가의 증가 ② 과산화물가의 증가
③ 점도의 증가 ④ 발연점의 상승

해설
① 산가는 유지 1g에 함유되어 있는 유리지방산을 중화하는 데 필요한 수산화칼륨(KOH)의 mg 수이다.
② 과산화물가는 유지 1kg에 함유된 과산화물의 밀리몰(mM) 수로 표시한다.
③ 튀김 기름은 이중결합이 있는 불포화지방산의 불포화도가 높아 튀김 시 공기 중에서 산소를 흡수하여 산화, 중합, 축합의 발생이 늘어나면서 차차 점성이 증가한다.
④ 튀김기름을 반복해서 사용하면 푸른 연기가 발생하는 지점, 즉 발연점이 낮아진다.

정답 35 ② 36 ④ 37 ④ 38 ② 39 ② 40 ③ 41 ① 42 ① 43 ② 44 ④

45 다음 중 케이크용 포장 재료의 구비조건이 아닌 것은?

① 방수성이 있을 것
② 통기성(투과성)이 있을 것
③ 원가가 낮을 것
④ 상품 가치를 높일 수 있을 것

해설
포장지에 통기성이 있으면 공기가 통하여 빵, 과자의 노화가 촉진된다.

46 옐로 레이어 케이크에서 설탕 120%, 유화 쇼트닝 50%를 사용한 경우 우유 사용량은?

① 60%
② 70%
③ 80%
④ 90%

해설
• 계란＝쇼트닝×1.1＝50×1.1＝55
• 우유＝설탕＋25－계란＝120＋25－55＝90

47 일반적으로 초콜릿은 코코아와 카카오 버터로 나눈다. 초콜릿 56%를 사용할 때 코코아의 양은 얼마인가?

① 35%
② 37%
③ 38%
④ 41%

해설
여기서 말하는 초콜릿은 비터초콜릿으로 코코아 62.5%(5/8), 카카오 버터 37.5%(3/8)로 구성되어 있다.
초콜릿 56%×0.625＝35%

48 어느 제과점의 이번 달 생산예상 총액이 1,000만 원인 경우에 목표 노동 생산성은 5,000원/시/인이다. 생산 가동 일수가 20일, 1일 작업시간 10시간인 경우 소요 인원은?

① 4명 ② 6명
③ 8명 ④ 10명

해설
$$노동생산성=\frac{생산금액(생산량)}{총공수(인원\times 시간)}$$
$$5,000=\frac{10,000,000}{x\times 20\times 10}$$
$\therefore x=10$

49 흰자를 사용하는 제품에 주석산 크림과 같은 산을 넣는 이유가 아닌 것은?

① 흰자의 알칼리성을 중화한다.
② 흰자의 거품을 강하게 만든다.
③ 머랭의 색상을 희게 한다.
④ 전체 흡수율을 높여 노화를 지연시킨다.

해설
전체 흡수율을 높여 노화를 지연시킬 수 있는 재료는 유화제이다.

50 파이의 일반적인 결점 중 바닥 크러스트가 축축한 원인이 아닌 것은?

① 오븐 온도가 높음
② 충전물 온도가 높음
③ 파이 바닥 반죽이 고율배합
④ 불충분한 바닥열

해설
※ 바닥 크러스트(껍질)가 축축한 원인
• 반죽에 유지 함량이 많음
• 바닥열이 낮거나 낮은 오븐 온도
• 너무 얇은 바닥 반죽
• 파이 바닥 반죽이 고율배합 상태
• 충전물 온도가 20℃보다 높음

51 식품위생법에서 식품 등의 공전은 누가 작성 · 보급하는가?

① 보건복지부장관 ② 식품의약품안전청장
③ 국립보건원장 ④ 시 · 도지사

해설
식품위해요소중점관리기준 작성 및 보급도 식품의약품안전청장이 한다.

52 식품 첨가물의 규격과 사용기준은 누가 지정하는가?

① 식품의약품안전처장 ② 국립보건원장
③ 시 · 도 보건연구소장 ④ 시 · 군 보건소장

해설
식품 첨가물의 규격과 사용기준은 식품의약품안전처장이 지정한다.

53 식품 첨가물 중 보존료의 구비조건과 거리가 먼 것은?

① 사용법이 간단해야 한다.
② 미생물의 발육저지력이 약해야 한다.
③ 식품에 악영향을 주지 않아야 한다.
④ 값이 저렴해야 한다.

해설
보존료는 미량으로도 미생물에 의한 부패를 방지할 수 있어야 한다.

54 다음 중 산화방지제와 거리가 먼 것은?

① 부틸히드록시아니솔(BHA)
② 디부틸히드록시톨루엔(BHT)
③ 올식자산프로필(Propyl gallate)
④ 비타민 A(레티놀)

해설
산화방지제인 비타민은 비타민 E(토코페롤)이다.

55 인체 유래 병원체에 의한 감염병의 발생과 전파를 예방하기 위한 올바른 개인위생관리로 가장 적합한 것은?

① 식품 작업 중 화장실 사용 시 위생복을 착용한다.
② 설사증이 있을 때에는 약을 복용한 후 식품을 취급한다.
③ 식품 취급 시 장신구는 순금제품을 착용한다.
④ 정기적으로 건강검진을 받는다.

해설
식품 취급자는 1년에 한 번씩 보건증을 발급받으면서 건강검진을 받는다.

정답 45 ② 46 ④ 47 ① 48 ④ 49 ④ 50 ① 51 ② 52 ① 53 ② 54 ④ 55 ④

56 노로바이러스에 대한 설명으로 틀린 것은?

① 이중나선구조 RNA 바이러스이다.
② 사람에게 급성장염을 일으킨다.
③ 오염음식물을 섭취하거나 감염자와 접촉하면 감염된다.
④ 환자가 접촉한 타월이나 구토물 등은 바로 세탁하거나 제거하여야 한다.

해설
※ 노로바이러스 식중독의 일반증상
- 잠복기 : 24~28시간
- 지속시간 : 1~2일 정도
- 주요증상 : 설사, 탈수, 복통, 구토 등
- 발병률 : 40~70% 발병
- 단일나선구조 RNA바이러스이다.

57 음식물을 섭취하고 약 2시간 후에 심한 설사 및 구토를 하게 되었다. 다음 중 그 원인으로 가장 유력한 독소는?

① 테트로도톡신　② 엔테로톡신
③ 아플라톡신　④ 에르고톡신

해설
잠복기가 평균 3시간이며, 구토, 복통, 설사증상이 나타나는 독소는 황색 포도상구균의 엔테로톡신이다.

58 미나마타병(Minamata disease)의 원인물질은?

① 카드뮴　② 납
③ 수은　④ 비소

해설
- 카드뮴은 이타이이타이병의 원인물질로 신장장애, 골연화증 등을 일으킨다.
- 납은 적혈구의 혈색소 감소, 체중감소 및 신장장애, 칼슘대사 이상과 호흡장애를 유발한다.
- 수은은 미나마타병의 원인물질로 구토, 복통, 설사, 위장장애, 전신 경련 등을 일으킨다.
- 비소는 구토, 위통, 경련, 등을 일으키는 급성 중독과 습진성 피부질환을 일으킨다.

59 식품시설에서 교차오염을 예방하기 위하여 바람직한 것은?

① 작업장은 최소한의 면적을 확보함
② 냉수 전용 수세 설비를 갖춤
③ 작업 흐름을 일정한 방향으로 배치함
④ 불결작업과 청결작업이 교차하도록 함

해설
불결작업과 청결작업의 교차로 인해 교차오염이 발생하지 않도록 작업 흐름을 일정한 방향으로 배치한다.

60 부패에 영향을 미치는 요인에 대한 설명으로 맞는 것은?

① 중온균의 발육적온은 46~60℃
② 효모의 생육최적 pH는 10 이상
③ 결합수의 함량이 많을수록 부패가 촉진
④ 식품성분의 조직상태 및 식품의 저장환경

해설
① 중온균의 발육적온은 20~40℃이다.
② 효모의 생육최적 pH는 pH 4~6이다.
③ 자유수(유리수)의 함량이 많을수록 부패가 촉진된다.

정답 56 ① 57 ② 58 ③ 59 ③ 60 ④

제6회 제과기능사 실전모의고사

01 물 100%에 설탕 25g을 녹이면 당도는?

① 20% ② 30%
③ 40% ④ 50%

해설
- 당도 = $\frac{용질}{용매+용질} \times 100$
- $\frac{25}{100+25} \times 100 = 20\%$

02 글리세롤(Glycerin, Glycerol)에 대한 설명으로 틀린 것은?

① 3개의 수산기(-OH)를 가지고 있다.
② 무색, 무취한 액체이다.
③ 단백질의 가수분해로 얻는다.
④ 색과 향의 보존을 도와준다.

해설
지방의 가수분해로 얻는다.

03 다음 중 효소에 대한 설명으로 틀린 것은?

① 생체내의 화학반응을 촉진시키는 생체촉매이다.
② 효소반응을 온도, pH, 기질농도 등에 영향을 받는다.
③ β-아밀라아제를 액화효소, α-아밀라아제를 당화효소라 한다.
④ 효소는 특정기질에 선택적으로 작용하는 기질 특이성이 있다.

해설
β-아밀라아제를 당화효소, α-아밀라아제를 액화효소라 한다.

04 밀 제분 공정 중 정선기에 온 밀가루를 다시 마쇄하여 작은 입자로 만드는 공정은?

① 조쇄공정(Break Roll)
② 분쇄공정(Reduction Roll)
③ 정선공정(Milling Separator)
④ 조질공정(Tempering)

해설
- 1차 파쇄 → 1차 체질 → 정선기 → 2차 마쇄 → 2차 체질 → 정선기 순에서 "2차 마쇄"를 다른 말로 "재분쇄공정", "Reduction Roll"이라고 한다.
- 1차 파쇄는 다른 말로 '파쇄공정', 'Break roll'이라고 한다.

05 전분은 밀가루 중량의 약 몇 % 정도인가?

① 30% ② 50%
③ 70% ④ 90%

해설
탄수화물은 밀가루 함량의 70%를 차지하며 대부분은 전분이고 나머지는 덱스트린, 셀룰로오스, 당류, 펜토산이 있다.

06 물의 기능이 아닌 것은?

① 유화 작용을 한다.
② 반죽 농도를 조절한다.
③ 소금 등의 재료를 분산시킨다.
④ 효소의 활성을 제공한다.

해설
물과 기름처럼 이질적인 재료가 잘 혼합되도록 만드는 유화 작용은 유화제(계면활성제)의 기능이다.

07 퐁당 크림을 부드럽게 하고 수분 보유력을 높이기 위해 일반적으로 첨가하는 것은?

① 한천, 젤라틴
② 물, 레몬
③ 소금, 크림
④ 물엿, 전화당 시럽

해설
퐁당 크림을 부드럽게 하고 수분 보유력을 높이기 위해 사용하는 당의 형태는 액당(시럽)이다. 액당의 종류에는 물엿, 전화당 시럽, 메이플 시럽, 꿀 등이 대표적이다.

08 제과에 많이 쓰이는 '럼주'의 원료는?

① 타피오카 ② 포도당
③ 당밀 ④ 옥수수 전분

해설
럼주는 당밀을 발효시킨 후 증류하여 만든다.

09 다음 중 수소를 첨가하여 얻는 유지류는?

① 쇼트닝 ② 버터
③ 라드 ④ 양기름

해설
식물성 액체유에 니켈을 촉매로 수소를 첨가시켜 식물성 고체유를 만든다. 종류에는 쇼트닝, 마가린 등이 있다.

10 유지의 기능 중 크림성의 기능은?

① 제품을 부드럽게 한다.
② 산패를 방지한다.
③ 밀어 펴지는 성질을 부여한다.
④ 공기를 포집하여 부피를 좋게 한다.

해설
① 제품을 부드럽게 하는 성질은 유지의 쇼트닝성이다.
② 산패를 방지하는 성질은 유지의 안정성이다.
③ 유지의 밀어 펴지는 성질은 가소성이다. 혹은 신장성이라고도 한다.
④ 공기를 포집하여 부피를 좋게 하는 유지의 물리적인 특성인 크림성은 버터크림, 파운드 케이크 제조 시 필요한 기능이다.

정답 01 ① 02 ③ 03 ③ 04 ② 05 ③ 06 ① 07 ④ 08 ③ 09 ① 10 ④

11 모노글리세리드(Monoglyceride)와 디글리세리드(Diglyceride)는 제과에 있어 주로 어떤 역할을 하는가?

① 유화제 ② 항산화제
③ 감미제 ④ 필수영양제

해설
유화제란 융합되지 않는 두 가지의 액체를 섞어 어느 한 쪽의 액체를 다른 한쪽의 액체 가운데에 분산하도록 하는 기능을 갖고 있는 약제이다.

12 다음에서 탄산수소나트륨(중조)의 반응에 의해 발생하는 물질이 아닌 것은?

① CO_2 ② H_2O
③ C_2H_5OH ④ Na_2CO_3

해설
- $2NaHCO_3$(탄산수소나트륨) → Na_2CO_3(탄산나트륨) + H_2O(물) + CO_2(이산화탄소)
- C_2H_5OH은 에틸알코올로 단당류를 산화시킬 때 생성된다.

13 안정제의 사용 목적이 아닌 것은?

① 흡수제로 노화 지연 효과
② 머랭의 수분 배출 유도
③ 아이싱이 부서지는 것 방지
④ 크림 토핑의 거품 안정

해설
- 안정제는 물과 기름, 기포 등의 불안정한 상태를 안정된 구조로 바꾸어 주는 역할을 한다.
- 머랭에 안정제를 사용하면 수분보유가 증진된다.

14 카카오 버터를 만들고 남은 카카오 박을 분쇄한 것은?

① 코코아 ② 카카오 닙스
③ 비터 초콜릿 ④ 카카오 매스

해설
카카오 박(Cacao Cake)을 분말로 만든 것이 코코아 분말(Cacao Powder)이다. 흔히 코코아라는 명칭을 많이 사용한다.

15 유당불내증이 있는 사람에게 적합한 식품은?

① 우유 ② 크림소스
③ 요구르트 ④ 크림스프

해설
유당이 유산균에 의하여 발효가 되어 유산을 형성한 요구르트는 유당불내증이 있는 사람에게 적합한 식품이다.

16 다음은 지질의 체내기능에 대하여 설명한 것이다. 옳지 않은 것은?

① 뼈와 치아를 형성한다.
② 필수지방산을 공급한다.
③ 지용성 비타민의 흡수를 돕는다.
④ 열량소 중에서 가장 많은 열량을 낸다.

해설
- 칼슘, 인, 마그네슘이 뼈와 치아를 형성한다.
- 지방을 지질 혹은 지방질이라고 한다.

17 다음 중 체중 1kg당 단백질 권장량이 가장 많은 대상으로 옳은 것은?

① 1~2세 유아 ② 9~11세 여자
③ 15~19세 남자 ④ 65세 이상 노인

해설
인간의 생애주기표에서 가장 급격하게 신체발달이 일어나는 시기가 1~2세 유아기이므로 체중 1kg당 단백질 권장량이 가장 많다.

18 다음 무기질 중에서 혈액응고, 효소작용, 막의 투과작용에 필요한 것은?

① 요오드 ② 나트륨
③ 마그네슘 ④ 칼슘

해설
※ 칼슘의 기능
- 효소활성화, 혈액응고에 필수적, 근육수축, 신경흥분전도, 심장박동
- 뮤코다당, 뮤코단백질의 주요 구성성분
- 세포막을 통한 활성물질의 반출

19 티아민(Thiamin)의 생리작용과 관계가 없는 것은?

① 각기병 ② 구순구각염
③ 에너지 대사 ④ TPP로 전환

해설
- 티아민은 비타민 B_1(Thiamin)을 가리킨다.
- 구순구각염은 비타민 B_2(Riboflavin)와 관계가 있다.
- 티아민은 당질 에너지대사의 조효소 기능을 한다.
- 흡수된 비타민 B_1은 체내에서 비타민 B_1의 80%는 Thiamin pyrophosphate (TPP)로 전환되어 존재한다.

20 당질 분해효소는?

① 스테압신 ② 트립신
③ 아밀롭신 ④ 펩신

해설
※ 당질 분해효소
- 스테압신 : 지방 분해효소
- 트립신, 펩신 : 단백질 분해효소
- 아밀롭신 : 당질 분해효소(췌액)

※ 전분 분해효소
- 아밀라아제
- 프티알린
- 아밀롭신
- 디아스타아제

21 다음 제품 중 냉과류에 속하는 제품은?

① 무스 케이크
② 젤리 롤 케이크
③ 양갱
④ 시폰 케이크

해설
냉과류는 차게 해서 굳힌 모든 과자를 뜻하며 바바루아, 무스, 푸딩, 젤리, 블라망제 등이 있다.

정답 11 ① 12 ③ 13 ② 14 ① 15 ③ 16 ① 17 ① 18 ④ 19 ② 20 ③ 21 ①

22 구워낸 케이크 제품이 너무 딱딱한 경우 그 원인으로 틀린 것은?

① 배합비에서 설탕의 비율이 높을 때
② 밀가루의 단백질 함량이 너무 많을 때
③ 높은 오븐 온도에서 구웠을 때
④ 장시간 굽기 했을 때

해설
배합비에서 설탕의 비율이 높아지면 반죽의 글루텐을 연화시켜 제품의 질감을 부드럽게 한다.

23 소금이 제과에 미치는 영향이 아닌 것은?

① 향을 좋게 한다.
② 잡균의 번식을 억제한다.
③ 반죽의 물성을 좋게 한다.
④ pH를 조절한다.

해설
pH는 수소이온농도를 나타내며 무기질인 소금은 pH의 조절제가 아니라 완충제이다.

24 과자 반죽 믹싱법 중에서 크림법은 어떤 재료를 먼저 믹싱하는 방법인가?

① 설탕과 쇼트닝 ② 밀가루와 설탕
③ 계란과 설탕 ④ 계란과 쇼트닝

해설
- 유지(쇼트닝) + 설탕 → 크림법
- 유지(쇼트닝) + 밀가루 → 블렌딩법
- 유지(쇼트닝) + 모든 재료 → 1단계법
- 유지(쇼트닝) + 설탕/물 → 설탕/물 반죽법

25 반죽형 케이크의 믹싱방법 중 제품에 부드러움을 주기 위한 목적으로 사용하는 것은?

① 크림법 ② 블렌딩법
③ 설탕/물법 ④ 1단계법

해설
※ 제법별 장점(목적)
- 크림법 : 부피감
- 블렌딩법 : 부드러움(유연감)
- 설탕/물법 : 대량생산 가능
- 단계법 : 노동력과 시간 절약

26 블렌딩법으로 제조할 경우 해당되는 사항은?

① 달걀과 설탕을 넣고 거품 올리기 전에 온도를 43℃로 중탕한다.
② 21℃ 정도의 품온을 갖는 유지를 사용하여 배합한다.
③ 젖은 상태(Wet peak) 머랭을 사용하여 밀가루와 혼합한다.
④ 반죽기의 반죽속도는 '고속–중속–고속'의 순서로 진행한다.

해설
블렌딩법은 21℃ 정도의 품온을 갖는 유지에 체에 친 밀가루를 넣고 배합하여 밀가루를 피복 시킨 후 나머지 건조 재료와 액체 재료를 넣는 방법이다.

27 다음 제품 중 거품형 제품이 아닌 것은?

① 과일 케이크 ② 머랭
③ 스펀지 케이크 ④ 엔젤 푸드 케이크

해설
거품형 반죽제품에는 계란 단백질의 기포성과 유화성, 열에 대한 응고성(변성)을 이용한 과자, 스펀지 케이크, 엔젤 푸드 케이크, 머랭이 있다.

28 어느 제과점의 지난 달 생산실적이 다음과 같은 경우 노동분배율은?

- 외부가치 600만 원
- 생산가치 3,000만 원
- 인건비 1,500만 원
- 총 인원 10명

① 50% ② 45%
③ 55% ④ 60%

해설
- 노동 분배율 = $\frac{\text{인건비}}{\text{생산가치(부가가치)}} \times 100$
- $\frac{15,000,000}{30,000,000} \times 100 = 50\%$

29 과자의 반죽방법 중 시폰형 반죽이란?

① 생물학 팽창제를 사용한다.
② 유지와 설탕을 믹싱한다.
③ 모든 재료를 한꺼번에 넣고 믹싱한다.
④ 계란을 흰자와 노른자로 분리하여 믹싱한다.

해설
별립법처럼 계란을 흰자와 노른자로 분리하여 노른자는 거품을 일으키지 않고 흰자로 만든 머랭과 화학팽창제로 부풀린다.

30 고율배합 제품과 저율배합 제품의 비중을 비교해 본 결과 일반적으로 맞는 것은?

① 고율배합 제품의 비중이 높다.
② 저율배합 제품의 비중이 높다.
③ 비중의 차이는 없다.
④ 제품의 크기에 따라 비중은 차이가 있다.

해설
고율배합에는 설탕, 유지, 계란이 많이 들어가므로 공기포집이 잘 되어 비중이 낮다.

31 원가의 절감방법이 아닌 것은?

① 구매관리를 엄격히 한다.
② 제조공정 설계를 최적으로 한다.
③ 창고의 재고를 최대로 한다.
④ 불량률을 최소화한다.

해설
재고의 증가는 물류비의 상승을 가져와 원가를 높인다.

정답 22 ① 23 ④ 24 ① 25 ② 26 ② 27 ① 28 ① 29 ④ 30 ② 31 ③

32 실내 온도 25℃, 밀가루 온도 25℃, 설탕 온도 25℃, 유지 온도 20℃, 달걀 온도 20℃, 수돗물 온도 23℃, 마찰계수 21, 반죽 희망온도가 22℃라면 사용할 물의 온도는?

① -4℃ ② -1℃
③ 0℃ ④ 8℃

해설
사용할 물의 온도=(반죽 희망온도×6)-(실내 온도+밀가루 온도+설탕 온도+유지 온도+달걀 온도+마찰계수)
=(22×6)-(25+25+25+20+20+21)=-4℃

33 거품형 반죽의 온도가 정상보다 높을 때 예상되는 결과는?

① 기공이 밀착된다.
② 노화가 촉진된다.
③ 표면이 터진다.
④ 부피가 작다.

해설
거품형 반죽의 온도가 높으면 기공이 열리고 큰 공기 구멍이 생겨 조직이 거칠고 노화가 빨리 일어난다.

34 어떤 한 종류의 케이크를 만들기 위하여 믹싱을 끝내고 비중을 측정한 결과가 다음과 같을 때 구운 후 기공이 조밀하고 부피가 가장 작아지는 것은?

① 0.40 ② 0.50
③ 0.60 ④ 0.70

해설
비중이 클수록 기공이 조밀하고 부피가 가장 작아진다.

35 비중이 높은 제품의 특징이 아닌 것은?

① 기공이 조밀하다.
② 부피가 작다.
③ 껍질색이 진하다.
④ 제품이 단단하다.

해설
반죽의 비중은 케이크 제품의 부피, 기공, 조직에 결정적 영향을 미치지 껍질색에는 영향을 미치지 못한다.

36 화이트 레이어 케이크의 반죽 비중으로 가장 적합한 것은?

① 0.90~1.0
② 0.45~0.55
③ 0.60~0.70
④ 0.75~0.85

해설
• 화이트 레이어 케이크의 반죽 비중은 출제 교수님에 따라 약간의 차이는 있으나 0.8~0.85 전·후에서 맞춘다.
※ 제품별 비중
• 파운드 케이크 : 0.75 전후
• 레이어 케이크 : 0.85 전후
• 스펀지 케이크 : 0.55 전후
• 롤 케이크 : 0.45 전후
• 시폰 케이크 : 0.35~0.4

37 케이크 반죽의 pH가 적정 범위를 벗어나 알칼리일 경우 제품에서 나타나는 현상은?

① 부피가 작다. ② 향이 약하다.
③ 껍질색이 여리다. ④ 기공이 거칠다.

해설
※ 케이크 반죽이 지나치게 알칼리일 경우
• 부피가 크다. • 향이 강하다.
• 껍질색이 진하다. • 기공이 거칠다.

38 반죽무게를 구하는 식은?

① 틀부피×비용적 ② 틀부피+비용적
③ 틀부피÷비용적 ④ 틀부피-비용적

해설
반죽무게=틀부피(용적)÷비용적

39 다음 제과용 포장 재료로 알맞지 않은 것은?

① P.E(Poly Ethylene)
② O.P.P(Oriented Poly Propylene)
③ P.P(Poly Propylene)
④ 일반 형광종이

해설
제과용 포장봉투류(건빵, 쿠키, 캔디류), 김치, 만두 등 냉동 포장봉투로는 P.P, P.E, O.P.P 용기가 사용된다.

40 같은 크기의 팬에 각 제품의 비용적에 맞는 반죽을 패닝하였을 경우 반죽량이 가장 무거운 반죽은?

① 파운드 케이크 ② 레이어 케이크
③ 스펀지 케이크 ④ 소프트 롤 케이크

해설
• 비용적이 작은 반죽일수록 같은 크기의 팬에 많은 양의 반죽이 들어간다.
• 파운드 케이크가 비용적이 2.40㎤/g으로 가장 작다.

41 오버 베이킹에 대한 설명 중 옳은 것은?

① 높은 온도에서 짧은 시간 동안 구운 것이다.
② 제품의 노화가 빨리 진행된다.
③ 수분 함량이 많다.
④ 가라앉기 쉽다.

해설
※ 오버 베이킹의 정의와 완제품에 미치는 영향
• 낮은 온도에서 긴 시간 동안 구운 것이다.
• 완제품의 수분 함량이 적어 제품의 노화가 빨리 진행된다.
• 완제품의 윗면이 평평하고 조직이 부드럽다.

42 케이크 굽기 시의 캐러멜화 반응은 어느 성분의 변화로 일어나는가?

① 당류 ② 단백질
③ 지방 ④ 비타민

해설
캐러멜화 반응이란 설탕 성분이 높은 온도(160~180℃)에 의해 진한 갈색으로 변하는 반응이다. 설탕은 당류에 속한다.

정답 32 ① 33 ② 34 ④ 35 ③ 36 ④ 37 ④ 38 ③ 39 ④ 40 ① 41 ② 42 ①

43 튀김 기름의 조건으로 틀린 것은?

① 발연점(Smoking point)이 높아야 한다.
② 산패에 대한 안정성이 있어야 한다.
③ 여름철에 융점이 낮은 기름을 사용한다.
④ 산가(Acid value)가 낮아야 한다.

해설
여름철에는 융점이 높은 기름을, 겨울철에는 융점이 낮은 기름을 사용한다.

44 일반 파운드 케이크의 배합률이 올바르게 설명된 것은?

① 소맥분 100, 설탕 100, 계란 200, 버터 200
② 소맥분 100, 설탕 100, 계란 100, 버터 100
③ 소맥분 200, 설탕 200, 계란 100, 버터 100
④ 소맥분 200, 설탕 100, 계란 100, 버터 100

해설
파운드 케이크란 이름은 기본재료인 밀가루, 설탕, 계란, 버터 4가지를 각각 1파운드씩 같은 양을 넣어 만든 것에서 유래되었다고 한다.

45 파운드 케이크를 구운 직후 계란 노른자에 설탕을 넣어 칠하는 방법이 있다. 이때 설탕의 역할이 아닌 것은?

① 광택제 효과 ② 보존기간 개선
③ 탈색 효과 ④ 맛의 개선

해설
굽기 후 파운드 케이크 윗면에 색이 먹음직스럽게 보이도록 착색 효과를 낸다.

46 화이트 레이어 케이크 제조 시 주석산크림을 사용하는 목적과 거리가 먼 것은?

① 흰자를 강하게 하기 위하여
② 껍질색을 밝게 하기 위하여
③ 속색을 하얗게 하기 위하여
④ 제품의 색깔을 진하게 하기 위하여

해설
제품의 색깔을 진하게 하기 위하여 사용하는 pH 조절제는 중조이다.

47 반죽형 케이크의 평가이다. 다음 중 결점과 원인을 잘못 짝지은 것은?

① 고율배합 케이크의 부피가 작다. – 설탕과 액체재료의 사용량이 적었다.
② 굽는 동안 부풀어 올랐다가 가라앉는다. – 설탕과 팽창제 사용량이 많았다.
③ 케이크 껍질에 반점이 생겼다. – 입자가 굵고 크기가 서로 다른 설탕을 사용했다.
④ 케이크가 단단하고 질기다. – 고율배합 케이크에 맞지 않은 밀가루를 사용했다.

해설
※ 반죽형 케이크의 부피가 작은 원인
- 재료들이 고루 섞이지 않았다.
- 반죽이 응유현상을 나타냈다.
- 설탕과 액체재료의 사용량이 많았다.
- 팽창제의 사용량이 많았다.
- 오븐의 온도가 높았다.
- 구워낸 제품을 급속도로 식혔다.

48 퍼프 페이스트리(Puff pastry)의 접기공정에 관한 설명으로 옳은 것은?

① 접는 모서리는 직각이 되어야 한다.
② 접기 수와 밀어 펴놓은 결의 수는 동일하다.
③ 접히는 부위가 동일하게 포개어지지 않아도 된다.
④ 구워낸 제품이 한쪽으로 터지는 경우 접기와는 무관하다.

해설
- 접기 수보다 밀어 펴놓는 결의 수(접기 수 × 접은 횟수)가 매우 많다.
- 접히는 부위가 동일하게 포개져야 한다.
- 구워낸 제품이 한쪽으로 터지는 경우는 접는 모서리가 직각이 되지 않았거나 혹은 접히는 부위가 동일하게 포개지지 않았기 때문이다.

49 제조 공정 시 표면 건조를 하지 않는 제품은?

① 핑거쿠키 ② 밤과자
③ 마카롱 ④ 슈

해설
- 슈는 표면에 분무나 침지를 하여 수막을 만든다.
- 핑거쿠키는 표면 건조 후 가운데를 의도적으로 길게 칼집을 내어 터짐을 유도하는 경우도 있다.
- 마카롱은 완제품의 표면이 터지는 것을 막기 위해 성형 후 표면을 건조한다.
- 밤과자는 성형 후 덧가루를 제거하기 위해 분무 후 표면을 건조시킨 다음 노른자 착색을 한다.

50 도넛의 흡유량이 높았을 때 그 원인은?

① 고율배합 제품이다. ② 튀김시간이 짧다.
③ 튀김온도가 높다. ④ 휴지시간이 짧다.

해설
- 설탕, 유지가 많이 들어간 고율배합 제품은 튀김 시 설탕, 유지가 녹으면서 많은 기공을 만들고 그 기공으로 흡유가 일어난다.
- 글루텐 형성이 부족한 경우에는 흡유량이 많지만, 휴지시간과는 연관성이 적다.

※ 도넛 튀김 시 흡유량이 높아 완제품에 기름이 많은 이유
- 설탕, 유지, 팽창제의 사용량이 많았다.
- 튀김시간이 길었다.
- 지친반죽이나 어린반죽을 썼다.
- 묽은 반죽을 썼다.
- 튀김온도가 낮았다.

51 식품위생법상 식품위생의 대상이 아닌 것은?

① 식품 ② 식품 첨가물
③ 조리방법 ④ 기구와 용기, 포장

해설
- 식품위생법은 식품에 의한 위해를 예방하고 영양을 향상시키기 위한 법률이다.
- 식품위생의 대상에는 식품, 식품 첨가물, 기구와 용기, 포장 등이 있다.

52 식품 첨가물 사용 시 유의할 사항 중 잘못된 것은?

① 사용 대상 식품의 종류를 잘 파악한다.
② 첨가물의 종류에 따라 사용량을 지킨다.
③ 첨가물의 종류에 따라 사용조건은 제한하지 않는다.
④ 보존방법이 명시된 것은 보존기준을 지킨다.

해설
첨가물의 종류에 따라 사용 조건이 제한된다.

정답 43 ③ 44 ② 45 ③ 46 ④ 47 ① 48 ① 49 ④ 50 ① 51 ③ 52 ③

53 식품 첨가물 중 보존료의 조건이 아닌 것은?

① 변패를 일으키는 각종 미생물의 증식을 억제할 것
② 무미, 무취하고 자극성이 없을 것
③ 식품의 성분과 반응을 잘하여 성분을 변화시킬 것
④ 장기간 효력을 나타낼 것

해설
보존료는 미생물의 번식으로 인한 부패나 변질을 방지하고 화학적인 변화를 억제하며, 식품의 성분과 반응을 해서는 안 된다.

54 밀가루의 표백과 숙성기간을 단축시키는데 밀가루 개량제로 적합하지 않은 것은?

① 과산화벤조일 ② 과황산암모늄
③ 아질산나트륨 ④ 이산화염소

해설
아질산나트륨은 식품 중에 존재하는 유색물질과 결합하여 그 색을 안정화하거나 선명하게 또는 발색되게 하는 발색제이다.

55 식품 또는 식품 첨가물을 채취, 제조, 가공, 조리, 저장, 운반 또는 판매하는 직접 종사자들이 정기건강진단을 받아야 하는 주기는?

① 1회/월 ② 1회/3개월
③ 1회/6개월 ④ 1회/년

해설
식품 또는 식품 첨가물을 취급하는 직접 종사자들에 의한 오염을 방지할 목적으로 정기적인 건강진단을 받아야 한다.

56 아래에서 설명하는 식중독 원인균은?

- 미호기성 세균이다.
- 발육온도는 약 30~46℃ 정도이다.
- 원인식품은 오염된 식육 및 식육가공품, 우유 등이다.
- 소아에서는 이질과 같은 설사증세를 보인다.

① 캄필로박터 제주니
② 바실러스 세레우스
③ 장염비브리오
④ 병원성 대장균

해설
캄필로박터 제주니는 그람음성의 간균, 나선균에 속하며 사람 · 동물 공통의 감염병으로 동물은 유산, 사람은 설사 · 구토 · 복통 · 두통 · 발열 · 탈수증상을 일으킨다. 설사원인균으로써 가장 많은 것으로 알려져 있다.

57 감자의 싹이 튼 부분에 들어 있는 독소는?

① 솔라닌 ② 삭카린나트륨
③ 엔테로톡신 ④ 아미그달린

해설
- 엔테로톡신 : 황색 포도상구균
- 솔라닌 : 감자
- 아미그달린 : 청매, 은행, 살구씨
- 청매 : 매화나무의 미숙한 과육

58 다음 중 단백질의 부패 진행의 순서로 옳은 것은?

① 아미노산－펩타이드－펩톤－아민, 황화수소, 암모니아
② 아민－펩톤－아미노산－펩타이드, 황화수소, 암모니아
③ 황화수소－아미노산－아민－펩타이드, 펩톤, 암모니아
④ 펩톤－펩타이드－아미노산－아민, 황화수소, 암모니아

해설
단백질의 부패 과정 : 단백질 – 펩톤 – 폴리펩타이드 → 펩타이드 → 아미노산 – 황화수소가스 생성

59 미생물의 감염을 감소시키기 위한 작업장 위생의 내용과 거리가 먼 것은?

① 소독액으로 벽, 바닥, 천정을 세척한다.
② 빵 상자, 수송차량, 매장 진열대는 항상 온도를 높게 관리한다.
③ 깨끗하고 뚜껑이 있는 재료통을 사용한다.
④ 적절한 환기와 조명시설이 된 저장실에 재료를 보관한다.

해설
대부분의 미생물들은 중온균(25~37℃)이기 때문에 빵상자, 수송차량, 매장 진열대의 온도를 높게 유지하면 미생물의 감염이 커진다.

60 다음 중 작업공간의 살균에 가장 적당한 것은?

① 자외선 살균 ② 적외선 살균
③ 가시광선 살균 ④ 자비 살균

해설
작업공간에는 컵 소독기에 장착된 "파란 형광등"으로 자외선 살균을 한다.

정답 53 ③ 54 ③ 55 ④ 56 ① 57 ① 58 ④ 59 ② 60 ①

제7편

제빵기능사 실전 모의고사

제1회 제빵기능사 실전모의고사

01 다음 중 표준 스트레이트법에서 믹싱 후 반죽온도로 가장 적합한 것은?

① 21℃　② 27℃
③ 33℃　④ 39℃

해설
- 표준 스트레이트법의 반죽온도 : 27℃
- 비상 스트레이트법의 반죽온도 : 30℃
- 표준 스펀지법의 스펀지 온도 : 24℃
- 비상 스펀지법의 스펀지 온도 : 30℃

02 표준 스펀지/도법에서 스펀지 발효시간은?

① 1시간 ~ 2시간 30분
② 3시간 ~ 4시간 30분
③ 5시간 ~ 6시간
④ 7시간 ~ 8시간

해설
- 표준스트레이트법의 1차 발효시간은 1~3시간이다.
- 표준 스펀지/도법의 스펀지 발효시간은 3~4시간 30분이다.

03 액체발효법에서 액종 발효 시 완충제 역할을 하는 재료는?

① 탈지분유　② 설탕
③ 소금　④ 쇼트닝

해설
액체발효법에서 탈지분유는 완충제로 쇼트닝은 소포제로 사용한다.

04 연속식 제빵법(Continuous mixing system)에 관한 설명으로 틀린 것은?

① 액체발효법을 이용하여 연속적으로 제품을 생산한다.
② 발효 손실 감소, 인력 감소 등의 이점이 있다.
③ 3~4기압의 디벨로퍼로 반죽을 제조하기 때문에 많은 양의 산화제가 필요하다.
④ 자동화 시설을 갖추기 위해 설비공간의 면적이 많이 소요된다.

해설
연속식 제빵법은 설비 감소, 설비공간과 설비면적이 감소하는 장점이 있다.

05 냉동반죽의 특성에 대한 설명 중 틀린 것은?

① 냉동반죽에는 이스트 사용량을 늘린다.
② 냉동반죽에는 당, 유지 등을 첨가하는 것이 좋다.
③ 냉동 중 수분의 손실을 고려하여 될 수 있는 대로 진 반죽이 좋다.
④ 냉동반죽은 분할량을 적게 하는 것이 좋다.

해설
냉동반죽을 질게 만들면 수분이 얼면서 부피팽창을 하여 이스트를 사멸시키거나 글루텐을 파괴한다.

06 냉동반죽법에서 반죽의 냉동온도와 저장온도의 범위로 가장 적합한 것은?

① -5℃, 0~4℃
② -20℃, -18~0℃
③ -40℃, -25~-18℃
④ -80℃, -18~0℃

해설
-40℃로 급속 냉동하여 얼음결정을 최소화한다.

07 제빵 배합률 작성 시 베이커스 퍼센트(Baker's %)에서 기준이 되는 재료는?

① 설탕　② 물
③ 밀가루　④ 유지

해설
베이커스 퍼센트는 기준이 밀가루이고 True %는 기준이 전체 반죽량이다.

08 다음 중 반죽이 매끈해지고 글루텐이 가장 많이 형성되어 탄력성이 강한 것이 특징이며, 프랑스 빵 반죽의 믹싱완료시기인 단계는?

① 클린업 단계　② 발전 단계
③ 최종 단계　④ 렛다운 단계

해설
프랑스 빵은 하스(구움대) 브레드이므로 반죽은 탄력성이 강한 발전 단계에서 믹싱을 완료한다.

09 더운 여름에 얼음을 사용하여 반죽온도 조절 시 계산 순서로 적합한 것은?

① 마찰계수 → 물 온도 계산 → 얼음 사용량
② 물 온도 계산 → 얼음 사용량 → 마찰계수
③ 얼음 사용량 → 마찰계수 → 물 온도 계산
④ 물 온도 계산 → 마찰계수 → 얼음사용량

해설
① 마찰계수=(결과 반죽온도×3)-(실내 온도+수돗물 온도+밀가루 온도)
② 계산된 물 온도=(희망 반죽온도×3)-(실내 온도+밀가루 온도+마찰계수)
③ 얼음 사용량 = $\frac{\text{사용할 물량} \times (\text{수돗물 온도} - \text{사용할 물 온도})}{(80 + \text{수돗물 온도})}$

10 일정한 굳기를 가진 반죽의 신장도 및 신장 저항력을 측정하여 자동기록함으로써 반죽의 점탄성을 파악하고 밀가루 중의 효소나 산화제, 환원제의 영향을 자세히 알 수 있는 그래프는?

① 익스텐시그래프(Extensigraph)
② 알베오그래프(Alveograph)
③ 스트럭토그래프(Structograph)
④ 믹서트론(Mixotron)

해설
- 익스텐시그래프(Extensigraph)의 Extens는 Extend에서 유래하여 '잡아늘리다'라는 뜻으로 한자어로 '신장'이 된다(=Extensograph).
- Mixotron=Mixatron

정답 01 ② 02 ② 03 ① 04 ④ 05 ③ 06 ③ 07 ③ 08 ② 09 ① 10 ①

11 이스트를 2% 사용했을 때 최적 발효시간이 120분이라면 발효시간을 90분으로 단축할 때 이스트를 약 몇 % 사용해야 하는가?

① 1.5% ② 2.7%
③ 3.5% ④ 4.0%

해설
- 가감하고자 하는 이스트량 = $\frac{\text{기존 이스트량} \times \text{기존 발효시간}}{\text{조절하고자 하는 발효시간}}$

$= \frac{2\% \times 120\text{분}}{90\text{분}} = 2.66$

∴ 2.7%(반올림)

12 발효손실에 관한 설명으로 틀린 것은?

① 반죽온도가 높으면 발효손실이 크다.
② 발효시간이 길면 발효손실이 크다.
③ 고배합률일수록 발효손실이 크다.
④ 발효습도가 낮으면 발효손실이 크다.

해설
- 발효손실은 발효공정을 거치는 동안 반죽 속의 수분이 증발하며, 탄수화물이 에틸알코올과 탄산가스로 산화되어 휘발하면서 발생한다.
- 발효손실은 발효의 활력이 강하거나 발효시간이 길수록 크다.
- 고율배합일수록 이스트의 발효력(발효의 활력)이 떨어져 발효손실이 작다.

13 발효가 지나친 반죽으로 빵을 구웠을 때의 제품 특성이 아닌 것은?

① 빵 껍질색이 밝다. ② 신 냄새가 난다.
③ 체적이 적다. ④ 제품의 조직이 고르다.

해설
발효가 지나치게 된 반죽으로 빵을 구우면 제품의 조직이 불규칙하다.

14 제빵에 있어 2차 발효실의 습도가 너무 높을 때 일어날 수 있는 결점은?

① 겉껍질 형성이 빠르다.
② 오븐 팽창이 적어진다.
③ 껍질색이 불균일해진다.
④ 수포가 생성되고 질긴 껍질이 되기 쉽다.

해설
※ 2차 발효실의 습도가 높을 경우 제품에 미치는 영향
- 제품의 윗면이 납작해진다.
- 껍질에 수포가 생긴다.
- 껍질이 질겨진다.
- 껍질에 반점이나 줄무늬가 생긴다.

15 다음 중 중간 발효에 대한 설명으로 옳은 것은?

① 상대습도 85% 전후로 시행한다.
② 중간 발효 중 습도가 높으면 껍질이 형성되어 빵 속에 단단한 소용돌이가 생성된다.
③ 중간 발효 온도는 27~29℃가 적당하다.
④ 중간 발효가 잘되면 글루텐이 잘 발달한다.

해설
- 상대습도 75%로 시행한다.
- 중간 발효 중 습도가 낮으면 껍질이 형성되어 빵 속에 단단한 소용돌이가 생성된다.
- 중간 발효가 잘되면 손상된 글루텐 구조를 재정돈한다.

16 성형공정의 방법이 순서대로 옳게 나열된 것은?

① 반죽 → 중간 발효 → 분할 → 둥글리기 → 정형
② 분할 → 둥글리기 → 중간 발효 → 정형 → 패닝
③ 둥글리기 → 중간 발효 → 정형 → 패닝 → 2차 발효
④ 중간 발효 → 정형 → 패닝 → 2차 발효 → 굽기

해설
- 넓은 의미의 5단계 성형공정 : 분할 → 둥글리기 → 중간 발효 → 정형 → 패닝
- 좁은 의미의 3단계 성형공정 : 밀기 → 말기 → 봉하기

17 다음 중 패닝에 대한 설명으로 틀린 것은?

① 반죽의 이음매가 틀의 바닥으로 놓이게 한다.
② 철판의 온도를 60℃로 맞춘다.
③ 반죽은 적정 분할량을 넣는다.
④ 비용적의 단위는 ㎤/g이다.

해설
철판의 온도를 32℃로 맞춘다.

18 오버 베이킹(Over Baking)에 대한 설명으로 옳은 것은?

① 낮은 온도의 오븐에서 굽는다.
② 윗면 가운데가 올라오기 쉽다.
③ 제품에 남는 수분이 많아진다.
④ 중심부분이 익지 않을 경우 주저앉기 쉽다.

해설
- 오버 베이킹이란 낮은 온도에서 장시간 굽기이다.
- ②,③,④는 언더 베이킹에 대한 설명이다.

19 빵이 팽창하는 원인이 아닌 것은?

① 이스트에 의한 발효활동 생성물에 의한 팽창
② 효소와 설탕, 소금에 의한 팽창
③ 탄산가스, 알코올, 수증기에 의한 팽창
④ 글루텐의 공기포집에 의한 팽창

해설
빵의 팽창은 이스트에 의한 발효활동 생성물인 탄산가스(물에 용해된 이산화탄소), 에틸알코올, 수증기 등과 체질, 믹싱 등의 공정으로 인한 글루텐의 공기포집이 원인이 된다.

20 완제품 중량이 400g인 빵 200개를 만들고자 한다. 발효 손실이 2%이고 굽기 및 냉각손실이 12%라고 할 때 밀가루 중량은?(단, 총 배합률은 180%이며, g 이하는 반올림한다)

① 51,536g
② 54,725g
③ 61,320g
④ 61,940g

해설
- 완제품 총 중량 = 완제품 중량×개수
- 분할 총 중량 = 완제품의 총 중량 ÷{1−(굽기냉각손실 ÷ 100)}
- 반죽 총 중량 = 분할 총 중량 ÷ {1−(발효손실 ÷ 100)}
- 밀가루의 중량 = 반죽 총 중량 × 밀가루의 비율 ÷ 총 배합률
- 완제품 총 중량 = 400g × 200개 = 80,000g
- 분할 총 중량 = 80,000g ÷ {1−(12 ÷ 100)} = 90,909g
- 반죽 총 중량 = 90,909g ÷ {1−(2 ÷ 100)} = 92,764g
- 밀가루의 무게 = 92,764 × 100% ÷ 180% = 51,536g

정답 11 ② 12 ③ 13 ④ 14 ④ 15 ③ 16 ② 17 ② 18 ① 19 ② 20 ①

21 빵의 제품평가에서 브레이크와 슈레드 부족현상의 이유가 아닌 것은?

① 오븐의 온도가 높았다.
② 오븐의 증기가 너무 많았다.
③ 2차 발효실의 습도가 낮았다.
④ 발효시간이 짧거나 길었다.

해설
오븐의 증기가 많으면, 오븐 속에서 이스트가 사멸하는 시간이 길어져 빵의 팽창이 너무 커진다. 그러면 브레이크(터짐)와 슈레드(찢어짐)가 많아진다.

22 다음 중 식빵에서 설탕이 과다할 경우 대응책으로 가장 적합한 것은?

① 소금 양을 늘린다. ② 이스트 양을 늘린다.
③ 반죽온도를 낮춘다. ④ 발효시간을 줄인다.

해설
이스트의 먹이인 설탕을 너무 많이 넣을 경우 삼투압에 의해 발효력이 떨어지므로 발효력을 증진시킬 수 있는 조치를 취해야 한다. 그래서 소금의 양을 줄이고, 반죽온도는 올리고, 발효시간은 늘린다.

23 식빵 껍질 표면에 물집이 생긴 이유가 아닌 것은?

① 반죽이 질었다.
② 2차 발효실의 습도가 높았다.
③ 발효가 과하였다.
④ 오븐의 윗열이 너무 높았다.

해설
※ 식빵류의 표피에 수포 발생원인
- 발효 부족
- 질은 반죽
- 2차 발효에서 과도한 습도
- 오븐의 윗불 온도가 높았다.
- 성형기의 취급 부주의

24 식빵의 옆면이 쑥 들어간 원인으로 옳은 것은?

① 믹서의 속도가 너무 높았다.
② 팬 용적에 비해 반죽양이 너무 많았다.
③ 믹싱시간이 너무 길었다.
④ 2차 발효가 부족했다.

해설
※ 식빵의 옆면이 찌그러진(쑥 들어간) 경우의 원인
- 지친 반죽
- 오븐열이 고르지 못함
- 팬 용적보다 넘치는 반죽량
- 지나친 2차 발효

25 데니시 페이스트리에서 롤인 유지함량 및 접기 횟수에 대한 내용 중 틀린 것은?

① 롤인 유지함량이 많은 것이 롤인 유지함량이 적은 것보다 접기 횟수가 증가함에 따라 부피가 증가하다가 최고점을 지나면 감소하는 현상이 현저하다.
② 같은 롤인 유지함량에서는 접기 횟수가 증가할수록 부피는 증가하다 최고점을 지나면 감소한다.
③ 롤인 유지함량이 적어지면 같은 접기 횟수에서 제품의 부피가 감소한다.
④ 롤인 유지함량이 증가할수록 제품 부피는 증가한다.

해설
롤인 유지함량이 많은 것이 롤인 유지함량이 적은 것보다 접기 횟수가 증가함에 따라 부피가 증가하다가 최고점을 지나면 감소하는 현상이 서서히 나타난다.

26 아이싱이나 토핑에 사용하는 재료의 설명으로 틀린 것은?

① 쇼트닝은 첨가하는 재료에 따라 향과 맛을 살릴 수 있다.
② 분당은 아이싱 제조 시 끓이지 않고 사용할 수 있는 장점이 있다.
③ 생우유는 우유의 향을 살릴 수 있어 바람직하다.
④ 안정제는 수분을 흡수하여 끈적거림을 방지한다.

해설
굽기를 하지 않는 아이싱이나 토핑물에 생우유를 사용하면 아이싱이나 토핑물이 상하기 쉽다.

27 머랭 제조에 대한 설명으로 옳은 것은?

① 기름기나 노른자가 없어야 튼튼한 거품이 나온다.
② 일반적으로 흰자 100에 대하여 설탕 50의 비율로 만든다.
③ 저속으로 거품을 올린다.
④ 설탕을 믹싱 초기에 첨가하여야 부피가 커진다.

해설
② 일반적으로 흰자 100에 대하여 설탕 200의 비율로 만든다.
③ 대부분 중속으로 거품을 올린다.
④ 설탕을 믹싱 초기에 첨가하면 흰자의 공기 포집능력이 저하된다.

28 다음 중 포장 시에 일반적인 빵, 과자 제품의 냉각온도로 가장 적합한 것은?

① 22℃ ② 32℃
③ 38℃ ④ 47℃

해설
빵, 과자 제품의 냉각온도는 35~40℃이다.

29 빵의 노화를 지연시키는 경우가 아닌 것은?

① 저장온도를 −18℃ 이하로 유지한다.
② 21~35℃에서 보관한다.
③ 고율배합으로 한다.
④ 냉장고에서 보관한다.

해설
빵을 냉장고에 보관하면 노화가 촉진된다.

30 생산공장시설의 효율적 배치에 대한 설명 중 적합하지 않은 것은?

① 작업용 바닥면적은 그 장소를 이용하는 사람들의 수에 따라 달라진다.
② 판매장소와 공장의 면적배분(판매 3 : 공장 1)의 비율로 구성되는 것이 바람직하다.
③ 공장의 소요면적은 주방설비의 설치면적과 기술자의 작업을 위한 공간면적으로 이루어진다.
④ 공장의 모든 업무가 효과적으로 진행되기 위한 기본은 주방의 위치와 규모에 대한 설계이다.

해설
판매장소와 공장의 면적배분이 판매 2 : 공장 1의 비율에서 판매 1 : 공장 1의 비율로 구성되는 추세이다.

정답 21 ② 22 ② 23 ③ 24 ② 25 ① 26 ③ 27 ① 28 ③ 29 ④ 30 ②

31 달걀 껍질을 제외한 전란의 고형질 함량은 일반적으로 약 몇 %인가?

① 5% ② 15%
③ 25% ④ 35%

해설
- 전란(흰자와 노른자)의 고형질 함량 : 25%
- 난황(노른자)의 고형질 함량 : 50%
- 난백(흰자)의 고형질 함량 : 12%

32 밀가루 A, B, C, D 네 가지 제품의 수분함량과 가격이 아래 표와 같을 때 고형분에 대한 단가를 고려하여 어떤 밀가루를 사용하는 것이 가장 경제적인가?

종류	수분함량	가격
밀가루 A	11%	14,000원
밀가루 B	12%	13,500원
밀가루 C	13%	13,000원
밀가루 D	13.5%	12,800원

① A ② B
③ C ④ D

해설
- 밀가루 A : 14,000원÷(100%−11%)=157.30원
- 밀가루 B : 13,500원÷(100%−12%)=153.41원
- 밀가루 C : 13,000원÷(100%−13%)=149.42원
- 밀가루 D : 12,800원÷(100%−13.5%)=147.98원

33 이스트에 존재하는 효소로 포도당을 산화시켜 에틸알코올과 이산화탄소를 발생시키는 것은?

① 인버타아제(Invertase)
② 리파아제(Lipase)
③ 찌마아제(Zymase)
④ 말타아제(Maltase)

해설
포도당과 과당은 이스트에 존재하는 찌마아제(Zymase)에 의해 $2CO_2$(이산화탄소) +$2C_2H_5OH$(에틸알코올)+57kcal(에너지) 등을 생성한다.

34 다음 중 설탕을 포도당과 과당으로 분해하여 만든 당으로 감미도와 수분 보유력이 높은 당은?

① 황설탕
② 분당
③ 전화당
④ 정백당

해설
전화당 : 자당(설탕)을 산이나 효소로 가수분해하면 같은 양의 포도당과 과당이 생성되는데, 이 혼합물을 가리킨다.

35 아이싱에 사용하는 안정제 중 적정한 농도의 설탕과 산(酸)이 있어야 쉽게 굳는 것은?

① 한천
② 펙틴
③ 젤라틴
④ 로커스트 빈 검

해설
- 아이싱이란 설탕으로 만든 장식 재료를 가리키는 명칭임과 동시에 설탕을 위주로 한 재료를 빵류와 과자류 제품에 덮거나 한 겹 씌우는 일을 말한다.
- 안정제란 유동성의 혼합물인 물과 기름, 기포 등의 불완전한 상태에 있는 액체의 점도를 증가시켜 젤리 상태의 보형성을 가지게 하여 안정된 구조로 바꾸어 주는 역할을 한다.
- 당분 60~65%, 펙틴 1.0~1.5%, pH 3.2의 산이 되면 젤리가 형성된다.

36 유지의 물리적 기능 중 크림성의 기능은?

① 제품을 부드럽게 한다.
② 산패를 방지한다.
③ 밀어펴지는 성질을 부여한다.
④ 공기를 포집하여 부피를 좋게 한다.

해설
유지의 물리적 특성인 크림성은 버터크림, 파운드 케이크 제조 시 공기를 포집하여 부피를 좋게 한다.

37 우유 2,000g을 사용하는 식빵 반죽에 전지분유를 사용할 때 분유와 물의 사용량은?

① 분유 200g, 물 1,800g
② 분유 300g, 물 1,700g
③ 분유 400g, 물 1,600g
④ 분유 600g, 물 1,400g

해설
- 우유의 10%는 고형분이고 90%는 수분으로 이루어져 있다.
- 2,000g×0.1=200g은 분유로 대신한다.
- 2,000g×0.9=1,800g은 물로 대신한다.

38 다음 중 글리세린(Glycerin)에 대한 설명으로 틀린 것은?

① 무색, 무취로 시럽과 같은 액체이다.
② 지방의 가수분해 과정을 통해 얻어진다.
③ 식품의 보습제로 이용된다.
④ 물보다 비중이 가벼우며, 물에 녹지 않는다.

해설
글리세린은 물보다 비중이 무거우며, 물에 잘 섞인다.

39 튀김에 기름을 반복 사용할 경우 일어나는 주요한 변화 중 틀린 것은?

① 중합의 증가
② 변색의 증가
③ 점도의 증가
④ 발연점의 상승

해설
튀김기름을 반복해서 사용하면 푸른 연기가 발생하는 지점, 즉 발연점이 낮아진다.

40 일반적으로 시유의 수분 함량은?

① 58% 정도
② 65% 정도
③ 88% 정도
④ 98% 정도

해설
시유란 Market milk(시장에서 파는 우유)라는 뜻으로 수분 함량이 88%이다.

정답 31 ③ 32 ④ 33 ③ 34 ③ 35 ② 36 ④ 37 ① 38 ④ 39 ④ 40 ③

41 유지에 유리지방산이 많을수록 어떠한 변화가 나타나는가?

① 발연점이 높아진다.
② 발연점이 낮아진다.
③ 융점이 높아진다.
④ 산가가 낮아진다.

해설
유리지방산이란 글리세린과 결합되지 않은 지방산으로 열에 불안정하여 쉽게 기체로 바뀐다. 그래서 유지에 유리지방산이 많을수록 발연점이 낮아진다.

42 우유의 pH를 4.6으로 유지하였을 때, 응고되는 단백질은?

① 카세인(Casein)
② α-락트알부민(Lactalbumin)
③ β-락토글로불린(Lactoglobulin)
④ 혈청알부민(Serum albumin)

해설
우유 단백질인 카세인은 정상적인 우유의 pH인 6.6에서 pH 4.6으로 내려가면 칼슘과의 화합물 형태로 응고한다.

43 물의 경도를 높여주는 작용을 하는 재료는?

① 이스트 푸드 ② 이스트
③ 설탕 ④ 밀가루

해설
이스트 푸드에는 황산칼슘, 인산칼슘, 과산화칼슘 등이 함유되어 있어 물의 경도를 조절하여 제빵성을 향상시킨다.

44 유화제를 사용하는 목적이 아닌 것은?

① 물과 기름이 잘 혼합되게 한다.
② 빵이나 케이크를 부드럽게 한다.
③ 빵이나 케이크가 노화되는 것을 지연시킬 수 있다.
④ 달콤한 맛이 나게 하는 데 사용한다.

해설
글리세린처럼 유화제의 종류에 따라서는 감미를 갖고 있기도 하지만, 유화제의 주된 기능은 아니다.

45 초콜릿 템퍼링의 방법으로 올바르지 않은 것은?

① 중탕 그릇이 초콜릿 그릇보다 넓어야 한다.
② 중탕 시 물의 온도는 60℃로 맞춘다.
③ 1차 용해된 초콜릿의 온도는 40~45℃로 맞춘다.
④ 용해된 초콜릿에 물이 들어가지 않도록 주의한다.

해설
중탕 그릇이 초콜릿 그릇보다 넓으면, 증기가 초콜릿 그릇에 들어가 초콜릿 블룸 현상을 일으킨다.

46 다음 중 체중 1kg당 단백질 권장량이 가장 많은 대상으로 옳은 것은?

① 1~2세 유아
② 9~11세 여자
③ 15~19세 남자
④ 65세 이상 노인

해설
인간의 생애주기표에서 가장 급격하게 신체발달이 일어나는 시기가 1~2세 유아기이므로 체중 1kg당 단백질 권장량이 가장 많다.

47 단당류의 성질에 대한 설명 중 틀린 것은?

① 선광성이 있다.
② 물에 용해되어 단맛을 가진다.
③ 산화되어 다양한 알코올을 생성한다.
④ 분자 내의 카르보닐기에 의하여 환원성을 가진다.

해설
- 단당류는 산화되어 에틸알코올만을 생성한다.
- 선광성이란 당용액에 직선편광을 비추었을 때, 당용액 속을 진행하는 사이에 편광면이 회전하는 성질이다. 이를 일명 광회전성이라고도 한다.

48 생체 내에서 지방의 기능으로 틀린 것은?

① 생체기관을 보호한다.
② 체온을 유지한다.
③ 효소의 주요 구성 성분이다.
④ 주요한 에너지원이다.

해설
효소의 주요 구성 성분은 단백질이다.

49 트립토판 360mg은 체내에서 니아신 몇 mg으로 전환되는가?

① 0.6mg ② 6mg
③ 36mg ④ 60mg

해설
- 트립토판은 체내에서 1.67%가 니아신으로 전환
- 360mg×0.0167=6.012mg

50 빵, 과자 중에 많이 함유된 탄수화물이 소화, 흡수되어 수행하는 기능이 아닌 것은?

① 에너지를 공급한다.
② 단백질 절약 작용을 한다.
③ 뼈를 자라게 한다.
④ 분해되면 포도당이 생성된다.

해설
뼈를 자라게 하는 것은 무기질이다.

51 질병 발생의 3대 요소가 아닌 것은?

① 병인
② 환경
③ 숙주
④ 항생제

해설
항생제는 질병을 억제하는 재료이다.

52 화농성 질병이 있는 사람이 만든 제품을 먹고 식중독을 일으켰다면 가장 관계가 깊은 원인균은?

① 장염 비브리오균
② 살모넬라균
③ 보툴리누스균
④ 황색 포도상구균

해설
황색 포도상구균은 조리사의 화농병소와 관련이 있고, 잠복기는 평균 3시간이다.

정답 41 ② 42 ① 43 ① 44 ④ 45 ① 46 ① 47 ③ 48 ③ 49 ② 50 ③ 51 ④ 52 ④

53 세균의 대표적인 3가지 형태분류에 포함되지 않는 것은?

① 구균(Coccus)
② 나선균(Spirillum)
③ 간균(Bacillus)
④ 페니실린균(Penicillium)

해설
※ 세균류의 형태
- 구균 : 공 모양으로 생긴 균
- 나선균 : 나사 모양으로 생긴 균
- 간균 : 약간 긴 구형의 균

54 경구감염병의 예방법으로 부적합한 것은?

① 모든 식품을 일광 소독한다.
② 감염원이나 오염물을 소독한다.
③ 보균자의 식품취급을 금한다.
④ 주위 환경을 청결히 한다.

해설
모든 식품을 냉동보관한다.

55 다음 중 유지의 산화방지를 목적으로 사용되는 산화방지제는?

① Vitamin B
② Vitamin D
③ Vitamin E
④ Vitamin K

해설
유지의 산화방지(항산화제)로 쓰이는 비타민은 토코페롤(Vitamin E)이다.

56 원인균이 내열성포자를 형성하기 때문에 병든 가축의 사체를 처리할 경우 반드시 소각처리 하여야 하는 인수공통감염병은?

① 돈단독
② 결핵
③ 파상열
④ 탄저병

해설
탄저병 : 원인균은 바실러스 안트라시스이며 수육을 조리하지 않고 섭취했거나 피부상처 부위로 감염되기 쉽다. 원인균은 내열성 포자를 형성한다.

57 미나마타병은 어떤 중금속에 오염된 어패류의 섭취 시 발생되는가?

① 수은
② 카드뮴
③ 납
④ 아연

해설
- 수은(Hg) : 미나마타병
- 카드뮴(Cd) : 이타이이타이병
- 아연(Zn) : 복통, 구토, 경련

58 다음 중 사용이 허가되지 않은 유해감미료는?

① 사카린(Saccharin)
② 아스파탐(Aspartame)
③ 소르비톨(Sorbitol)
④ 둘신(Dulcin)

해설
유해감미료 : 둘신, 사이클라메이트, 페릴라틴, 에틸렌글리콜

59 다음 중 조리사의 직무가 아닌 것은?

① 집단급식소에서의 식단에 따른 조리업무
② 구매식품의 검수 지원
③ 집단급식소의 운영일지 작성
④ 급식설비 및 기구의 위생, 안전 실무

해설
집단급식소의 운영일지 작성은 영양사의 직무이다.

60 해수세균의 일종으로 식염농도 3%에서 잘 생육하며 어패류를 생식할 경우 중독될 수 있는 균은?

① 보툴리누스균
② 장염 비브리오균
③ 웰치균
④ 살모넬라균

해설
※ 세균성 식중균의 감염경로
- 살모넬라균은 통조림 제품류는 제외하고 어패류, 유가공류, 육류 등 거의 모든 식품에 의해 감염된다.
- 장염 비브리오균은 여름철에 어류, 패류, 해조류 등에 의해 감염된다.
- 병원성 대장균은 환자나 보균자의 분변 등에 의해 감염된다.
- 포도상구균은 조리사의 화농병소에 의해 오염된 크림빵, 김밥, 도시락, 찹쌀떡이 주원인 식품이며, 봄과 가을철에 많이 발생한다.
- 보툴리누스균은 병조림, 통조림, 소시지, 훈제품 등 진공포장 식품에 의해 감염된다.
- 웰치균은 사람의 분변이나 토양에 의해 감염된다.
- 바실러스 세레우스균은 토양, 곡류, 탄수화물 식품에 의해 감염된다.

정답 53 ④ 54 ① 55 ③ 56 ④ 57 ① 58 ④ 59 ③ 60 ②

01 **펀치의 효과와 거리가 먼 것은?**

① 반죽의 온도를 균일하게 한다.
② 이스트의 활성을 돕는다.
③ 산소 공급으로 반죽의 산화 숙성을 진전시킨다.
④ 성형을 용이하게 한다.

해설
분할과 둥글리기 하는 과정에서 반죽에 생긴 긴장을 이완시켜 반죽에 유연성과 탄력성을 부여하며 성형을 용이하게 하는 공정은 중간 발효이다.

02 **80% 스펀지에서 전체 밀가루가 2,000g, 전체 가수율이 63%인 경우, 스펀지에 55%의 물을 사용하였다면 본 반죽에 사용할 물량은?**

① 380g ② 760g
③ 1,140g ④ 1,260g

해설
- 스펀지에 사용한 물의 양 = 2,000g × 0.8 × 0.55 = 880g
- 전체 가수량 = 2,000g × 0.63 = 1,260g
- 본반죽에 사용할 물의 양 = 1,260 − 880 = 380g

03 **액체발효법(액종법)에 대한 설명으로 옳은 것은?**

① 균일한 제품생산이 어렵다.
② 발효 손실에 따른 생산손실을 줄일 수 있다.
③ 공간 확보와 설비비가 많이 든다.
④ 한 번에 많은 양을 발효시킬 수 없다.

해설 액체발효법의 장점
- 단백질 함량이 적어 발효내구력이 약한 밀가루로 빵을 생산하는 데도 사용할 수 있다.
- 한 번에 많은 양을 발효시킬 수 있다.
- 발효손실에 따른 생산손실을 줄일 수 있다.
- 펌프와 탱크설비로만 이루어지므로 공간, 설비가 감소된다.
- 균일한 제품생산이 가능하다.

04 **노타임 반죽법에 사용되는 산화, 환원제의 종류가 아닌 것은?**

① ADA(Azodicarbonamide)
② L-시스테인
③ 소르브산
④ 요오드칼슘

해설
- 산화제 : 요오드칼륨, 브롬산칼륨, ADA
- 환원제 : L-시스테인, 프로테아제, 소르브산

05 **냉동반죽의 해동을 높은 온도에서 빨리할 경우 반죽의 표면에서 물이 나오는 드립(Drip)현상이 발생하는데 그 원인이 아닌 것은?**

① 얼음결정이 반죽의 세포를 파괴 손상
② 반죽 내 수분의 빙결분리
③ 단백질의 변성
④ 급속냉동

해설
냉동반죽은 냉동 시 수분이 얼면서 팽창하여 이스트를 사멸시키거나 글루텐을 파괴하는 것을 막기 위하여 급속냉동한다.

06 **냉동반죽을 2차 발효시키는 방법 중 가장 올바른 것은?**

① 냉장고에서 15~16시간 냉장 해동시킨 후 30~33℃, 상대습도 80%의 2차 발효실에서 발효시킨다.
② 실온(25℃)에서 30~60분간 자연 해동시킨 후 38℃, 상대습도 85%의 2차 발효실에서 발효시킨다.
③ 냉동반죽을 30~33℃, 상대습도 80%의 2차 발효실에 넣어 해동시킨 후 발효시킨다.
④ 냉동반죽을 38~43℃, 상대습도 90%의 고온다습한 2차 발효실에 넣어 해동시킨 후 발효시킨다.

해설
냉동반죽은 냉장고에서 냉장해동을 장시간에 걸쳐 완만해동시킨 후 30℃ 정도에서 2차 발효를 시켜야 2차 발효 동안 반죽이 퍼지지 않는다.

07 **저율배합의 특징으로 옳은 것은?**

① 저장성이 짧다.
② 제품이 부드럽다.
③ 저온에서 굽기한다.
④ 대표적인 제품으로 브리오슈가 있다.

해설
저율배합은 설탕, 유지의 함량이 적기 때문에 제품의 수분을 보유하는 능력이 떨어진다. 그래서 저율배합 제품은 저장성이 짧다.

08 **믹싱의 효과로 거리가 먼 것은?**

① 원료의 균일한 분산
② 반죽의 글루텐 형성
③ 이물질 제거
④ 반죽에 공기 혼입

해설
이물질 제거는 체질의 효과이다.

09 **빵 반죽의 흡수율에 영향을 미치는 요소에 대한 설명으로 옳은 것은?**

① 설탕 5% 증가 시 흡수율은 1%씩 감소한다.
② 빵 반죽에 알맞은 물은 경수(센물)보다 연수(단물)이다.
③ 반죽온도가 5℃ 증가함에 따라 흡수율이 3% 증가한다.
④ 유화제 사용량이 많으면 물과 기름의 결합이 좋게 되어 흡수율이 감소된다.

해설
② 빵 반죽에 알맞은 물은 아경수이다.
③ 반죽온도가 5℃ 증가함에 따라 흡수율이 3% 감소한다.
④ 유화제의 사용량은 수분 흡수율을 증가시킨다.

정답 01 ④ 02 ① 03 ② 04 ④ 05 ④ 06 ① 07 ① 08 ③ 09 ①

10 반죽의 신장성에 대한 저항을 측정하는 방법은?

① 믹소그래프
② 익스텐소그래프
③ 레오그래프
④ 패리노그래프

해설
- 믹소그래프 : 글루텐의 발달 정도를 측정
- 레오그래프 : 반죽이 기계적 발달을 할 때 일어나는 변화를 측정
- 패리노그래프 : 글루텐의 흡수율, 글루텐의 질, 반죽의 내구성, 믹싱시간 등을 측정

11 발효에 직접적으로 영향을 주는 요소와 가장 거리가 먼 것은?

① 반죽온도 ② 계란의 신선도
③ 이스트의 양 ④ 반죽의 pH

해설
※ 발효(가스 발생력)에 영향을 주는 요소
- 충분한 물(반죽의 수분함량)
- 적당한 온도(반죽온도)
- 산도(반죽의 pH)
- 이스트의 양
- 발효성 탄수화물의 양(이스트의 먹이)
- 설탕과 소금의 삼투압
- 무기물(인, 칼륨)의 함량

12 제빵 시 2차 발효의 목적이 아닌 것은?

① 발효산물 중 유기산과 알코올이 글루텐의 신장성과 탄력성을 높여 오븐팽창이 잘 일어나도록 하기 위해
② 빵의 향에 관계하는 발효산물인 알코올, 유기산 및 그 밖의 방향성 물질을 날려 보내기 위해
③ 성형공정을 거치면서 가스가 빠진 반죽을 다시 부풀리기 위해
④ 온도와 습도를 조절하여 이스트의 활성을 촉진시키기 위해

해설
제빵 시 2차 발효는 빵의 향에 관계하는 발효산물인 알코올 유기산 및 그 밖의 방향성 물질을 포집하기 위함이다.

13 다음 제품 중 2차 발효실의 습도를 가장 높게 설정해야 되는 것은?

① 호밀빵 ② 햄버거빵
③ 불란서빵 ④ 빵 도넛

해설
- 햄버거빵과 잉글리시 머핀은 반죽에 흐름성을 부여하기 위해 2차 발효실의 습도를 높게 설정한다.
- 불란서빵과 빵 도넛은 반죽의 탄력성을 유지하기 위해 2차 발효실의 습도를 낮게 설정한다.

14 다음은 어떤 공정의 목적인가?

자른 면의 점착성을 감소시키고 표피를 형성하여 탄력을 유지시킨다.

① 분할 ② 둥글리기
③ 중간 발효 ④ 정형

해설
둥글리기란 분할한 반죽을 손이나 전용 기계(라운더)로 뭉쳐 둥글림으로써 반죽이 잘린 단면을 매끄럽게 마무리하고 가스를 균일하게 조절한다.

15 중간 발효가 필요한 주된 이유는?

① 탄력성을 약화시키기 위하여
② 모양을 일정하게 하기 위하여
③ 반죽온도를 낮게 하기 위하여
④ 반죽에 유연성을 부여하기 위하여

해설
반죽으로 여러 모양을 만들 수 있도록 반죽에 유연성을 부여하는 것이 중간 발효가 필요한 주된 이유이다.

16 둥글리기 하는 동안 반죽의 끈적거림을 없애는 방법으로 잘못된 것은?

① 반죽의 최적 발효 상태를 유지한다.
② 덧가루를 사용한다.
③ 반죽에 유화제를 사용한다.
④ 반죽에 파라핀 용액을 10% 첨가한다.

해설
파라핀 용액은 반죽 무게의 0.1~0.2%를 사용한다.

17 이형유에 관한 설명 중 틀린 것은?

① 틀을 실리콘으로 코팅하면 이형유 사용을 줄일 수 있다.
② 이형유는 발연점이 높은 기름을 사용한다.
③ 이형유 사용량은 반죽무게에 대하여 0.1~0.2% 정도이다.
④ 이형유 사용량이 많으면 밑껍질이 얇아지고 색상이 밝아진다.

해설
여기에서 말하는 이형유란 빵 반죽을 팬에 놓을 때 팬에 바르는 기름으로 팬에 기름칠을 많이 하면, 빵 반죽이 기름에 튀겨져 밑껍질이 두껍고 색상이 진하다.

18 오븐 온도가 낮을 때 제품에 미치는 영향은?

① 2차 발효가 지나친 것과 같은 현상이 나타난다.
② 껍질이 급격히 형성된다.
③ 제품의 옆면이 터지는 현상이다.
④ 제품의 부피가 작아진다.

해설
※ 너무 낮은 오븐 온도가 제품에 미치는 영향
- 껍질이 잘 형성되지 않는다.
- 제품의 부피가 크다.
- 굽기손실 비율이 크다.
- 풍미가 떨어진다.
- 껍질이 두꺼워져 옆면이 터지지 않는다.

19 제빵 시 굽기 단계에서 일어나는 반응에 대한 설명으로 틀린 것은?

① 표피부분이 160℃를 넘어서면 당과 아미노산이 마이야르 반응을 일으켜 멜라노이드를 만들고, 당의 캐러멜화반응이 일어나고 전분이 덱스트린으로 분해된다.
② 글루텐은 90℃부터 굳기 시작하여 빵이 다 구워질 때까지 천천히 계속된다.
③ 반죽온도가 60℃에 가까워지면 이스트가 죽기 시작한다. 그와 함께 전분이 호화하기 시작한다.
④ 반죽온도가 60℃로 오르기까지 효소의 작용이 활발해지고 휘발성 물질이 증가한다.

해설
글루텐은 74℃부터 굳기 시작한다.

정답 10 ② 11 ② 12 ② 13 ② 14 ② 15 ④ 16 ④ 17 ④ 18 ① 19 ②

20 빵 제품의 평가항목에 대한 설명으로 틀린 것은?

① 외관 평가는 부피 겉껍질 색상이다.
② 내관 평가는 기공, 속색, 조직이다.
③ 종류 평가는 크기, 무게, 가격이다.
④ 빵의 식감 특성은 냄새, 맛, 입안에서의 감촉이다.

해설
빵 제품의 평가항목에는 외부(외관) 평가, 내부(내관) 평가, 식감 평가 등이 있다. 여기서 가장 중요한 평가항목은 맛이다.

21 제빵에서 물의 양이 적량보다 적을 경우 나타나는 결과와 거리가 먼 것은?

① 수율이 낮다.　② 향이 강하다.
③ 부피가 크다.　④ 노화가 빠르다.

해설
글루텐의 가스보유력을 증진시키기 위해서는 적당한 양의 물이 공급되어야 한다. 만약에 물의 양이 적량보다 적으면 가스보유력이 떨어져 완제품의 부피가 작다.

22 식빵 제조 시 부피를 가장 크게 하는 쇼트닝의 적정한 비율은?

① 4~6%　② 8~11%
③ 13~16%　④ 18~20%

해설
쇼트닝 3~4% 첨가 시 가수 보유력에는 좋은 효과가 생긴다.

23 빵의 부피가 가장 크게 되는 경우는?

① 숙성이 안 된 밀가루를 사용할 때
② 물을 적게 사용할 때
③ 반죽이 지나치게 믹싱되었을 때
④ 발효가 더 되었을 때

해설
발효가 더 되면 빵 반죽을 팽창시키는 발효 산물이 많이 생성되어 굽기 시 지나친 Oven Spring을 일으켜 빵의 부피가 지나치게 크게 된다.

24 식빵의 밑이 움푹 패이는 원인이 아닌 것은?

① 2차 발효실의 습도가 높을 때
② 팬의 바닥에 수분이 있을 때
③ 오븐 바닥열이 약할 때
④ 팬에 기름칠을 하지 않을 때

해설
※ 식빵의 밑바닥이 움푹 들어가는 원인
- 반죽 정도가 부족하거나 심하다.
- 믹서의 회전속도가 느렸다.
- 반죽이 질었다.
- 틀이 뜨거웠다.
- 틀에 기름을 칠하지 않았다.
- 2차 발효실의 습도가 높았다.
- 오븐의 바닥온도가 높았다.

25 단과자빵의 껍질에 흰 반점이 생긴 경우 그 원인에 해당되지 않는 것은?

① 반죽온도가 높았다.
② 발효하는 동안 반죽이 식었다.
③ 숙성이 덜 된 반죽을 그대로 정형하였다.
④ 2차 발효 후 찬 공기를 오래 쐬었다.

해설
껍질에 흰 반점이 생기는 이유는 공정 중에 발효를 저해시키는 요인이 발생하여 숙성이 덜된 반죽을 그대로 구웠기 때문이다.

26 굳어진 설탕 아이싱 크림을 여리게 하는 방법으로 부적합한 것은?

① 설탕 시럽을 더 넣는다.
② 중탕으로 가열한다.
③ 전분이나 밀가루를 넣는다.
④ 소량의 물을 넣고 중탕으로 가온한다.

해설
전분이나 밀가루 같은 흡수제를 사용하는 경우는 아이싱의 끈적거림을 방지하기 위해서 사용한다.

27 도넛을 글레이즈할 때 글레이즈의 적정한 품온은?

① 24~27℃　② 28~32℃
③ 33~36℃　④ 43~49℃

해설
도넛 글레이즈는 분당에 물을 넣으면서 물이 고루 분산되도록 개어 퐁당 상태로 만든다. 도넛 글레이즈의 사용 온도는 45~50℃가 적당하다.

28 빵 포장의 목적으로 부적합한 것은?

① 빵의 저장성 증대
② 빵의 미생물 오염 방지
③ 수분 증발 촉진
④ 상품의 가치 향상

해설
빵을 포장지로 포장하면 수분 증발을 방지하여 빵의 노화를 억제할 수 있다.

29 주로 소매점에서 자주 사용하는 믹서로서 거품형 케이크 및 빵 반죽이 모두 가능한 믹서는?

① 수직 믹서(Vertical Mixer)
② 스파이럴 믹서(Spiral Mixer)
③ 수평 믹서(Horizontal Mixer)
④ 핀 믹서(Pin Mixer)

해설
회전하는 축이 수직인 수직믹서는 소규모 제과점에서 사용하며 빵, 과자반죽을 만들 때 사용한다.

30 다음 중 제과 생산관리에서 제1차 관리 3대 요소가 아닌 것은?

① 사람(Man)
② 재료(Meterial)
③ 방법(Method)
④ 자금(Money)

해설
- 제1차 관리 : 사람, 재료, 자금
- 제2차 관리 : 방법, 시간, 시설, 시장

※ 제1차 관리 3대 요소
- Man : 생산 직원의 기능적 숙련도와 인원을 관리한다.
- Material : 제과제빵 재료의 품질과 재고를 관리한다.
- Money : 생산비용과 제품의 원가를 관리한다.

정답 20 ③　21 ③　22 ①　23 ④　24 ③　25 ①　26 ③　27 ④　28 ③　29 ①　30 ③

31 이스트에 질소 등의 영양을 공급하는 제빵용 이스트 푸드의 성분은?

① 칼슘염 ② 암모늄염
③ 브롬염 ④ 요오드염

해설
NH_4로 구성된 암모늄염은 분해되면서 이스트에 N(질소)를 공급한다.

32 제빵에서 설탕의 기능으로 틀린 것은?

① 이스트의 영양분이 된다.
② 껍질색이 나게 한다.
③ 향을 향상시킨다.
④ 노화를 촉진시킨다.

해설
설탕은 수분보유력을 갖고 있어 빵의 노화를 지연시킨다.

33 술에 대한 설명으로 틀린 것은?

① 생크림의 비린 맛 등을 완화시켜 풍미를 좋게 한다.
② 증류주란 발효시킨 양조주를 증류한 것이다.
③ 양조주란 곡물이나 과실을 원료로 하여 효모로 발효시킨 것이다.
④ 혼성주란 증류주를 기본으로 하여 정제당을 넣고 과실 등의 추출물로 향미를 낸 것으로 대부분 알코올 농도가 낮다.

해설
혼성주는 대부분 알코올 농도가 높다.

34 다음 탄수화물 중 요오드 용액에 의하여 청색반응을 보이며 β-아밀라아제에 의해 맥아당으로 바뀌는 것은?

① 아밀로오스 ② 아밀로펙틴
③ 포도당 ④ 유당

해설
- 아밀로오스는 요오드 용액에 청색 반응을 나타낸다.
- 아밀로펙틴은 요오드 용액에 적자색 반응을 나타낸다.

35 제빵에서 밀가루, 이스트, 물과 함께 기본적인 필수재료는?

① 분유
② 유지
③ 소금
④ 설탕

해설
빵이란 밀가루에 이스트, 소금, 물 등을 넣고 반죽을 만든 후 이것을 발효시켜 구운 것을 말한다.

36 안정제를 사용하는 목적으로 적합하지 않은 것은?

① 아이싱의 끈적거림 방지
② 크림 토핑의 거품 안정
③ 머랭의 수분 배출 촉진
④ 포장성 개선

해설
머랭에 안정제를 사용하면 수분보유가 증진된다.

37 젖은 글루텐 중의 단백질 함량이 12%일 때 건조 글루텐의 단백질 함량은?

① 12%
② 24%
③ 36%
④ 48%

해설
- 건조 글루텐=젖은 글루텐÷3은 증발한 수분의 양을 의미한다. 그러므로 다음과 같은 식이 성립한다.
- 건조 글루텐의 단백질 함량=젖은 글루텐의 단백질 함량×3은 수분이 증발하므로 증가한 단백질 함량의 배수이다.

38 일시적 경수에 대한 설명으로 맞는 것은?

① 황산염에 기인한다.
② 제빵에 사용하기 가장 좋다.
③ 끓여도 경도가 제거되지 않는다.
④ 가열 시 탄산염으로 되어 침전된다.

해설
일시적 경수란 탄산칼슘의 형태로 들어 있는 경수로, 끓이면 불용성 탄산염으로 분해되어 연수가 된다.

39 맥아에 함유되어 있는 아밀라아제를 이용하여 전분을 당화시켜 엿을 만든다. 이때 엿에 주로 함유되어 있는 당류는?

① 유당(Lactose, 락토오스)
② 과당(Fructose, 프락토오스)
③ 맥아당(Maltose, 말토오스)
④ 포도당(Glucose, 글루코오스)

해설
엿에는 엿당이라고 불리는 맥아당이 많이 함유되어 있다.

40 제분에 대한 설명 중 틀린 것은?

① 넓은 의미의 개념으로 제분이란 곡류를 가루로 만드는 것이지만 일반적으로 밀을 사용하여 밀가루를 제조하는 것을 제분이라고 한다.
② 밀은 배유부가 치밀하거나 단단하지 못하여 도정할 경우 싸라기가 많이 나오기 때문에 처음부터 분말화하여 활용하는 것을 제분이라고 한다.
③ 제분 시 밀기울이 많이 들어가면 밀가루의 회분 함량이 낮아진다.
④ 제분율이란 밀을 제분하여 밀가루를 만들 때 밀에 대한 밀가루의 백분율을 말한다.

해설
밀기울 부위에는 무기질이 많이 함유되어 있기 때문에 제분 시 밀기울이 많이 들어가면 밀가루의 회분(무기질) 함량이 높아진다.

정답 31 ② 32 ④ 33 ④ 34 ① 35 ③ 36 ③ 37 ③ 38 ④ 39 ③ 40 ③

41 글루텐을 형성하는 단백질 중 수용성 단백질은?

① 글리아딘 ② 글루테닌
③ 메소닌 ④ 글로불린

해설
※ 글루텐 형성 단백질들을 용해시키는 용매
- 글리아딘 : 70% 알코올에 용해
- 글루테닌 : 묽은 산, 알칼리에 용해
- 메소닌 : 묽은 초산에 용해
- 글로불린 : 물에 불용성이나 학자에 따라선 물에 용해되는 것으로 구분함
- 알부민 : 물에 용해되는 수용성 단백질

42 유지의 산패 정도를 나타내는 값이 아닌 것은?

① 산가 ② 요오드가
③ 아세틸가 ④ 과산화물가

해설
요오드가는 불포화지방산에 있는 2중 결합의 개수나 위치를 측정할 때 사용된다.

43 우유 성분으로 제품의 껍질색을 빨리 일어나게 하는 것은?

① 젖산 ② 카세인
③ 무기질 ④ 유당

해설
우유의 성분 중 열반응을 일으키는 성분은 이당류인 유당이다.

44 다크 초콜릿을 템퍼링(Tempering) 할 때 맨 처음 녹이는 공정의 온도 범위로 가장 적합한 것은?

① 10~20℃ ② 20~30℃
③ 30~40℃ ④ 40~50℃

해설
초콜릿의 종류에 따라 템퍼링 온도가 다르지만 이론적으로는 처음 녹이는 공정의 온도 범위는 40~50℃로 설정한다.

45 다음 중 신선한 계란의 특징은?

① 8% 식염수에 뜬다.
② 흔들었을 때 소리가 난다.
③ 난황계수가 0.1 이하이다.
④ 껍질에 광택이 없고 거칠다.

해설
① 8% 소금물에 가라앉는다.
② 흔들었을 때 소리가 안 난다.
③ 난황계수가 0.4이다.

46 췌장에서 생성되는 지방분해 효소는?

① 트립신 ② 아밀라아제
③ 펩신 ④ 리파아제

해설
- 트립신 : 췌장에서 효소 전구체 트립시노겐의 형태로 생성된다. 단백질 분해효소
- 아밀라아제 : 탄수화물 분해효소
- 펩신: 위선에서 생성되는 단백질 분해효소
- 췌장(이자) : 위 및 간 근처의 복막 밖에 있는 길이 약 15cm의 어두운 누런빛의 장기

47 비타민의 일반적인 결핍증이 잘못 연결된 것은?

① 비타민 B_{12} – 부종
② 비타민 D – 구루병
③ 나이아신 – 펠라그라
④ 리보플라빈 – 구내염

해설
비타민 B_{12} : 악성빈혈, 간 질환, 성장 정지

48 유당분해효소결핍증(유당불내증)의 일반적인 증세가 아닌 것은?

① 복부경련 ② 설사
③ 발진 ④ 메스꺼움

해설
① 유당불내증 : 유당을 분해하는 락타아제라는 효소의 결핍으로 발병한다.
② 발진 : 피부 부위에 작은 종기(염증)가 광범위하게 돋는 온갖 병

49 아미노산과 아미노산 간의 결합은?

① 글리코사이드 결합
② 펩타이드 결합
③ α-1,4 결합
④ 에스테르 결합

해설
아미노산은 단백질을 구성하는 기본 단위로 아미노산과 아미노산 간의 결합을 펩타이드 결합이라고 한다.

50 건조된 아몬드 100g에 탄수화물 16g, 단백질 18g, 지방 54g, 무기질 3g, 수분 6g, 기타 성분 등을 함유하고 있다면 이 건조된 아몬드 100g의 열량은?

① 약 200㎉ ② 약 364㎉
③ 약 622㎉ ④ 약 751㎉

해설
아몬드의 열량=(탄수화물×4)+(지방×9)+(단백질×4)
=(16×4)+(54×9)+(18×4)=622㎉

51 정제가 불충분한 기름 중에 남아 식중독을 일으키는 고시폴(Gossypol)은 어느 기름에서 유래하는가?

① 피마자유
② 콩기름
③ 면실유
④ 미강유

해설
면실유는 목화씨를 압착하여 얻는다.

52 클로스트리디움 보툴리늄 식중독과 관련 있는 것은?

① 화농성 질환의 대표균
② 저온살균 처리로 예방
③ 내열성 포자 형성
④ 감염형 식중독

해설
클로스트리디움 보툴리누스균은 신경독인 뉴로톡신을 생성하며, 포자가 내열성이 강하므로 완전 가열 살균되지 않은 통조림에서 발아하여 신경마비를 일으킨다.

정답 41 ④ 42 ② 43 ④ 44 ④ 45 ④ 46 ④ 47 ① 48 ③ 49 ② 50 ③ 51 ③ 52 ③

53 장염 비브리오균에 감염되었을 때 나타나는 주요 증상은?

① 급성위장염 질환
② 피부수포
③ 신경마비 증상
④ 간경변 증상

해설
장염 비브리오균은 호염성균으로 1차 오염된 어패류의 생식이나 2차 오염된 조리기구의 사용으로 여름철에 집중 발생한다.

54 세균성 식중독과 비교하여 경구감염병의 특징이 아닌 것은?

① 적은 양의 균으로도 질병을 일으킬 수 있다.
② 2차 감염이 된다.
③ 잠복기가 비교적 짧다.
④ 감염 후 면역형성이 잘 된다.

해설
경구감염병은 일반적으로 잠복기가 길다.

55 다음 중 세균에 의한 경구감염병은?

① 콜레라
② 유행성 간염
③ 폴리오
④ 살모넬라증

해설
세균성 경구감염병의 종류에는 세균성이질, 장티푸스, 파라티푸스, 콜레라, 성홍열, 디프테리아가 있다.

56 식품 첨가물의 사용조건으로 바람직하지 않은 것은?

① 식품의 영양가를 유지할 것
② 다량으로 충분한 효과를 낼 것
③ 이미, 이취 등의 영향이 없을 것
④ 인체에 유해한 영향을 끼치지 않을 것

해설
식품 첨가물은 미량으로도 효과가 커야 한다.

57 다음 중 우리나라에서 허용되어 있지 않은 감미료는?

① 시클라민산나트륨
② 사카린나트륨
③ 아세설팜 K
④ 스테비아 추출물

해설
허용되어 있지 않는 감미료의 종류 : 둘신, 에틸렌글리콜, 페릴라틴, 시클라메이트

58 미생물에 의해 주로 단백질이 변화되어 악취, 유해물질을 생성하는 현상은?

① 발효(Fermentation)
② 부패(Putrefaction)
③ 변패(Deferioratation)
④ 산패(Rancidity)

해설
- 발효 : 식품에 미생물이 번식하여 식품의 성질이 변화를 일으키는 현상인데, 식용이 가능한 경우를 말한다.
- 변패 : 탄수화물, 지방식품에 미생물의 분해작용으로 냄새나 맛이 변화하는 현상이다.
- 산패 : 지방의 산화 등에 의해 악취나 변색이 일어나는 현상이다.

59 식중독에 관한 설명 중 잘못된 것은?

① 세균성 식중독에는 감염형과 독소형이 있다.
② 자연독 식중독에는 동물성과 식물성이 있다.
③ 곰팡이독 식중독은 맥각, 황변미 독소 등에 의하여 발생한다.
④ 식이성 알레르기는 식이로 들어온 특정 탄수화물 성분에 면역계가 반응하지 못하여 생긴다.

해설
식이성 알레르기를 일으키는 주된 성분과 식품은 유황화합물과 꽁치, 고등어 등이 있다.

60 다음 중 저온장시간 살균법으로 가장 일반적인 조건은?

① 71.7℃, 15초간 가열
② 60~65℃, 30분간 가열
③ 130~150℃, 1초 이하 가열
④ 95~120℃, 30~60분간 가열

해설
※ 우유의 가열법
- 저온장시간 : 60~65℃, 30분간 가열
- 고온단시간 : 71.7℃, 15초간 가열
- 초고온 순간 : 130~150℃, 1~3초간 가열

정답 53 ① 54 ③ 55 ① 56 ② 57 ① 58 ② 59 ④ 60 ②

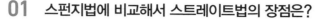

01 스펀지법에 비교해서 스트레이트법의 장점은?

① 노화가 느리다.
② 발효에 대한 내구성이 좋다.
③ 노동력이 감소된다.
④ 기계에 대한 내구성이 증가한다.

해설
스펀지법은 2번 반죽하고 스트레이트법은 한 번 반죽하므로, 스트레이트법이 노동력과 시설이 감소된다.

02 스펀지법에서 스펀지 발효점으로 적합한 것은?

① 처음 부피의 8배로 될 때
② 발효된 생지가 최대로 팽창했을 때
③ 핀홀(Pinhole)이 생길 때
④ 겉표면의 탄성이 가장 클 때

해설
※ 스펀지 발효의 완료점
- 반죽의 부피가 처음의 4~5배로 부푼 상태
- 수축현상이 일어나 반죽 중앙이 오목하게 들어가는 현상이 생길 때
- pH가 4.8을 나타낼 때
- 반죽 표면이 유백색(우유의 흰색)을 띨 때
- 핀홀(바늘구멍)이 생길 때

03 액체발효법에서 가장 정확한 발효점 측정법은?

① 부피의 증가도 측정
② 거품의 상태 측정
③ 산도 측정
④ 액의 색 변화 측정

해설
액종의 발효 완료점은 pH 4.2~5.0으로 산도를 측정하여 확인한다.

04 노타임법에 의한 빵 제조에 관한 설명으로 잘못된 것은?

① 믹싱시간을 20~25% 길게 한다.
② 산화제와 환원제를 사용한다.
③ 물의 양을 1.5% 정도 줄인다.
④ 설탕의 사용량을 다소 감소시킨다.

해설
환원제인 L-시스테인, 단백질 가수분해효소인 프로테아제 등을 사용하여 밀단백질의 S-S결합을 절단하여 반죽발전을 단축시켜 믹싱시간을 25% 정도 줄인다.

05 냉동빵 혼합(Mixing) 시 흔히 사용하고 있는 제법으로, 환원제로 시스테인(Cysteine) 등을 사용하는 제법은?

① 스트레이트법　② 스펀지법
③ 액체발효법　④ 노타임법

해설
냉동빵 반죽은 비상 스트레이트법이나 혹은 노타임법을 사용하지만 환원제로 시스테인을 사용하는 반죽법은 노타임법이다.

06 냉동반죽 제품의 장점이 아닌 것은?

① 계획생산이 가능하다.
② 인당 생산량이 증가한다.
③ 이스트의 사용량이 감소된다.
④ 반죽의 저장성이 향상된다.

해설
냉동반죽은 이스트의 냉해를 고려하여 고온반죽보다 이스트의 양을 2배로 사용한다.

07 다음 표에 나타난 배합 비율을 이용하여 빵 반죽 1,802g을 만들려고 한다. 다음 재료 중 계량된 무게가 틀린 것은?

순서	재료명	비율(%)	무게(g)
1	강력분	100	1,000
2	물	63	(가)
3	이스트	2	20
4	이스트 푸드	0.2	(나)
5	설탕	6	(다)
6	쇼트닝	4	40
7	분유	3	(라)
8	소금	2	20
합계		180.2	1,802

① (가) 630g　② (나) 2.4g
③ (다) 60g　④ (라) 30g

해설
- g ÷ % = 배(倍), g ÷ 배(倍) = %, % × 배(倍) = g
- 1kg = 1,000g, 1g = 1,000mg, 1g = 0.001kg, 1mg = 0.001g

08 반죽제조 단계 중 렛다운(Let down) 상태까지 믹싱하는 제품으로 적당한 것은?

① 옥수수 식빵, 밤 식빵
② 크림빵, 앙금빵
③ 바게트, 프랑스빵
④ 잉글리시 머핀, 햄버거 빵

해설
잉글리시 머핀과 햄버거 빵은 반죽에 흐름성을 부여하기 위해 높은 가수율과 오랜 믹싱(렛다운 단계)을 한다.

09 다음 중 후염법의 가장 큰 장점은?

① 반죽시간이 단축된다.
② 발효가 빨리 된다.
③ 밀가루의 수분흡수가 방지된다.
④ 빵이 더욱 부드럽게 된다.

해설
소금은 밀가루 단백질을 경화시켜 단백질들이 엉겨 글루텐으로 변화하는 것을 방해하기 때문에 반죽 시간을 길게 만든다.

정답 01 ③　02 ③　03 ③　04 ①　05 ④　06 ③　07 ②　08 ④　09 ①

10 1차 발효실의 상대습도는 몇 %로 유지하는 것이 좋은가?

① 55~65% ② 65~75%
③ 75~85% ④ 85~95%

해설
1차 발효실의 상대습도 비율은 총 배합률에 함유된 수분함량의 비율에 맞추어 설정한 범위로 75~85% 정도이다.

11 가스 발생력에 영향을 주는 요소에 대한 설명으로 틀린 것은?

① 포도당, 자당, 과당, 맥아당 등 당의 양과 가스 발생력 사이의 관계는 당량 3~5%까지 비례하다가 그 이상이 되면 가스 발생력이 약해져 발효시간이 길어진다.
② 반죽온도가 높을수록 가스 발생력은 커지고 발효시간은 짧아진다.
③ 반죽이 산성을 띨수록 가스 발생력이 커진다.
④ 이스트 양과 가스 발생력은 반비례하고 이스트 양과 발효시간은 비례한다.

해설
이스트 양이 많아지면 가스 발생력은 증가하고 발효 시간은 짧아진다. 그래서 이스트 양과 가스 발생력은 비례하고 이스트 양과 발효시간은 반비례한다.

12 2차 발효에 대한 설명으로 틀린 것은?

① 이산화탄소를 생성시켜 최대한의 부피를 얻고 글루텐을 신장시키는 과정이다.
② 2차 발효실의 온도는 반죽의 온도보다 같거나 높아야 한다.
③ 2차 발효실의 습도는 평균 75~90% 정도이다.
④ 2차 발효실의 습도가 높을 경우 겉껍질이 형성되고 터짐 현상이 발생한다.

해설
겉껍질이 형성되고 터짐 현상이 발생하는 원인은 2차 발효실의 습도가 낮은 경우이다.

13 분할을 할 때 반죽의 손상을 줄일 수 있는 방법이 아닌 것은?

① 스트레이트법보다 스펀지법으로 반죽한다.
② 반죽온도를 높인다.
③ 단백질 양이 많은 질 좋은 밀가루로 만든다.
④ 가수량이 최적인 상태의 반죽을 만든다.

해설
반죽온도를 높이면 글루텐의 경도가 낮아져 분할을 할 때 반죽의 손상이 더 쉽게 일어난다.

14 성형 시 둥글리기의 목적과 거리가 먼 것은?

① 표피를 형성시킨다. ② 가스포집을 돕는다.
③ 끈적거림을 제거한다. ④ 껍질색을 좋게 한다.

해설
빵의 껍질색은 배합비, 발효 정도, 굽는 온도와 시간 등에 영향을 받는다.

15 어린 반죽으로 제조를 할 경우 중간 발효시간은 어떻게 조절되는가?

① 길어진다. ② 짧아진다.
③ 같다. ④ 일정하다.

해설
어린 반죽이란 1차 발효가 부족한 반죽으로 중간 발효 시간을 늘려 부족한 발효를 보완한다.

16 일반 제빵 제품의 성형과정 중 작업실의 온도 및 습도로 가장 바람직한 것은?

① 온도 25~28℃, 습도 70~75%
② 온도 10~18℃, 습도 65~70%
③ 온도 25~28℃, 습도 90~95%
④ 온도 10~18℃, 습도 80~85%

해설
- 작업실의 온도는 바게트 제조 시 25℃ 전후, 식빵과 과자빵 제조 시에는 27~28℃정도가 좋다.
- 작업실의 습도는 반죽 속의 수분량을 밀가루를 기준으로 하여 나타낸 백분율로 설정한다.

17 안치수가 그림과 같은 식빵 철판의 용적은?

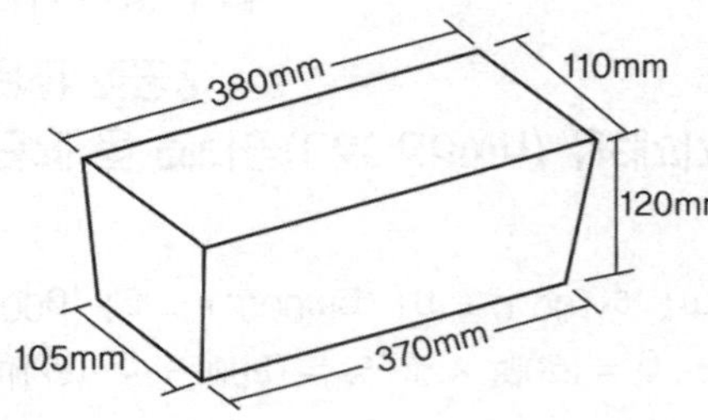

① 4,662㎤ ② 4,837.5㎤
③ 5,018.5㎤ ④ 5,218.5㎤

해설
$$\frac{(380 + 370)}{2} \times \frac{(110 + 105)}{2} \times 120 \div 1,000 = 4,837.5㎤$$

18 반죽의 내부 온도가 60℃에 도달하지 않은 상태에서 온도상승에 따른 이스트의 활동으로 부피의 점진적인 증가가 진행되는 현상은?

① 호화(Gelatinization)
② 오븐 스프링(Oven spring)
③ 오븐 라이즈(Oven rise)
④ 캐러멜화(Caramelization)

해설
오븐 라이즈(Oven rise)란 반죽의 내부 온도가 아직 60℃에 이르지 않은 상태에서 이스트가 사멸 전까지 활동하여 가스를 생성시켜 반죽의 부피를 조금씩 키우는 과정이다.

19 다음 중 빵 굽기의 반응이 아닌 것은?

① 이산화탄소의 방출과 노화를 촉진시킨다.
② 빵의 풍미 및 색깔을 좋게 한다.
③ 제빵 제조 공정의 최종 단계로 빵의 형태를 만든다.
④ 전분의 호화로 식품의 가치를 향상시킨다.

해설
빵 굽기 중에 오븐열에 의해서 이산화탄소의 방출과 수분 증발은 일어나지만, 수분 증발을 노화라고는 하지 않는다.

정답 10 ③ 11 ④ 12 ④ 13 ② 14 ④ 15 ① 16 ① 17 ② 18 ③ 19 ①

20 다음 중 어린 반죽에 대한 설명으로 옳지 않은 것은?

① 속색이 무겁고 어둡다.
② 향이 강하다.
③ 부피가 작다.
④ 모서리가 예리하다.

해설
어린 반죽이란 발효가 덜 진행된 반죽이다. 어린 반죽의 반대는 지친 반죽이다. 지친 반죽이란 발효가 많이 진행된 반죽이다.
※ 어린 반죽이 완제품에 미치는 영향
- 속색이 무겁고 어둡다.
- 향이 약하다.
- 부피가 작다.
- 모서리가 예리하다.

21 제빵 시 소금 사용량이 적량보다 많을 때 나타나는 현상이 아닌 것은?

① 부피가 작다. ② 과발효가 일어난다.
③ 껍질색이 검다. ④ 발효손실이 적다.

해설
소금 사용량이 적량보다 많으면 삼투압이 크게 작용하며 이스트의 활성이 떨어져 발효가 덜 된다.

22 제빵 시 적량보다 많은 분유를 사용했을 때의 결과 중 잘못된 것은?

① 양 옆면과 바닥이 움푹 들어가는 현상이 생김
② 껍질색은 캐러멜화에 의하여 검어짐
③ 모서리가 예리하고 터지거나 슈레드가 적음
④ 세포벽이 두꺼우므로 황갈색을 나타냄

해설
단백질이 함유된 분유를 많이 사용하면 구조력이 강해지므로 양 옆면과 바닥이 움푹 들어가지 않는다.

23 빵 제품의 모서리가 예리하게 된 것은 다음 중 어떤 반죽에서 오는 결과인가?

① 발효가 지나친 반죽
② 과다하게 이형유를 사용한 반죽
③ 어린 반죽
④ 2차 발효가 지나친 반죽

해설
어린 반죽은 반죽을 구성하는 성분들과 잘 결합하지 못하고 겉도는 물이 많기 때문에 반죽이 퍼져 빵 제품의 모서리가 예리하다.

24 프랑스빵에서 스팀을 사용하는 이유로 부적당한 것은?

① 거칠고 불규칙하게 터지는 것을 방지한다.
② 겉껍질에 광택을 내준다.
③ 얇고 바삭거리는 껍질이 형성되도록 한다.
④ 반죽의 흐름성을 크게 증가시킨다.

해설
- 반죽의 흐름성은 믹싱 정도, 반죽의 수분 함량, 발효실의 온도와 습도의 영향을 받는다.
- 반죽의 흐름성을 증가시켜야 하는 제품에는 햄버거 번, 잉글리시 머핀 등이 있다.
- 반죽의 흐름성은 억제시키고 탄력성을 증가시키는 제품이 프랑스빵이다.

25 단과자빵 제조에서 일반적인 이스트의 사용량은?

① 0.1~1% ② 3~7%
③ 8~10% ④ 12~14%

해설
단과자빵은 이스트의 활성을 저해시키는 설탕(삼투압 작용에 의해)이 많이 들어가므로 이스트 사용량이 다른 빵보다 많다.

26 아이싱의 끈적거림 방지 방법으로 잘못된 것은?

① 액체를 최소량으로 사용한다.
② 40℃ 정도로 가온한 아이싱 크림을 사용한다.
③ 안정제를 사용한다.
④ 케이크 제품이 냉각되기 전에 아이싱한다.

해설
- 설탕을 중심으로 만든 아이싱은 케이크 제품이 냉각되기 전에 아이싱하면 끈적거림이 심해진다.
- 아이싱은 설탕을 중심으로 만든 장식 재료를 가리키는 명칭임과 동시에, 설탕을 위주로 한 재료를 빵과 과자류 제품에 덮거나 한 겹 씌우는 일을 말한다.

27 흰자 100에 대하여 설탕 180의 비율로 만든 머랭으로서 구웠을 때 표면에 광택이 나고 하루쯤 두었다가 사용해도 무방한 머랭은?

① 냉제 머랭(Cold Meringue)
② 온제 머랭(Hot Meringue)
③ 이탈리안 머랭(Italian Meringue)
④ 스위스 머랭(Swiss Meringue)

해설
스위스 머랭은 흰자 1/3과 설탕 2/3를 혼합하여 43℃로 데우고 거품내면서 레몬즙을 첨가한다. 나머지 흰자와 설탕을 섞어 일반 머랭을 만든 뒤 둘을 섞어 완성한다.

28 식빵의 굽기 후 포장온도로 가장 적합한 것은?

① 25~30℃
② 35~40℃
③ 42~47℃
④ 50~55℃

해설
식빵의 냉각온도와 포장온도를 같은 35~40℃ 정도의 범위에 맞춘다.
※ 높은 온도에서의 포장
- 썰기가 어려워 형태가 변하기 쉽다.
- 포장지에 수분과다로 곰팡이가 발생하고 형태를 유지하기가 어렵다.
※ 낮은 온도에서의 포장
- 노화가 가속된다.
- 껍질이 건조된다.

29 대형공장에서 사용되고, 온도조절이 쉽다는 장점이 있는 반면에 넓은 면적이 필요하고 열손실이 큰 결점인 오븐은?

① 회전식 오븐(Rack oven)
② 데크 오븐(Deck oven)
③ 터널식 오븐(Tunnel oven)
④ 릴 오븐(Reel oven)

해설
데크 오븐은 소형 제과점에서 터널 오븐은 대형공장에서 많이 사용한다.

정답 20 ② 21 ② 22 ① 23 ③ 24 ④ 25 ② 26 ④ 27 ④ 28 ② 29 ③

30 제빵 생산의 원가를 계산하는 목적으로만 연결된 것은?

① 순이익과 총 매출의 계산
② 이익계산, 가격결정, 원가관리
③ 노무비, 재료비, 경비 산출
④ 생산량관리, 재고관리, 판매관리

해설
※ 생산의 원가를 계산하는 목적
- 이익을 산출하기 위해서
- 가격을 결정하기 위해서
- 원가관리를 위해서

31 반추위 동물의 위액에 존재하는 우유 응유효소는?

① 펩신 ② 트립신
③ 레닌 ④ 펩티다아제

해설
- 반추위 동물이란 되새김 동물을 가리킨다.
- 유단백질 중 주된 단백질인 카제인은 효소 레닌에 의해 응유되어 치즈가 된다.

32 다음 혼성주 중 오렌지 성분을 원료로 하여 만들지 않는 것은?

① 그랑 마르니에(Grand Marnier)
② 마라스키노(Maraschino)
③ 쿠앵트로(Cointreau)
④ 큐라소(Curacao)

해설
마라스키노는 체리를 원료로 한 리큐르이다.

33 전분의 노화에 대한 설명 중 틀린 것은?

① −18℃ 이하의 온도에서는 잘 일어나지 않는다.
② 노화된 전분은 소화가 잘 된다.
③ 노화란 α전분이 β전분으로 되는 것을 말한다.
④ 노화된 전분은 향이 손실된다.

해설
- 호화된 전분은 소화가 잘 된다.
- 전분의 호화는 덱스트린화, 젤라틴화, 전분의 α화라고도 한다. 전분에 물을 넣고 가열하면 수분을 흡수하면서 팽윤되며 점성이 커진다. 그리고 투명도도 증가하여 반투명의 α−전분 상태가 된다. 예를 들어 밥, 떡, 과자, 빵 등이 대표적인 전분이 호화된 식품이다.
- 전분의 노화는 α−전분(익힌 전분)이 β−전분(생 전분)으로 변화하는 것으로 호화된 전분의 수분보유 상태가 떨어지는 것을 의미하기도 한다.

34 다음 중 중화가를 구하는 식은?

① $\frac{\text{중조의 양}}{\text{산성제의 양}} \times 100$
② $\frac{\text{중조의 양}}{\text{산성제의 양}}$
③ $\frac{\text{산성제의 양} \times \text{중조의 양}}{100}$
④ 중조의 양 × 100

해설
중화가란 산염제(산성제) 100g을 중화시키는 데 필요한 중조의 양을 가리키므로 식을 세우면 다음과 같다.

$$\text{중화가} = \frac{\text{중조의 양}}{\text{산성제의 양}} \times 100$$

35 제빵 시 경수를 사용할 때 조치사항이 아닌 것은?

① 급수량 감소
② 맥아 첨가
③ 이스트 푸드 양 감소
④ 이스트 사용량 증가

해설
경수 사용 시 반죽이 되므로 급수량(반죽에 넣는 물의 양)을 증가시킨다.

36 빵 반죽의 이스트 발효 시 주로 생성되는 물질은?

① 에틸알코올+글루텐
② 에틸알코올+물
③ 에틸알코올+이산화탄소
④ 물+이산화탄소

해설
이스트 발효 시 주로 생성되는 물질은 에틸알코올과 이산화탄소이다.

37 제빵 · 제과에서 유지의 기능이 아닌 것은?

① 연화 기능
② 공기포집 기능
③ 보존성 개선 기능
④ 노화촉진 기능

해설
유지는 설탕처럼 과자의 수분을 보유하는 기능이 있어, 제품의 노화를 억제한다.

38 튀김 횟수의 증가 시 튀김 기름의 변화가 아닌 것은?

① 점도의 감소
② 중합도 증가
③ 산가 증가
④ 과산화물가 증가

해설
튀김에 사용했던 기름이나 오래된 기름은 지질 산패에 의해 점도가 높아진 경우가 많다.

39 직접반죽법에 의한 발효 시 가장 먼저 이스트에 의해 발효되는 당은?

① 과당(Fructose)
② 갈락토오스(Galactose)
③ 맥아당(Maltose)
④ 포도당(Glucose)

해설
이스트가 가장 먼저 먹이로 사용하는 당은 포도당이다.

40 밀가루 중 손상전분이 제빵 시에 미치는 영향으로 옳은 것은?

① 반죽 시 흡수가 빠르고 흡수량이 적다.
② 반죽 시 흡수가 늦고 흡수량이 많다.
③ 제빵과 아무 관계가 없다.
④ 발효가 빠르게 진행된다.

해설
손상전분은 제빵 시 발효가 빠르게 진행되게 하고, 반죽 시 흡수가 빠르며 흡수량이 많다.

정답 30 ② 31 ③ 32 ② 33 ② 34 ① 35 ① 36 ③ 37 ④ 38 ① 39 ④ 40 ④

41 커스터드 크림에서 달걀의 주요 역할은?

① 영양가를 높이는 역할
② 결합제의 역할
③ 팽창제의 역할
④ 저장성을 높이는 역할

해설
커스터드 크림 제조 시 계란은 크림을 걸쭉하게 하는 농후화제 역할을 하면서, 점성을 부여하므로 결합제 역할도 한다.

42 우유에 대한 설명으로 옳은 것은?

① 시유의 비중은 1.3 정도이다.
② 우유 단백질 중 가장 많은 것은 카제인(카세인)이다.
③ 우유의 유당은 이스트에 의해 쉽게 분해된다.
④ 시유의 현탁액은 비타민 B2에 의한 것이다.

해설
① 시유(시장에서 파는 우유)의 비중은 1.030 전 · 후이다.
③ 유당을 가수분해하는 락타아제가 이스트에 없다.
④ 시유의 현탁액은 비타민 A의 전구체인 β-카로틴에 의한 것이다.

43 판 젤라틴을 전처리하기 위한 물의 온도로 알맞은 것은?

① 10~20℃ ② 30~10℃
③ 60~70℃ ④ 80~90℃

해설
판 젤라틴은 찬물(10~20℃)에 불려 사용한다.

44 카카오 버터의 결정이 거칠어지고 설탕의 결정이 석출되어 초콜릿의 조직이 노화하는 현상은?

① 템퍼링(Tempering)
② 블룸(Bloom)
③ 콘칭(Conching)
④ 페이스트(Paste)

해설
템퍼링이 잘못되면 카카오 버터에 의한 지방 블룸(Fat bloom)이 생기고, 보관이 잘못되면 설탕에 의한 설탕 블룸(Sugar bloom)이 생긴다.

45 열대성 다년초의 다육질 뿌리로, 매운 맛과 특유의 방향을 가지고 있는 향신료는?

① 넛메그 ② 계피
③ 생강 ④ 올스파이스

해설
향신료는 직접 향을 내기보다는 주재료에서 나는 불쾌한 냄새를 막아주며, 다시 그 재료와 어울려 풍미를 향상시키고 제품의 보존성을 높여주는 기능을 한다.

46 소화기관에 대한 설명으로 틀린 것은?

① 위는 강알칼리의 위액을 분비한다.
② 이자(췌장)는 당대사호르몬의 내분비선이다.
③ 소장은 영양분을 소화 · 흡수한다.
④ 대장은 수분을 흡수하는 역할을 한다.

해설
위는 pH 2인 강산의 위액을 분비한다.

47 한 개의 무게가 50g인 과자가 있다. 이 과자 100g 중에 탄수화물 70g, 단백질 5g, 지방 15g, 무기질 4g, 물 6g이 들어 있다면, 이 과자 10개를 먹을 때 얼마의 열량을 낼 수 있는가?

① 1,230㎉
② 2,175㎉
③ 2,750㎉
④ 1,800㎉

해설
- 100g 기준 과자 1개의 총 열량 = (70g × 4㎉) + (5g × 4㎉) + (15g × 9㎉) = 435㎉
- 50g 기준 과자 1개의 총 열량 = 435㎉ ÷ (100g ÷ 50g) = 217.5㎉
- 50g 기준 과자 10개의 총 열량 = 217.5㎉ × 10개 = 2,175㎉

48 비타민과 관련된 결핍증의 연결이 틀린 것은?

① 비타민 A – 야맹증
② 비타민 B_1 – 구내염
③ 비타민 C – 괴혈병
④ 비타민 D – 구루병

해설
- 비타민 A(레티놀) : 야맹증
- 비타민 B_1(티아민) : 각기병
- 비타민 B_2(리보플라빈) : 구내염
- 비타민 C(아스코르브산) : 괴혈병
- 비타민 D(칼시페롤) : 구루병
- 비타민 E(토코페롤) : 쥐의 불임증
- 비타민 K(필로퀴논) : 혈액응고지연

49 적혈구, 뇌세포, 신경세포의 주요 에너지원으로 혈당을 형성하는 당은?

① 과당 ② 설탕
③ 유당 ④ 포도당

해설
포도당은 포유동물의 혈당(혈액 중에 있는 당)으로 0.1% 가량 포함되어 있다.

50 무기질에 대한 설명으로 틀린 것은?

① 나트륨은 결핍증이 없으며 소금, 육류 등에 많다.
② 마그네슘 결핍증은 근육 약화, 경련 등이며 생선, 견과류 등에 많다.
③ 철은 결핍 시 빈혈증상이 있으며 시금치, 두류 등에 많다.
④ 요오드 결핍 시 갑상선증이 생기며 유제품, 해조류 등에 많다.

해설
나트륨 결핍증은 구토, 발한, 설사 등이며, 소금, 우유, 치즈, 김치 등에 많다.

51 장염 비브리오 식중독을 일으키는 주요 원인식품은?

① 달걀 ② 어패류
③ 채소류 ④ 육류

해설
장염 비브리오균 식중독은 여름철에 어류, 패류(조개), 해조류에 의해서 감염된다.

정답 41 ② 42 ② 43 ① 44 ② 45 ③ 46 ① 47 ② 48 ② 49 ④ 50 ① 51 ②

52 빵을 제조하는 과정에서 반죽 후 분할기로부터 분할할 때나 구울 때 달라붙지 않게 할 목적으로 허용되어 있는 첨가물은?

① 글리세린
② 프로필렌 글리콜
③ 초산 비닐수지
④ 유동 파라핀

해설
이형제 : 빵을 제조하는 과정에서 반죽 후 분할기에서 분할할 때나 구울 때 달라붙지 않게 할 목적으로 사용한다.

53 밀가루의 표백과 숙성을 위하여 사용하는 첨가물은?

① 개량제
② 유화제
③ 점착제
④ 팽창제

해설
밀가루를 하얗게 만드는 첨가물을 표백제, 밀가루를 산화(숙성)시키는 첨가물을 산화제라고 하며, 이 둘을 모두 밀가루 개량제라고 한다.

54 부패를 판정하는 방법으로 사람에 의한 관능검사를 실시할 때 검사하는 항목이 아닌 것은?

① 색
② 맛
③ 냄새
④ 균수

해설
균은 일반적으로 너무 작은 미생물로 육안으로 균의 수를 확인하기는 어렵다.

55 위생동물의 일반적인 특성이 아닌 것은?

① 식성 범위가 넓다.
② 음식물과 농작물에 피해를 준다.
③ 병원미생물을 식품에 감염시키는 것도 있다.
④ 발육기간이 길다.

해설
위생동물인 쥐, 파리, 바퀴벌레는 발육기간이 짧다.

56 물수건의 소독방법으로 가장 적합한 것은?

① 비누로 세척한 후 건조한다.
② 삶거나 차아염소산으로 소독 후 일광건조한다.
③ 3% 과산화수소로 살균 후 일광건조한다.
④ 크레졸(Cresol) 비누액으로 소독하고 일광건조한다.

해설
① 일반비누가 아닌 역성비누가 좋다.
③ 과산화수소는 피부, 상처소독에 좋다.
④ 크레졸 비누액은 오물 소독, 손 소독에 좋다.

57 결핵의 주요한 감염원이 될 수 있는 것은?

① 토끼고기
② 양고기
③ 돼지고기
④ 불완전 살균우유

해설
결핵은 병에 걸린 동물의 젖(우유)을 통해 경구적으로 감염된다. 그래서 정기적은 투베르쿨린반응 검사를 실시하여 감염된 소를 조기에 발견하여 조치하고, 사람이 음성인 경우는 BCG 접종을 한다. 우유를 충분히 가열하여 섭취하면 예방이 가능하다.

58 살모넬라균에 의한 식중독 증상과 가장 거리가 먼 것은?

① 심한 설사
② 급격한 발열
③ 심한 복통
④ 신경마비

해설
신경마비는 보툴리누스균의 독소인 뉴로톡신의 증상이다.

59 급성 감염병을 일으키는 병원체로 포자는 내열성이 강하며 생물학전이나 생물테러에 사용될 수 있는 위험성이 높은 병원체는?

① 브루셀라균
② 탄저균
③ 결핵균
④ 리스테리아균

해설
※ 탄저병의 특징
- 사람의 탄저병은 주로 가축 및 축산물로부터 감염되며 감염 부위에 따라 피부, 장, 폐탄저가 된다.
- 탄저병이 침입한 피부부위에는 홍반점이 생기며, 종창, 수포, 가피도 생긴다.
- 탄저병이 기도를 통해 폐에 침입하면 급성폐렴을 일으켜 폐혈증이 된다.
- 원인균은 바실러스 안트라시스로 세균성 질병이며 수육을 조리하지 않고 섭취하였거나 피부상처 부위로 감염되기 쉽다.

60 세균성 식중독에 관한 사항 중 옳은 내용으로만 짝지은 것은?

㉠ 황색포도상구균(Staphylococcusaureus) 식중독은 치사율이 아주 높다.
㉡ 보툴리누스균Clostridium botulinum)이 생산하는 독소는 열에 아주 강하다.
㉢ 장염 비브리오균(Vibrio parahaemolyticus)은 감염형 식중독균이다.
㉣ 여시니아균(Yersinia enterocolitica)은 냉장온도와 진공 포장에서도 증식한다.

① ㉠, ㉡
② ㉡, ㉢
③ ㉡, ㉣
④ ㉢, ㉣

해설
- 황색 포도상구균 식중독은 치사율이 아주 낮다.
- 보툴리누스균의 독소인 뉴로톡신은 80℃에서 30분 정도 가열하면 파괴된다.

정답 52 ④ 53 ① 54 ④ 55 ④ 56 ② 57 ④ 58 ④ 59 ② 60 ④

제4회 제빵기능사 실전모의고사

01 일반적인 스펀지법에 의한 식빵 제조에 있어 스펀지 배합 후의 반죽온도로 가장 적합한 것은?

① 18℃ ② 24℃
③ 30℃ ④ 35℃

해설
스펀지 배합 후 반죽온도란 스펀지의 반죽온도를 묻는 문제이지 도우의 반죽온도를 묻는 문제가 아니다. 스펀지 온도는 24℃가 적당하다.

02 연속식 제빵법을 사용하는 장점과 가장 거리가 먼 것은?

① 인력의 감소
② 발효향의 증가
③ 공장면적과 믹서 등 설비의 감소
④ 발효손실의 감소

해설
- 연속식 제빵법은 액체발효기에서 액종을 짧게 발효시키므로 발효손실이 감소하고 발효향도 감소한다.
- 스펀지법과 비교해서 공장면적과 믹서 등 설비가 감소한다.

03 반죽법에 대한 설명 중 틀린 것은?

① 스펀지법은 반죽을 2번에 나누어 믹싱하는 방법으로 중종법이라고 한다.
② 직접법은 스트레이트법이라고 하며, 전 재료를 한 번에 넣고 반죽하는 방법이다.
③ 비상반죽법은 제조시간을 단축할 목적으로 사용하는 반죽법이다.
④ 재 반죽법은 직접법의 변형으로 스트레이트법 장점을 이용한 방법이다.

해설
재 반죽법은 직접법의 변형으로 스펀지법의 장점을 이용한 방법이다.

04 냉동반죽에 사용되는 재료와 제품의 특성에 대한 설명 중 틀린 것은?

① 일반 제품보다 산화제 사용량을 증가시킨다.
② 저율배합인 프랑스빵이 가장 유리하다.
③ 유화제를 사용하는 것이 좋다.
④ 밀가루는 단백질의 함량과 질이 좋은 것을 사용한다.

해설
냉동반죽은 고율배합인 단과자빵이나 크로아상 등의 제품 제조에 가장 유리하다.

05 냉동반죽법의 단점이 아닌 것은?

① 휴일작업에 미리 대처할 수 없다.
② 이스트가 죽어 가스발생력이 떨어진다.
③ 가스보유력이 떨어진다.
④ 반죽이 퍼지기 쉽다.

해설
장점으로 휴일작업에 미리 대처할 수 있다.

06 빵, 과자 배합표의 자료 활용법으로 적당하지 않은 것은?

① 빵의 생산기준 자료
② 재료 사용량 파악 자료
③ 원가 산출
④ 국가별 빵의 종류 파악 자료

해설
빵, 과자 배합표는 국가별 빵의 종류를 파악할 수는 없지만, 빵의 특성을 파악하는 자료로 활용할 수 있다.

07 픽업(Pick up) 단계에서 믹싱을 완료해도 좋은 제품은?

① 스트레이트법 식빵
② 스펀지/도법 식빵
③ 햄버거빵
④ 데니시 페이스트리

해설
- 스트레이트법 식빵 : 최종 단계
- 스펀지/도법 식빵 : 청결(클린업) 단계
- 햄버거 빵 : 지친(렛다운) 단계
- 데니시 페이스트리 : 혼합(픽업) 단계

08 빵 반죽의 흡수에 대한 설명으로 잘못된 것은?

① 반죽 온도가 높아지면 흡수율이 감소한다.
② 연수는 경수보다 흡수율이 증가한다.
③ 설탕 사용량이 많아지면 흡수율이 감소한다.
④ 손상전분이 적량 이상이면 흡수율이 증가한다.

해설
경수는 연수보다 흡수율이 증가한다.

09 수돗물 온도 18℃, 사용할 물 온도 9℃, 사용 물량 10kg일 때 얼음 사용량은 약 얼마인가?

① 0.81kg ② 0.92kg
③ 1.11kg ④ 1.21kg

해설

$$\text{얼음사용량} = \frac{\text{사용 물량} \times (\text{수돗물 온도} - \text{사용할 물 온도})}{80 + \text{수돗물 온도}}$$

$$= \frac{10 \times (18-9)}{80+18} = 0.918$$

∴0.92(반올림)

10 다음 중 발효시간을 연장시켜야 하는 경우는?

① 식빵 반죽온도가 27℃이다.
② 발효실 온도가 24℃이다.
③ 이스트 푸드가 충분하다.
④ 1차 발효실 상대 습도가 80%이다.

해설
식빵 반죽을 기준으로 1차 발효는 온도 27℃, 상대습도 75~80% 조건에서 1~3시간 진행하는데, 발효실 온도가 정상보다 낮으면 발효시간이 길어진다.

정답 01 ② 02 ② 03 ④ 04 ② 05 ① 06 ④ 07 ④ 08 ② 09 ② 10 ②

11 다음 중 가스 발생량이 많아져 발효가 빨라지는 경우가 아닌 것은?

① 이스트를 많이 사용할 때
② 소금을 많이 사용할 때
③ 반죽에 약산을 소량 첨가할 때
④ 발효실 온도를 약간 높일 때

해설
소금을 많이 사용하면 삼투압이 높아져 이스트의 가스 발생량이 적어져 발효가 늦어진다.

12 일반적인 빵 제조 시 2차 발효실의 가장 적합한 온도는?

① 25~30℃ ② 30~35℃
③ 35~40℃ ④ 45~50℃

해설
- 1차 발효실의 온도 설정기준은 반죽의 온도와 원하는 발효시간을 고려하여 맞춘다.
- 2차 발효실의 온도 설정기준은 성형의 형태(하스형, 팬형, 틴형)와 완제품에서 표현하고자 하는 특성을 고려하여 맞춘다.
- 35~45℃의 2차 발효실의 온도 설정기준은 단과자빵과 식빵에 적용된다.
- 2차 발효실의 온도 범위는 32~45℃이다.

13 다음 중 분할에 대한 설명으로 옳은 것은?

① 1배합 당 식빵류는 30분 내에 하도록 한다.
② 기계 분할은 발효과정의 진행과는 무관하여 분할 시간에 제한을 받지 않는다.
③ 기계 분할은 손 분할에 비해 약한 밀가루로 만든 반죽 분할에 유리하다.
④ 손 분할은 오븐 스프링이 좋아 부피가 양호한 제품을 만들 수 있다.

해설
손 분할은 기계 분할보다 반죽의 손상이 적으므로 오븐 스프링이 좋아 부피가 양호한 제품을 만들 수 있다. 1배합 당 식빵류 분할은 20분 내에 한다.

14 둥글리기의 목적과 거리가 먼 것은?

① 공 모양의 일정한 모양을 만든다.
② 큰 가스는 제거하고 작은 가스는 고르게 분산시킨다.
③ 흐트러진 글루텐을 재정렬한다.
④ 방향성 물질을 생성하여 맛과 향을 좋게 한다.

해설
방향성 물질을 생성하여 맛과 향을 좋게 하는 공정은 발효공정이다.

15 오버헤드 프루퍼(Overhead proofer)는 어떤 공정을 행하기 위해 사용하는 것인가?

① 분할 ② 둥글리기
③ 중간 발효 ④ 정형

해설
오버헤드 프루퍼(Overhead proofer)의 뜻은 머리 위에 설치한 중간 발효기를 의미한다. 대량생산 공장에서 중간 발효를 목적으로 천장에 설치한 발효실이다.

16 빵제품의 제조공정에 대한 설명으로 올바르지 않은 것은?

① 반죽은 무게 또는 부피에 의하여 분할한다.
② 둥글리기에서 과다한 덧가루를 사용하면 제품에 줄무늬가 생성된다.
③ 중간 발효시간은 보통 10~20분이며 27~29℃에서 실시한다.
④ 성형은 반죽을 일정한 형태로 만드는 1단계 공정으로 이루어져 있다.

해설
좁은 의미의 성형은 밀기 → 말기 → 봉하기의 3단계 공정으로 이루어져 있다.

17 제빵용 팬기름에 대한 설명으로 틀린 것은?

① 종류에 상관없이 발연점이 낮아야 한다.
② 백색 광유(Mineral oil)도 사용된다.
③ 정제라드, 식물유, 혼합유도 사용된다.
④ 과다하게 칠하면 밑껍질이 두껍고 어둡게 된다.

해설
제빵용 팬기름은 푸른 연기가 발생하는 발연점이 높아야 한다.

18 오븐에서 빵이 갑자기 팽창하는 현상인 오븐 스프링이 발생하는 이유와 거리가 먼 것은?

① 가스압의 증가 ② 알코올 증발
③ 탄산가스의 증발 ④ 단백질의 변성

해설
단백질이 열에 의하여 변성되기 시작하면 오븐에서 빵이 팽창을 멈추기 시작한다.

19 굽기 과정에서 일어나는 변화로 틀린 것은?

① 당의 캐러멜화와 갈변반응으로 껍질색이 진해지며 특유의 향을 발생한다.
② 굽기가 완료되면 모든 미생물이 사멸하고 대부분의 효소도 불활성화 된다.
③ 전분 입자는 팽윤과 호화의 변화를 일으켜 구조형성을 한다.
④ 빵의 외부 층에 있는 전분이 내부 층의 전분보다 호화가 덜 진행된다.

해설
빵의 외부 층에 있는 전분이 내부 층의 전분보다 호화가 더 진행된다. 그래서 빵의 외부층에서는 습호화를 넘어 건호화가 일어난다.

20 빵의 제품평가에서 브레이크와 슈레드 부족현상의 이유가 아닌 것은?

① 발효시간이 짧거나 길었다.
② 반죽이 질었다.
③ 2차 발효가 과다하다.
④ 오븐의 증기가 너무 많았다.

해설
오븐의 증기가 너무 많으면 오븐 라이즈의 지속시간이 길어져 브레이크(터짐)와 슈레드(찢어짐)가 커진다.

21 표준 식빵의 재료 사용 범위로 부적합한 것은?

① 설탕 0~8%
② 생이스트 1.5~5%
③ 소금 5~10%
④ 유지 0~5%

해설
소금은 2% 이상이 되면 너무 짜고 발효가 현저히 저해를 받는다. 그래서 일반적으로 소금은 1~2% 정도를 사용한다.

정답 11 ② 12 ③ 13 ④ 14 ④ 15 ③ 16 ④ 17 ① 18 ④ 19 ④ 20 ④ 21 ③

22 **제빵 시 적량보다 설탕을 적게 사용하였을 때의 결과가 아닌 것은?**

① 부피가 작다. ② 색상이 검다.
③ 모서리가 둥글다. ④ 속결이 거칠다.

해설
- 이스트의 먹이(설탕) 부족으로 이스트 활성이 저하되어 가스 발생이 적으므로 부피가 작다.
- 캐러멜화 반응을 일으키는 잔당이 적어 갈변반응이 저해되므로 껍질의 색상이 엷다.
- 수분에 대한 결합체(설탕)의 감소로 밀가루 수화가 상대적으로 증가되어 반죽의 팬 흐름성이 작아지므로 모서리가 둥글다.
- 가스 발생 부족과 신장성이 감소되어 기공이 붕괴되고 구멍이 생기므로 속결이 거칠다.

23 **건포도 식빵 제조 시 2차 발효에 대한 설명으로 틀린 것은?**

① 최적의 품질을 위해 2차 발효를 짧게 한다.
② 식감이 가볍고 잘 끊어지는 제품을 만들 때는 2차 발효를 약간 길게 한다.
③ 밀가루 단백질의 질이 좋은 것일수록 오븐스프링이 크다.
④ 100% 중종법이 70% 중종법보다 오븐스프링이 좋다.

해설
건포도 식빵은 건포도가 많이 들어가 오븐 팽창이 적으므로 2차 발효를 약간 길게 한다.

24 **데커레이션 케이크 재료인 생크림에 대한 설명으로 틀린 것은?**

① 크림 100%에 대하여 1.0~1.5%의 분설탕을 사용하여 단맛을 낸다.
② 유지방 함량 35~45% 정도의 진한 생크림을 휘핑하여 사용한다.
③ 휘핑 시간이 적정 시간보다 짧으면 기포의 안정성이 약해진다.
④ 생크림의 보관이나 작업 시 제품온도는 3~7℃가 좋다.

해설
생크림 100%에 대하여 10~15%의 분설탕을 사용하여 단맛을 낸다.

25 **다음 제빵냉각법 중 적합하지 않은 것은?**

① 급속냉각 ② 자연냉각
③ 터널식 냉각 ④ 에어컨디션식 냉각

해설
※ 급속냉각을 할 경우
- 크러스트(껍질)에 균열이 일어난다.
- 수분손실 등 피해가 커진다.
- 노화를 촉진시킨다.

26 **빵을 포장할 때 가장 적합한 빵의 온도와 수분함량은?**

① 30℃, 30% ② 35℃, 38%
③ 42℃, 45% ④ 48℃, 55%

해설
- 냉각, 포장온도 : 35~40℃
- 수분 함유량 : 38%
- 냉각 손실 : 2%

27 **노화에 대한 설명으로 틀린 것은?**

① α화 전분이 β화 전분으로 변하는 것
② 빵의 속이 딱딱해지는 것
③ 수분이 감소하는 것
④ 빵의 내부에 곰팡이가 피는 것

해설
빵의 내부에 곰팡이가 피는 것은 부패이다.

28 **냉장, 냉동, 해동, 2차 발효를 프로그래밍에 의하여 자동적으로 조절하는 기계는?**

① 도우 컨디셔너(Dough conditioner)
② 믹서(Mixer)
③ 라운더(Rounder)
④ 오버헤드 프루퍼(Overhead proofer)

해설
- 믹서 : 교반기
- 라운더 : 둥글리기기
- 오버헤드 프루퍼 : 중간 발효실
- 도우 컨디셔너 : 자동조절 1차, 2차 발효실

29 **다음 중 생산관리의 목표는?**

① 재고, 출고, 판매의 관리
② 재고, 납기, 출고의 관리
③ 납기, 재고, 품질의 관리
④ 납기, 원가, 품질의 관리

해설
※ 생산 관리의 목표
- 생산 준비
- 생산량 관리(납기일에 맞추어 생산계획을 세운다)
- 품종, 품질 관리
- 원가 관리

30 **데커레이션 케이크 100개를 1명이 아이싱할 때 5시간이 필요하다면, 1,400개를 7시간 안에 아이싱하는 데 필요한 인원수는?**

① 10명 ② 12명
③ 14명 ④ 16명

해설
- 100개÷1명÷5시간 = 20개
- 1,400개÷7시간÷20개 = 10명

31 **생란의 수분함량이 72%이고, 분말계란의 수분함량이 4%라면, 생란 200kg으로 만들어지는 분말계란 중량은?**

① 52.8kg ② 54.3kg
③ 56.8kg ④ 58.3kg

해설
- 생란의 고형분 = 생란 × 28% = 200kg × 0.28 = 56kg
- 수분함량이 4%인 분말계란 = 생란의 고형분 ÷ (1−4%) = 56kg ÷ {1−(4÷100)} =56kg ÷ 0.96 = 58.3kg

정답 22 ② 23 ① 24 ① 25 ① 26 ② 27 ④ 28 ① 29 ④ 30 ① 31 ④

32 단백질을 분해하는 효소는?

① 아밀라아제(Amylase)
② 리파아제(Lipase)
③ 프로테아제(Protease)
④ 찌마아제(Zymase)

해설
① 아밀라아제 : 전분
② 리파아제 : 지방
③ 프로테아제 : 단백질
④ 찌마아제 : 포도당, 과당

33 우유에 함유된 질소화합물 중 가장 많은 양을 차지하는 것은?

① 시스테인 ② 글리아딘
③ 카세인 ④ 락토알부민

해설
질소화합물은 단백질을 가리키며, 우유의 단백질 중 80%가 카세인으로 구성되어 있다.

34 지방은 지방산과 무엇이 결합하여 이루어지는가?

① 아미노산 ② 나트륨
③ 글리세롤 ④ 리보오스

해설
지방은 3분자 지방산과 1분자 글리세린(글리세롤)으로 결합된다.

35 강력분의 특성으로 틀린 것은?

① 중력분에 비해 단백질 함량이 많다.
② 박력분에 비해 글루텐 함량이 적다.
③ 박력분에 비해 점탄성이 크다.
④ 경질소맥을 원료로 한다.

해설
글루텐은 단백질의 질과 함량에 의하여 결정된다.

36 생이스트(Fresh Yeast)에 대한 설명으로 틀린 것은?

① 중량의 65~70%가 수분이다.
② 20℃ 정도의 상온에서 보관해야 한다.
③ 자기소화를 일으키기 쉽다.
④ 곰팡이 등의 배지 역할을 할 수 있다.

해설
• 5℃ 정도의 냉장온도에서 보관한다.
• 이스트의 수분함량은 출제 교수님마다 약간씩 차이가 있습니다.

37 다음 중 찬물에 잘 녹는 것은?

① 한천(Agar)
② 씨엠씨(CMC)
③ 젤라틴(Gelatin)
④ 일반 펙틴(Pectin)

해설
씨엠씨는 식물의 뿌리에 있는 셀룰로오스에서 추출하며, 냉수에 쉽게 팽윤된다.

38 다음과 같은 조건에서 나타나는 현상과 밑줄 친 물질을 바르게 연결한 것은?

> 초콜릿을 제조하는 과정에서 템퍼링이 적절치 않아 초콜릿의 표면에 어떤 물질이 결정형태로 남아 흰색이 나타났다.

① 슈가블룸(Sugar Bloom) – 설탕
② 슈가블룸(Sugar Bloom) – 글리세린
③ 팻블룸(Fat Bloom) – 카카오매스
④ 팻블룸(Fat Bloom) – 카카오버터

해설
템퍼링이 잘못되면 카카오버터에 의한 팻블룸이, 보관이 잘못되면 설탕에 의한 슈가블룸이 생긴다.

39 믹서 내에서 일어나는 물리적 성질을 파동곡선 기록기로 기록하여 밀가루의 흡수율, 믹싱 시간, 믹싱 내구성 등을 측정하는 기계는?

① 분광분석기(Spectrophotometer)
② 익스텐소그래프(Extensograph)
③ 아밀로그래프(Amylograph)
④ 패리노그래프(Farinograph)

해설
※ 밀가루를 전문적으로 시험하는 기기로도 사용되는 시험기계
• 패리노그래프 : 반죽공정에서 일어나는 밀가루 흡수율, 믹싱 시간, 믹싱 내구성 등을 측정한다.
• 아밀로그래프 : 굽기공정에서 일어나는 밀가루의 α–아밀라아제의 효과를 측정한다.
• 익스텐소그래프 : 발효공정에서 일어나는 밀가루 개량제의 효과를 측정한다.

40 일반적으로 양질의 빵 속을 만들기 위한 아밀로그래프의 범위는?

① 0~150B.U. ② 200~300B.U.
③ 400~600B.U. ④ 800~1,000B.U.

해설
양질의 빵 속을 위한 전분의 호화력을 그래프 곡선으로 나타내면 400~600B.U.이다.

41 다음 중 유지의 경화공정과 관계가 없는 물질은?

① 불포화지방산 ② 수소
③ 콜레스테롤 ④ 촉매제

해설
유지의 경화란 불포화지방산에 니켈을 촉매로 수소를 첨가시켜 지방의 불포화도를 감소시킨 것을 가리킨다.

42 다음 중 전분당이 아닌 것은?

① 물엿 ② 설탕
③ 포도당 ④ 이성화당

해설
• 전분당이란 전분을 가수분해하여 얻는 당을 가리킨다.
• 설탕은 사탕수수나 사탕무로부터 추출하여 얻는 당이다.

정답 32 ③ 33 ③ 34 ③ 35 ② 36 ② 37 ② 38 ④ 39 ④ 40 ③ 41 ③ 42 ②

43 **영구적 경수(센물)를 사용할 때의 조치로 잘못된 것은?**

① 소금 증가
② 효소 강화
③ 급수량 증가
④ 광물질감소

해설
이스트 푸드, 소금과 무기질(광물질)을 감소시킨다.

44 **동물의 가죽이나 뼈 등에서 추출하며 안정제로 사용되는 것은?**

① 카라기난 ② 한천
③ 펙틴 ④ 젤라틴

해설
- 카라기닌 : 홍조류인 카라기니에서 추출
- 한천 : 우뭇가사리에서 추출
- 펙틴 : 과일의 껍질에서 추출
- 젤라틴 : 동물의 가죽이나 연골 속에 있는 콜라겐에서 추출

45 **다음 중 이당류가 아닌 것은?**

① 포도당 ② 맥아당
③ 설탕 ④ 유당

해설
포도당은 단당류이다.

46 **비타민과 생체에서의 주요 기능이 잘못 연결된 것은?**

① 비타민 B_1 – 당질대사의 효소
② 나이아신 – 항 펠라그라(Pellagra)인자
③ 비타민 K – 항 혈액응고 인자
④ 비타민 A – 항 빈혈인자

해설
- 비타민 B_{12} : 항 빈혈인자
- 비타민 A : 시력과 성장발육에 관여함

47 **유당불내증이 있을 경우 소장내에서 분해가 되어 생성되지 못하는 단당류는?**

① 설탕(Sucrose)
② 맥아당(Maltose)
③ 과당(Fructose)
④ 갈락토오스(Galactose)

해설
유당은 소장에서 분해가 되어 포도당과 갈락토오스를 생성한다.

48 **시금치에 들어 있으며 칼슘의 흡수를 방해하는 유기산은?**

① 초산 ② 수산
③ 호박산 ④ 구연산

해설
※ 칼슘
- 결핍증 : 구루병, 골연화증, 골다공증
- 급원식품 : 우유 및 유제품, 계란, 뼈째 먹는 생선
- 흡수방해물질 : 시금치의 수산(옥살산), 콩류(대두)의 피트산

49 **소화작용의 연결 중 바르게 된 것은?**

① 침 – 아밀라아제(Amylase) – 단백질
② 위액 – 펩신(Pepsin) – 맥아당
③ 소장 – 말타아제(Maltase) – 맥아당
④ 췌액 – 말타아제(Maltase) – 지방

해설
- 침 – 프티알린(아밀라아제) – 전분
- 위액 – 펩신 – 단백질
- 소장 – 말타아제 – 맥아당
- 췌액 – 트립신 – 단백질

50 **다음 중 인체 내에서 합성할 수 없으므로 식품으로 섭취해야 하는 지방산이 아닌 것은?**

① 리놀레산(Linoleic Acid)
② 리놀렌산(Linolenic Acid)
③ 올레산(Oleic Acid)
④ 아라키돈산(Arachidonic Acid)

해설
필수지방산이 아닌 것을 찾는 문제로 올레산은 필수지방산이 아니다.

51 **다음에서 설명하는 균은?**

- 식품 중에 증식하여 엔테로톡신(Enterotoxin) 생성
- 잠복기는 평균 3시간
- 감염원은 화농소
- 주요증상은 구토, 복통, 설사

① 살모넬라균
② 포도상구균
③ 클로스트리디움 보툴리늄
④ 장염 비브리오균

해설
- 살모넬라균 : 통조림 제품류는 제외하고 어패류, 유가공류, 육류 등 거의 모든 식품에 의하여 감염된다. 쥐나 곤충류에 의해서 발생될 수 있으며, 급성 위장염을 일으킨다.
- 클로스트리디움 보툴리늄 : 병조림, 통조림, 소시지, 훈제품 등의 원재료에서 발아 · 증식하여 독소를 생산한다. 위의 진공포장 식품을 섭취하게 되면 발병하며, 신경독(신경증상) 증상을 일으킨다.
- 장염 비브리오균 : 여름철에 어류, 패류, 해조류 등에 의해서 감염된다. 구토, 상복부의 복통, 발열, 설사 등을 일으킨다.

52 **밀가루 등으로 오인되어 식중독이 유발된 사례가 있으며, 습진성 피부질환 등의 증상을 보이는 것은?**

① 수은
② 비소
③ 납
④ 아연

해설
- 수은 : 유기 수은에 오염된 해산물 섭취로 발병한다. 구토, 복통, 설사, 위장장애, 전신 경련의 증상이 나타난다.
- 납 : 도료, 안료, 농약 등에서 오염된다. 적혈구의 혈색소 감소, 체중감소 및 신장장애, 칼슘대사 이상과 호흡장애 증상이 나타난다.
- 아연 : 복통, 구토, 경련 증상이 나타난다.

정답 43 ① 44 ④ 45 ① 46 ④ 47 ④ 48 ② 49 ③ 50 ③ 51 ② 52 ②

53 **다음 중 곰팡이 독이 아닌 것은?**

① 아플라톡신
② 시트리닌
③ 삭시톡신
④ 파툴린

해설
섭조개, 대합 : 삭시톡신

54 **단백질 식품이 미생물의 분해작용에 의하여 형태, 색택, 경도, 맛 등의 본래의 성질을 잃고 악취를 발생하거나 유해물질을 생성하여 먹을 수 없게 되는 현상은?**

① 변패
② 산패
③ 부패
④ 발효

해설
- 변패 : 탄수화물, 지방이 미생물에 의해 상한 경우
- 산패 : 지방이 산소와 산화작용을 한 경우
- 부패 : 단백질이 미생물에 의해 상한 경우

55 **저장미에 발생한 곰팡이가 원인이 되는 황변미 현상을 방지하기 위한 수분함량은?**

① 13% 이하
② 14~15%
③ 15~17%
④ 17% 이상

해설
- 밀가루의 수분함량 : 10~14%
- 쌀의 수분함량 : 11~14%
- 저장용 쌀의 수분함량 : 13% 이하

56 **미생물에 의한 부패나 변질을 방지하고 화학적인 변화를 억제하며 보존성을 높이고 영양가 및 신선도를 유지하는 목적으로 첨가하는 것은?**

① 감미료
② 보존료
③ 산미료
④ 조미료

해설
보존료가 방부제를 의미한다.

57 **인수공통감염병 중 오염된 우유나 유제품을 통해 사람에게 감염되는 것은?**

① 탄저
② 결핵
③ 야토병
④ 구제역

해설
인수공통감염병은 인간과 척추동물 사이에 자연적으로 전파되는 질병으로 같은 병원체에 의해 똑같이 발생하는 감염병을 말한다.

58 **다음 중 일반적으로 잠복기가 가장 긴 것은?**

① 유행성 간염
② 디프테리아
③ 페스트
④ 세균성 이질

해설
유행성 간염의 잠복기는 20~25일로 경구감염병 중에서 가장 길다.

59 **다음 중 감염형 식중독을 일으키는 것은?**

① 보툴리누스균
② 살모넬라균
③ 포도상구균
④ 고초균

해설
※ 감염형 식중독의 종류
- 살모넬라균 식중독
- 장염비브리오균식중독
- 병원성 대장균 식중독

60 **빵 및 케이크류에 사용이 허가된 보존료는?**

① 탄산수소나트륨
② 포름알데히드
③ 탄산암모늄
④ 프로피온산

해설
- 탄산수소나트륨은 소다로 화학팽창제이다.
- 포름알데히드는 유해방부제이다.
- 탄산암모늄은 이스파타의 성분으로 화학팽창제이다.

정답 53 ③ 54 ③ 55 ① 56 ② 57 ② 58 ① 59 ② 60 ④

01 케이크 · 빵 도넛의 껍질색을 진하게 내려고 할 때 설탕의 일부를 무엇으로 대치하여 사용하는가?

① 물엿 ② 포도당
③ 유당 ④ 맥아당

해설
포도당은 설탕보다 낮은 온도에서 반응하므로 설탕의 일부를 포도당으로 대치하여 같은 시간을 튀기면 케이크 · 빵 도넛의 껍질색이 진해진다.

02 글리세린(Glycerin, Glycerol)에 대한 설명으로 틀린 것은?

① 무색투명하다.
② 3개의 수산기(-OH)를 가지고 있다.
③ 자당의 1/3 정도의 감미가 있다.
④ 탄수화물의 가수분해로 얻는다.

해설
글리세린은 지방의 가수분해로 얻는다.

03 다음 중 효소와 온도에 대한 설명으로 틀린 것은?

① 효소는 일종의 단백질이기 때문에 열에 의해 변성된다.
② 최적온도 수준이 지나도 반응속도는 증가한다.
③ 적정온도 범위에서 온도가 낮아질수록 반응속도는 낮아진다.
④ 적정온도 범위 내에서 온도 10℃ 상승에 따라 효소 활성은 약 2배로 증가한다.

해설
효소는 최적온도 수준에서 지나면 반응속도가 낮아진다.

04 밀가루 중에 가장 많이 함유된 물질은?

① 단백질 ② 지방
③ 전분 ④ 회분

해설
밀가루를 구성하는 성분 중 70% 정도가 전분이다.

05 어떤 밀가루에서 젖은 글루텐을 채취하여 보니 밀가루 100g에서 36g이 되었다. 이때 단백질의 함량은?

① 9% ② 12%
③ 15% ④ 18%

해설
① 젖은 글루텐의 비율=(젖은 글루텐 반죽의 중량÷밀가루 중량)×100=(36g÷100g)×100=36%
② 건조 글루텐의 비율=젖은 글루텐의 비율÷3=36%÷3=12%

06 이스트에 질소 등의 영양을 공급하는 제빵용 이스트 푸드의 성분은?

① 칼슘염 ② 암모늄염
③ 브롬염 ④ 요오드염

해설
NH_4로 구성된 암모늄염은 분해되면서 이스트에 N(질소)를 공급한다.

07 다음 중 발효시간을 단축시키는 물은?

① 연수 ② 경수
③ 염수 ④ 알칼리수

해설
발효시간은 가스 발생력 뿐만 아니라 가스 보유력을 고려해야 하므로 연수 사용 시 가스 보유력이 적어지므로 발효시간 단축으로 보완한다.

08 이스트의 가스 생산과 보유를 고려할 때 제빵에 가장 좋은 물의 경도는?

① 0~60ppm ② 120~180ppm
③ 180ppm 이상(일시) ④ 180ppm 이상(영구)

해설
제빵에 좋은 물은 아경수(120~180ppm)로 약산성(pH 5.2~5.6)을 띤다.

09 쇼트닝에 대한 설명으로 틀린 것은?

① 라드(돼지기름) 대용품으로 개발되었다.
② 정제한 동 · 식물성 유지로 만든다.
③ 온도 범위가 넓어 취급이 용이하다.
④ 수분을 16% 함유하고 있다.

해설
쇼트닝과 튀김용 기름의 수분함유량은 0%이다.

10 유지 산패와 관계없는 것은?

① 금속 이온(철, 구리 등)
② 산소
③ 빛
④ 항산화제

해설
항산화제란 유지의 산화(산패)를 억제하는 약제라는 뜻이다.

11 팽창제에 대한 설명으로 틀린 것은?

① 반죽 중에서 가스가 발생하여 제품에 독특한 다공성의 세포 구조를 부여한다.
② 팽창제로 암모늄명반이 지정되어 있다.
③ 화학적 팽창제는 가열에 의해서 발생되는 유리 탄산가스나 암모니아가스만으로 팽창하는 것이다.
④ 천연팽창제로는 효모가 대표적이다.

해설
암모늄명반은 종이나 섬유에 색소가 잘 물들 수 있도록 돕는 데 사용한다.

12 젤리화의 요소가 아닌 것은?

① 유기산류 ② 염류
③ 당분류 ④ 펙틴류

해설
당분류 60~65%, 펙틴류 1.0~1.5%, pH 3.2의 산(유기산류)이 되면 젤리가 형성된다.

정답 01 ② 02 ④ 03 ② 04 ③ 05 ② 06 ② 07 ① 08 ② 09 ④ 10 ④ 11 ② 12 ②

13 비터 초콜릿(Bitter chocolate) 원액 속에 포함된 카카오 버터의 함량은?

① 3/8 ② 4/8
③ 5/8 ④ 7/8

해설
비터 초콜릿 원액 속에 포함된 카카오 버터의 함량은 37.5%(3/8)이다.

14 다음과 같은 조건에서 나타나는 현상과 밑줄 친 물질을 바르게 연결한 것은?

> 초콜릿을 제조하는 과정에서 템퍼링이 적절치 않아 초콜릿의 표면에 어떤 물질이 결정형태로 남아 흰색이 나타났다.

① 슈가블룸(Sugar Bloom) – 설탕
② 슈가블룸(Sugar Bloom) – 글리세린
③ 팻블룸(Fat Bloom) – 카카오 매스
④ 팻블룸(Fat Bloom) – 카카오 버터

해설
템퍼링이 잘못되면 카카오 버터에 의한 팻블룸이, 보관이 잘못되면 설탕에 의한 슈가블룸이 생긴다.

15 탄수화물은 체내에서 주로 어떤 작용을 하는가?

① 골격을 형성한다.
② 혈액을 구성한다.
③ 체작용을 조절한다.
④ 열량을 공급한다.

해설
탄수화물은 3대 열량 영양소로서 체내에서 에너지를 발생한다.

16 단당류 3~10개로 구성된 당으로, 장내의 비피더스균 증식을 활발하게 하는 당은?

① 올리고당
② 고과당
③ 물엿
④ 이성화당

해설
※ 올리고당
- 청량감은 있으나 감미도가 설탕의 20~30%로 낮다.
- 설탕에 비해 향충치성이다.
- 고과당 : High fructose
- 물엿 : 전분을 가수분해하는 과정에서 얻어지는 전분당의 일종으로 포도당과 덱스트린의 비율에 따라 점성과 감미도가 결정된다.
- 이성화당 : 포도당의 일부를 과당으로 변환시키고 포도당과 과당의 혼합체를 만든 것으로 감미도는 설탕에 비해서 1.5배가 높아진다.

17 유아에게 필요한 필수아미노산이 아닌 것은?

① 발린
② 트립토판
③ 히스티딘
④ 글루타민

해설
유아에게 필요한 필수 아미노산 : 이소류신, 류신, 리신, 메티오닌, 발린, 페닐알라닌, 트레오닌, 트립토판, 히스티딘

18 단백질의 가장 주요한 기능은?

① 체온유지 ② 유화작용
③ 체조직 구성 ④ 체액의 압력조절

해설
단백질은 체조직과 혈액 단백질, 효소, 호르몬, 항체 등을 구성하는 것이 주된 기능이다.

19 무기질의 기능이 아닌 것은?

① 효소의 기능을 촉진시킨다.
② 열량을 내는 열량 급원이다.
③ 우리 몸의 경조직 구성성분이다.
④ 세포의 삼투압 평형유지 작용을 한다.

해설
- 무기질은 구성 영양소, 조절 영양소이지 열량 영양소는 아니다.
- 열량 영양소에는 탄수화물, 지방, 단백질이 있다.

20 소화란 어떠한 과정인가?

① 물을 흡수하여 팽윤하는 과정이다.
② 열에 의하여 변성되는 과정이다.
③ 여러 영양소를 흡수하기 쉬운 형태로 변화시키는 과정이다.
④ 지방을 생합성하는 과정이다.

해설
생화학적 소화작용이란 침, 위액, 이자액, 장액에 의한 가수분해 작용으로 여러 영양소를 흡수하기 쉬운 형태로 변화시키는 과정이다.

21 데코레이션 케이크 하나를 완성하는 데 한 작업자가 5분이 걸린다고 한다. 작업자 5명이 500개를 만드는 데 몇 시간 몇 분이 걸리는가?

① 약 8시간 15분
② 약 8시간 20분
③ 약 8시간 25분
④ 약 8시간 30분

해설
- 500개÷5명×5분(한 작업자가 제조하는 시간)÷60분=8.3333 ∴ 8시간
- 0.3333×60=19.998 ∴ 약 20분

22 제품을 생산하는데 생산원가 요소는?

① 재료비, 노무비, 경비
② 재료비, 용역비, 감가상각비
③ 판매비, 노동비, 월급
④ 광열비, 월급, 생산비

해설
- 원가에는 총원가, 제조원가, 직접원가 등이 있다.
- 이 문제에서 질문하는 생산원가 요소는 직접원가(직접제조원가)인 직접재료비, 직접노무비, 직접경비 등만을 가리킨다.

23 제조원가를 파악할 수 있는 제빵 제조공정은?

① 배합표와 재료계량 ② 반죽발효
③ 반죽정형 ④ 반죽익힘

해설
배합표와 재료계량을 통해 제조원가의 구성요소인 직접재료비, 직접노무비, 직접경비를 파악할 수 있다.

정답 13 ① 14 ④ 15 ④ 16 ① 17 ④ 18 ③ 19 ② 20 ③ 21 ② 22 ① 23 ①

24 다음 중 파이 롤러를 사용하지 않는 제품은?

① 데니시 페이스트리 ② 케이크 도넛
③ 퍼프 페이스트리 ④ 롤 케이크

해설
파이 롤러는 자동으로 밀어 펴는 기계이므로 말기를 해야 하는 롤 케이크에는 적합하지 않다.

25 변질되기 쉬운 식품을 생산지로부터 소비자에게 전달하기까지 저온으로 보존하는 시스템은?

① 냉장유통체계 ② 냉동유통체계
③ 저온유통체계 ④ 상온유통체계

해설
식품을 저온으로 보존하여 전달하는 시스템을 저온유통체계라고 한다.

26 다음 중 빵의 노화속도가 가장 빠른 온도는?

① -1~-18℃ ② 0~10℃
③ 20~30℃ ④ 35~45℃

해설
- 노화란 빵의 껍질과 속에서 일어나는 물리 · 화학적 변화로 제품의 맛, 향기가 변화하며 딱딱해지는 현상을 말한다.
- 빵의 노화속도는 0~10℃의 냉장온도에서 가장 빠르다.

27 빵을 포장하는 프로필렌 포장지의 기능이 아닌 것은?

① 수분증발의 억제로 노화지연
② 빵의 풍미 성분 손실 지연
③ 포장 후 미생물 오염 최소화
④ 빵의 로프균(Bacillus subtilis) 오염 방지

해설
빵의 로프균 오염 방지를 위해 밀가루의 pH를 pH 5.2로 맞추거나, 빵반죽의 pH를 pH 4~5로 맞춘다. 왜냐하면 로프균은 약산성에서 사멸하기 때문이다.

28 식빵의 가장 일반적인 포장 적온은?

① 15℃ ② 25℃
③ 35℃ ④ 45℃

해설
식빵의 포장 적정 온도는 35~40℃이다.

29 빵류제품의 평가 시 내부적 평가 요인으로 알맞지 않은 것은?

① 맛 ② 방향
③ 기공 ④ 부피

해설
내부평가로는 기공, 조직, 속색, 입안의 감촉, 향, 맛이 있다.

30 다음 중 빵의 냉각방법으로 가장 적합한 것은?

① 바람이 없는 실내에서 냉각
② 강한 송풍을 이용한 급냉
③ 냉동실에서 냉각
④ 수분분사 방식

해설
바람이 없는 실내의 상온에서 냉각하는 방법을 자연 냉각이라 한다.

31 다음 중 버터크림 당액 제조 시 설탕에 대한 물 사용량으로 알맞은 것은?

① 25% ② 80%
③ 100% ④ 125%

해설
버터크림 당액 제조법은 설탕, 물(설탕의 25~30%), 물엿, 주석산 크림을 114~118℃로 끓여서 만든다.

32 빵 도넛 설탕이 물에 녹는 현상을 방지하는 설명으로 틀린 항목은?

① 빵 도넛에 묻는 설탕량을 증가시킨다.
② 튀김시간을 증가시킨다.
③ 포장용 도넛의 수분을 38% 전 · 후로 한다.
④ 냉각 중 환기를 더 많이 시키면서 충분히 냉각한다.

해설
발한은 반죽 내부 수분이 밖으로 배어 나오는 현상으로, 튀김시간을 줄이면 수분이 더 많아진다. 도넛의 수분 함량은 21~25%로 만든다.

33 1차 발효 중 펀치를 하는 이유는?

① 반죽의 온도를 높인다.
② 이스트를 활성화시킨다.
③ 효소를 불활성화시킨다.
④ 탄산가스 축적을 증가시킨다.

해설
※ 펀치를 하는 이유
- 이스트의 활동에 활력을 준다.
- 산소공급으로 반죽을 산화, 숙성 시켜준다.
- 반죽온도를 균일하게 해준다.

34 스펀지 도법에 있어서 스펀지 반죽에서 사용하는 일반적인 밀가루의 사용범위는?

① 0~20%
② 20~40%
③ 40~60%
④ 60~100%

해설
※ 스펀지 반죽의 배합
- 강력분 : 60~100%
- 생이스트 : 1~3%
- 이스트 푸드 : 0~0.75%
- 물 : 스펀지 밀가루의 55~60%

35 다음 중 스트레이트법과 비교한 스펀지 도법에 대한 설명이 옳은 것은?

① 노화가 빠르다.
② 발효 내구성이 좋다.
③ 속결이 거칠고 부피가 작다.
④ 발효향과 맛이 나쁘다.

해설
※ 스펀지 도법의 장점
- 노화가 지연되어 제품의 저장성이 좋다.
- 부피가 크고 속결이 부드럽다.
- 발효 내구성이 강하다.
- 작업 공정에 대한 융통성이 있어 잘못된 공정을 수정할 기회가 있다.

정답 24 ④ 25 ③ 26 ② 27 ④ 28 ③ 29 ④ 30 ① 31 ① 32 ③ 33 ② 34 ④ 35 ②

36 **산화제와 환원제를 함께 사용하여 믹싱시간과 발효시간을 감소하는 제빵법은?**

① 스트레이트법
② 노타임법
③ 비상 스펀지법
④ 비상 스트레이트법

해설
노타임 반죽법은 장시간 발효과정을 거치지 않고 배합 후 정형하여 2차 발효하는 제조공정의 특징을 갖고 있다.

37 **일반 스트레이트법을 비상 스트레이트법으로 변경시킬 때 필수적 조치는?**

① 설탕 사용량을 1% 감소시킨다.
② 소금 사용량을 1.75%까지 감소시킨다.
③ 분유 사용량을 감소시킨다.
④ 이스트 푸드 사용량을 0.5~0.75%까지 증가시킨다.

해설
※ 비상 스트레이트법 필수조치
- 물 사용량을 1% 증가시킨다.
- 설탕 사용량을 1% 감소시킨다.
- 반죽시간을 20~30% 늘려서 글루텐의 기계적 발달을 최대로 한다.
- 이스트를 2배로 한다.
- 반죽온도를 30~31℃로 한다.
- 1차 발효시간을 15분 이상, 30분 이하를 유지시킨다.

38 **냉동제법에서 믹싱 다음 공정은?**

① 1차 발효　② 분할
③ 해동　④ 2차 발효

해설
냉동제법은 1차 발효시간이 길어지면 반죽의 온도가 높아지고 수분이 생성되어 냉동 중 냉해로 인해 이스트가 죽어 냉동 저장성이 짧아지고 가스 발생력도 떨어지므로 요즘에는 화학첨가제를 많이 넣어 1차 발효를 생략하고 분할공정으로 바로 넘어간다.

39 **다음 무게에 관한 것 중 옳은 것은?**

① 1kg은 10g이다.
② 1kg은 100g이다.
③ 1kg은 1,000g이다.
④ 1kg은 10,000g이다.

해설
무게의 기본 단위인 g에 kilo(k)의 관계는 g × 1,000이다. 왜냐하면 kilo가 1,000의 단위이기 때문이다. 그래서 1kg은 1,000g이다.

40 **스트레이트법에서 반죽시간에 영향을 주는 요인과 거리가 먼 것은?**

① 밀가루 종류
② 이스트 양
③ 물의 양
④ 쇼트닝 양

해설
이스트의 양은 발효시간에 영향을 주는 요인이다.

41 **반죽할 때 반죽의 온도가 높아지는 주된 이유는?**

① 마찰열이 발생하므로
② 이스트가 번식하므로
③ 원료가 용해되므로
④ 글루텐이 발달되므로

해설
- 재료들을 믹서볼에 넣고 믹싱을 하면 반죽온도가 변화하게 되는 데 두 가지 원인이 작용한다.
- 첫째, 반죽을 하는 동안 글루텐이 형성되기 시작하면서 반죽은 단단하게 되며 훅에 매달린 반죽은 훅이 돌아가는 속도에 의하여 믹서볼에 부딪히며 때려주면서 마찰열을 발생시켜 반죽온도를 높인다.
- 둘째, 고에너지 상태에서 안정화된 무수물인 밀가루가 물을 흡수할 때 낮은 에너지 상태가 되고, 이때 기존에 가지고 있던 에너지를 열의 형태로 발산하는 수화열을 발생시켜 반죽온도를 낮춘다.
- 마찰열이 수화열에 의해 중화되면서도 반죽온도가 상승한다.

42 **다음과 같은 조건상 스펀지 반죽법(Spongeand Dough Method)에서 사용할 물의 온도는?**

• 원하는 반죽온도 : 26℃	• 마찰계수 : 20
• 실내온도 : 26℃	• 스펀지 반죽온도 : 28℃
• 밀가루 온도 : 21℃	

① 19℃　② 9℃
③ −21℃　④ −16℃

해설
- 사용할 물 온도 = (희망온도 × 4) − (밀가루 온도 + 실내온도 + 마찰계수 + 스펀지 반죽온도) = (26℃ × 4) − (21℃ + 26℃ + 20 + 28℃) = 9
- 반죽온도는 환경요인의 평균값이므로 마찰계수와 계산된 사용수 온도를 산출하기 위하여 '=' 앞으로 뺄 때 (결과온도 × 뒤에 오는 환경요인과 같은 개수의 환경요인의 개수), (희망온도 × 환경요인의 개수)가 된다.

43 **발효의 목적이 아닌 것은?**

① 공정시간 단축
② 풍미 향상
③ 반죽의 신장성 향상
④ 가스 보유력 증대

해설
- 공정시간 단축은 비상 반죽법의 목적이다.
- 발효를 시키는 목적 : 반죽의 팽창작용, 반죽의 숙성작용, 빵의 풍미 생성

44 **2%의 이스트를 사용했을 때의 최적 발효시간이 120분이라면 2.2%의 이스트를 사용했을 때의 예상 발효시간은?**

① 130분
② 109분
③ 100분
④ 90분

해설
- 예상발효시간 = $\frac{\text{기존이스트의양} \times \text{기존발효시간}}{\text{가감한이스트의양}}$
- $\frac{2\% \times 120\text{분}}{2.2\%} = 109\text{분}$

정답 36 ② 37 ① 38 ② 39 ③ 40 ② 41 ① 42 ② 43 ① 44 ②

45 빵 제품의 껍질색이 여리고, 부스러지기 쉬운 껍질이 되는 경우에 가장 크게 영향을 미치는 요인은?

① 지나친 발효 ② 발효 부족
③ 지나친 반죽 ④ 반죽 부족

해설
발효가 지나치면 잔당이 적고 단백질이 많이 가수분해되어 껍질색이 여리고, 부서지기 쉬운 껍질이 된다.

46 빵류의 2차 발효실 상대습도가 표준습도보다 낮을 때 나타나는 현상이 아닌 것은?

① 반죽에 껍질 형성이 빠르게 일어난다.
② 오븐에 넣었을 때 팽창이 저해된다.
③ 껍질색이 불균일하게 되기 쉽다.
④ 수포가 생기거나 질긴 껍질이 되기 쉽다.

해설
2차 발효의 습도가 높을 때 수포가 생기거나 질긴 껍질이 되기 쉽다.

47 중간 발효에 대한 설명으로 틀린 것은?

① 글루텐 구조를 재정돈한다.
② 가스 발생으로 반죽의 유연성을 회복한다.
③ 오버 헤드 프루프(Over Head Proof)라고 한다.
④ 탄력성과 신장성에는 나쁜 영향을 미친다.

해설
중간 발효는 반죽에 유연성(신장성)과 탄력성을 다시 부여한다.

48 식빵을 패닝할 때 일반적으로 권장되는 팬의 온도는?

① 22℃ ② 27℃
③ 32℃ ④ 37℃

해설
틀이나 철판의 온도를 32℃로 맞춘다. 왜냐하면 틀, 철판이 너무 차가우면 틀에 들어간 반죽의 온도가 낮아져 2차 발효시간이 길어지기 때문이다.

49 빵굽기 과정에서 오븐 스프링(Oven Spring)에 의한 반죽 부피의 팽창 정도로 가장 적당한 것은?

① 본래 크기의 약 1/2까지
② 본래 크기의 약 1/3까지
③ 본래 크기의 약 1/5까지
④ 본래 크기의 약 1/6까지

해설
오븐 스프링이란 반죽온도가 49℃에 달하면 반죽이 짧은 시간 동안 급격하게 부풀어 처음 크기의 약 1/3 정도 팽창하는 것을 말한다.

50 빵을 구웠을 때 갈변이 되는 것은 어떤 반응에 의한 것인가?

① 비타민 C의 산화에 의하여
② 효모에 의한 갈색반응에 의하여
③ 마이야르(Maillard) 반응과 캐러멜화반응이 동시에 일어나서
④ 클로로필(Chlorophyll)이 열에 의해 변성되어서

해설
- 마이야르(Maillard) 반응은 환원당과 아미노산이 결합하여 일어나는 반응이다.
- 캐러멜화 반응은 설탕 성분이 갈변하는 반응이다.

51 우리나라의 식품위생법에서 정하고 있는 내용이 아닌 것은?

① 건강기능식품의 검사
② 건강진단 및 위생교육
③ 조리사 및 영양사의 면허
④ 식중독에 관한 조사보고

해설
건강기능식품의 검사는 식품으로 인한 위생상의 위해사고 방지를 위한 검사가 아니므로 식품위생법에서 정하는 내용이 아니다.

52 식품 첨가물에 의한 식중독으로 규정되지 않는 것은?

① 허용되지 않은 첨가물의 사용
② 불순한 첨가물의 사용
③ 허용된 첨가물의 과다사용
④ 독성물질을 식품에 고의로 첨가

해설
독성물질을 식품에 고의로 첨가하면 불특정 다수를 대상으로 한 살인행위이다.

53 다음 식품 첨가물 중 합성보존료가 아닌 것은?

① 데히드로 초산
② 소르빈산
③ 차아염소산나트륨
④ 프로피온산나트륨

해설
차아염소산나트륨은 식품의 부패원인균이나 병원균을 사멸시키기 위한 살균제다.

54 빵의 제조과정에서 빵 반죽을 분할기에서 분할할 때나 구울 때 달라붙지 않게 하고, 모양을 그대로 유지하기 위하여 사용되는 첨가물을 이형제라고 한다. 다음 중 이형제는?

① 유동파라핀
② 명반
③ 탄산수소나트륨
④ 염화암모늄

해설
- 이형제로 반죽의 0.1%(1,500ppm) 이하로 사용한다.
- 유동파라핀(liquid paraffin)은 석유에서 추출하는 물질로 양초의 원료인 Paraffin(파라핀)과 물성이 매우 흡사하여 붙여진 이름일 뿐이다.
- 유동파라핀의 물성은 투명하고 무색 무취하며, 일명 미네랄오일, 화이트오일, 광유, 파라핀오일 등으로 부른다.

55 세균성 식중독의 특징으로 가장 맞는 것은?

① 2차 감염이 빈번하다.
② 잠복기는 일반적으로 길다.
③ 감염성이 거의 없다.
④ 극소량의 섭취균량으로도 발생 가능하다.

해설
※ 경구감염병과 비교한 세균성 식중독의 특징
- 2차 감염이 거의 없다.
- 잠복기가 일반적으로 짧다.
- 대량의 생균에 의해서 발병한다.

정답 45 ① 46 ④ 47 ④ 48 ③ 49 ② 50 ③ 51 ① 52 ④ 53 ③ 54 ① 55 ③

56 식중독 발생 현황에서 발생 빈도가 높은 우리나라 3대 식중독 원인 세균이 아닌 것은?

① 살모넬라균
② 포도상구균
③ 장염 비브리오균
④ 바실러스 세레우스

해설
바실러스 세레우스는 토양세균의 일종으로 자연계에 분포하므로 농작물을 비롯한 대부분의 식품에 오염되어 있다. 검출되는 비율은 높으나 식중독 발생은 특별한 경우에만 발생하므로 상대적으로 그 발생빈도는 낮다.

57 자연독 식중독과 그 독성물질을 잘못 연결한 것은?

① 무스카린－버섯중독
② 베네루핀－모시조개중독
③ 솔라닌－맥각중독
④ 테트로도톡신－복어중독

해설
• 솔라닌 : 감자의 싹이 난 부분의 독소

58 경구감염병에 대한 설명 중 잘못된 것은?

① 2차 감염이 일어난다.
② 미량의 균량으로도 감염을 일으킨다.
③ 장티푸스는 세균에 의하여 발생한다.
④ 이질, 콜레라는 바이러스에 의하여 발생한다.

해설
아메바성 이질은 원충성 감염이고, 콜레라는 세균성 감염이다.
※ 경구감염병(소화기계 감염병)의 특징
• 소량의 균이라도 숙주 체내에서 증식하여 발병한다.
• 원인병원균에 의해 오염된 물질에 의한 2차 감염이 있다.
• 일반적으로 잠복기가 길다.
• 면역이 성립되는 것이 많다.
• 독성이 세균성 식중독보다 강하다.

59 조리빵류의 부재료로 활용되는 육가공품의 부패로 인해 암모니아와 염기성 물질이 형성될 때 pH 변화는?

① 변화가 없다.
② 산성이 된다.
③ 중성이 된다.
④ 알칼리성이 된다.

해설
염기성이란 알칼리성과 같은 말이다.

60 곰팡이의 일반적인 특성으로 틀린 것은?

① 광합성 기능이 있다.
② 주로 무성포자에 의해 번식한다.
③ 진핵세포를 가진 다세포 미생물이다.
④ 분류학상 진균류에 속한다.

해설
곰팡이는 에너지를 자가생산할 수 있는 광합성을 못하고, 과일과 채소를 분해하여 에너지를 얻는다.

정답 56 ④ 57 ③ 58 ④ 59 ④ 60 ①

제6회 제빵기능사 실전모의고사

01 다음 중 유당(Lactose)의 설명으로 틀린 것은?

① 포유동물의 젖에 많이 함유되어 있다.
② 사람에 따라서 유당을 분해하는 효소가 부족하여 잘 소화시키지 못하는 경우가 있다.
③ 비환원당이다.
④ 유산균에 의하여 유산을 생성한다.

해설
- 유당은 환원당이며, 비환원당은 설탕이다.
- 환원당이란 당의 분자상에 알데히드기와 케톤기가 유리되어 있거나 헤미아세탈형으로 존재하는 것을 가리킨다.

02 아밀로오스는 요오드용액에 의해 무슨 색으로 변하는가?

① 적자색 ② 청색
③ 황색 ④ 갈색

해설
- 아밀로오스는 요오드용액에 의해 청색 반응을 한다.
- 아밀로펙틴은 요오드용액에 의해 적자색 반응을 한다.

03 수크라아제(Sucrase)는 무엇을 가수분해 시키는가?

① 맥아당(Maltose)
② 설탕(Sucrose)
③ 전분당(Starch Sugar)
④ 과당(Fructose)

해설
- 설탕을 Sucrose라고 한다. 어말 'ose'를 'ase'로 만들어 효소명 Sucrase(수크라아제)를 만든다.
- '수크라아제'를 일명 '인베르타아제'라고도 한다.

04 전분에 글루코아밀라아제(Glucoamylase)가 작용하면 어떻게 변화하는가?

① 포도당으로 가수분해된다.
② 맥아당으로 가수분해된다.
③ 과당으로 가수분해된다.
④ 덱스트린으로 가수분해된다.

해설
- 전분을 포도당(Glucose)으로 가수분해하므로 효소명이 Glucoamylase(글루코아밀라아제)이다.
- 아밀라아제(Amylase)는 전분분해효소명으로 종류에는 액화효소인 α-아밀라아제, 당화효소인 β-아밀라아제, 글루코아밀라아제(Glucoamylase) 등이 있다.

05 밀 단백질 1% 증가에 대한 흡수율 증가는?

① 0~1% ② 1~2%
③ 3~4% ④ 5~6%

해설
- 전분 1% 증가 시 흡수율 0.5% 증가
- 손상전분 1% 증가 시 흡수율 2% 증가
- 단백질 1% 증가 시 흡수율 1.5~2% 증가

06 다음 중 신선한 계란의 특징이 아닌 것은?

① 8% 소금물에 가라앉는다.
② 흔들었을 때 소리가 안 난다.
③ 난황계수가 0.1 이하이다.
④ 껍질에 광택이 없고 거칠다.

해설
난황계수는 평면에 노른자를 놓고 높이와 지름을 측정한 후 높이를 지름으로 나누었을 때 값이 0.4면 신선한 계란이다.

07 ppm을 나타낸 것으로 옳은 것은?

① g당 중량 백분율
② g당 중량 만분율
③ g당 중량 십만분율
④ g당 중량 백만분율

해설
- ppm은 Part Per Million의 약자이다.
- $1mg = 0.001g = \frac{1}{1,000}g$
- $1ppm = 0.000001g = \frac{1}{1,000,000}g$

08 제빵에 사용되는 물로 가장 적합한 형태는?

① 아경수
② 알칼리수
③ 증류수
④ 염수

해설
제빵에 적합한 물은 약산성의 아경수이다.

09 일반적인 버터의 수분 함량은?

① 18% 이하 ② 25% 이하
③ 30% 이하 ④ 45% 이하

해설
- 버터의 구성비 : 우유지방(80~85%), 수분(14~18%), 소금(1~3%), 카제인, 단백질, 유당, 광물질을 합쳐서 1%
- 버터를 특징짓는 구성성분은 우유지방(유지방)이고, 유지방을 특징짓는 구성성분은 지방산인 뷰티르산이다.

10 유지의 경화란?

① 포화지방산의 수증기 증류를 말한다.
② 불포화지방산에 수소를 첨가하여 만드는 것이다.
③ 규조토를 경화제로 하는 것이다.
④ 알칼리 정제를 말한다.

해설
- 유지의 경화란 불포화지방산에 수소를 첨가하여 액체지방을 고체지방으로 만드는 것이다.
- 규조토란 이산화 규조로 이루어진 조류의 일종인 규조의 껍질로 된 퇴적물이다.

정답 01 ③ 02 ② 03 ② 04 ① 05 ② 06 ③ 07 ④ 08 ① 09 ① 10 ②

11 이스트 푸드에 대한 설명으로 틀린 것은?

① 발효를 조절한다.
② 밀가루 중량대비 1~5%를 사용한다.
③ 이스트의 영양을 보급한다.
④ 반죽조절제로 사용한다.

해설
- 이스트 푸드의 사용량은 밀가루 중량대비 0.1~0.2%이다.
- 제빵 개량제인 경우에는 밀가루 중량대비 1~2%를 사용한다.

12 베이킹파우더의 산반응물질(Acidreacting Material)이 아닌 것은?

① 주석산과 주석산염
② 인산과 인산염
③ 알루미늄 물질
④ 중탄산과 중탄산염

해설
- 베이킹파우더의 이산화탄소 발생물질에는 탄산염류, 중탄산염류와 암모니아염류 등이 있다.
- 베이킹파우더의 산반응물질(즉 산염제)의 여러 종류 중에서 주석산, 주석영일 때 가스 발생속도가 가장 빠르고, 황산알루미늄소다일 때 가스 발생속도가 가장 느리다.

13 다음 중 코팅용 초콜릿이 갖추어야 하는 성질은?

① 융점이 항상 낮은 것
② 융점이 항상 높은 것
③ 융점이 겨울에는 높고, 여름에는 낮은 것
④ 융점이 겨울에는 낮고, 여름에는 높은 것

해설
코팅용 초콜릿(파타글라세)이란 카카오 매스에서 카카오 버터를 제거한 다음, 식물성 유지와 설탕을 넣어 만든 것으로, 템퍼링 작업을 하지 않아도 된다. 융점은 겨울에는 낮고, 여름에는 높은 것이 코팅용 초콜릿으로 좋다.

14 다음 중 당 알코올(Sugar alcohol)이 아닌 것은?

① 자일리톨
② 솔비톨
③ 갈락티톨
④ 글리세롤

해설
- 글리세롤은 글리세린을 가리키며 유도지방이다.
- 당 알코올(Sugar alcohol)의 명칭은 일반적으로 당의 어미 –ose를 –itol(톨) 또는 it(잇)으로 바꿔 명명한다.

15 장 점막을 통하여 흡수된 지방질에 관한 설명 중 틀린 것은?

① 복합 지방질을 합성하는 데 쓰인다.
② 과잉의 지방질은 지방조직에 저장된다.
③ 발생하는 에너지는 탄수화물이나 단백질보다 적어 비효율적이다.
④ 콜레스테롤을 합성하는 데 쓰인다.

해설
발생하는 에너지가 9kcal인 지방질은 탄수화물의 4kcal나 단백질의 4kcal보다 많아 효율적이다.

16 불포화지방산에 대한 설명 중 틀린 것은?

① 불포화지방산은 산패되기 쉽다.
② 고도 불포화지방산은 성인병을 예방한다.
③ 이중결합 1개 이상의 불포화지방산은 모두 필수지방산이다.
④ 불포화지방산이 많이 함유된 유지는 실온에서 액상이다.

해설
- 올레산은 이중결합 1개 이상의 불포화지방산인 불필수지방산이다.
- 고도 불포화지방산은 이중결합을 4개 이상 갖는 불포화도가 높은 지방산을 총칭한다.

17 단백질 효율(PER)은 무엇을 측정하는 것인가?

① 단백질의 질　② 단백질의 열량
③ 단백질의 양　④ 아미노산 구성

해설
단백질 효율(Protein Efficiency Ratio, PER)이란 어린 동물의 체중이 증가하는 양에 따라 단백질의 영양가를 판단하는 방법으로 단백질의 질을 측정하는 방법이다.

18 다음은 비타민에 관한 설명이다. 틀린 것은?

① 체내에서 생성되지 않으므로 외부로부터 섭취해야 한다.
② 비타민 B군 니아신은 보효소를 형성하여 활성부를 이룬다.
③ 체내에서 비타민 A가 되는 물질(카로틴)을 프로비타민 A라 한다.
④ 에르고스테롤을 프로비타민 B라 한다.

해설
에르고스테롤은 프로비타민 D_2라 한다.

19 소화기관에 대한 설명으로 틀린 것은?

① 위는 강알칼리의 위액을 분비한다.
② 이자(췌장)는 당대사호르몬의 내분비선이다.
③ 소장은 영양분을 소화·흡수한다.
④ 대장은 수분을 흡수하는 역할을 한다.

해설
위는 pH 2인 강산의 위액을 분비한다.

20 비타민 B_3인 니아신(Niacin)의 결핍증은?

① 신장병　② 펠라그라
③ 괴혈병　④ 야맹증

해설
펠라그라는 체조직 내의 니아신이나 그 전구체인 트립토판이 결핍되어 여러 기관에 병변을 나타내는 영양장애에 의한 질환으로 피부염, 설사, 치매를 일으키며, 치료하지 않으면 사망에 이를 수 있다.

21 생산액이 2,000,000원, 외부가치가 1,000,000원, 생산가치가 500,000원, 인건비가 800,000원일 때 생산가치율은?

① 20%　② 25%
③ 35%　④ 40%

해설
$$생산가치율=\frac{생산가치}{생산액}\times 100$$

x=500,00÷2,000,000×100=25%

정답 11 ② 12 ④ 13 ④ 14 ④ 15 ③ 16 ③ 17 ① 18 ④ 19 ① 20 ② 21 ②

22 제빵 생산의 원가를 계산하는 목적으로만 연결된 것은?

① 순이익과 총 매출의 계산
② 이익계산, 가격결정, 원가관리
③ 노무비, 재료비, 경비 산출
④ 생산량관리, 재고관리, 판매관리

해설
※ 생산의 원가를 계산하는 목적
- 이익을 산출하기 위해서
- 가격을 결정하기 위해서
- 원가관리를 위해서

23 다음 중 제품의 가치에 속하지 않는 것은?

① 교환가치 ② 귀중가치
③ 사용가치 ④ 재고가치

해설
제품의 재고량과 재고기간은 제품의 가치를 떨어뜨리는 요인이 된다.

24 페이스트리 성형 자동밀대(파이 롤러)에 대한 설명 중 맞는 것은?

① 기계를 사용하므로 밀어 펴기의 반죽과 유지와의 경도는 가급적 다른 것이 좋다.
② 기계에 반죽이 달라붙는 것을 막기 위해 덧가루를 많이 사용한다.
③ 기계를 사용하여 반죽과 유지는 따로따로 밀어서 편 뒤 감싸서 밀어 펴기를 한다.
④ 냉동휴지 후 밀어 펴면 유지가 굳어 갈라지므로 냉장휴지를 하는 것이 좋다.

해설
페이스트리를 밀어 펴기 할 때 일반적으로 손밀대를 사용하여 반죽을 밀어 편 후 경도를 알맞게 조절한 유지를 놓고 자동 밀대로 덧가루를 적당히 뿌리면서 유지를 감싼 반죽을 밀어 편다. 반죽과 유지의 경도를 가급적 같게 하기 위해 냉장휴지를 시킨다.

25 다음 중 제빵용 믹서로 적합한 것은?

① 에어 믹서
② 버티컬 믹서
③ 연속식 믹서
④ 스파이럴 믹서

해설
스파이럴 믹서(나선형 믹서) : 나선형 훅이 내장되어 있어 프랑스빵, 독일빵, 토스트 브레드 같이 된반죽이나 글루텐 형성능력이 다소 떨어지는 밀가루로 빵을 만들 때 적합하다.

26 빵 제품의 노화(Staling)에 관한 설명으로 틀린 것은?

① 제품이 오븐에서 나온 후부터 서서히 진행된다.
② 소화흡수에 영향을 준다.
③ 내부 조직이 단단해진다.
④ 지연시키기 위하여 냉장고에 보관하는 것이 좋다.

해설
빵의 노화를 지연시키기 위하여 냉동고에 보관하는 것이 좋다.

27 빵의 포장재료가 갖추어야 할 조건이 아닌 것은?

① 방수성일 것
② 위생적일 것
③ 상품가치를 높일 수 있을 것
④ 통기성일 것

해설
통기성(투과성)이란 공기가 통하는 것을 의미하는데 포장지에 통기성(투과성)이 있으면 빵이 마른다.

28 제품을 포장하는 목적이 아닌 것은?

① 미생물에 의한 오염방지
② 빵의 노화지연
③ 수분 증발 촉진
④ 상품 가치 향상

해설
포장의 목적은 빵의 수분증발을 억제하여 저장성을 증가시키기 위함이다.

29 다음 중 포장 시에 일반적인 빵, 과자 제품의 냉각온도로 가장 적합한 것은?

① 29℃ ② 32℃
③ 38℃ ④ 47℃

해설
빵, 과자 제품의 냉각온도는 35~40℃이다.

30 식빵의 온도를 28℃까지 냉각한 후 포장할 때 식빵에 미치는 영향은?

① 노화가 일어나서 빨리 딱딱해진다.
② 빵에 곰팡이가 쉽게 발생한다.
③ 빵의 모양이 찌그러지기 쉽다.
④ 식빵을 슬라이스하기 어렵다.

해설
냉각, 포장온도 : 35~40℃ 보다 낮은 온도에서의 포장은 노화가 가속되고 껍질이 빨리 딱딱해진다.

31 커스터드 크림의 재료에 속하지 않는 것은?

① 우유 ② 계란
③ 설탕 ④ 생크림

해설
커스터드 크림은 우유, 계란, 설탕을 한데 섞고 안정제로 옥수수전분이나 박력분을 넣어 끓인 크림이다.

32 아이싱에 사용하여 수분을 흡수하므로, 아이싱이 젖거나 묻어나는 것을 방지하는 흡수제로 적당하지 않은 것은?

① 밀 전분
② 옥수수 전분
③ 설탕
④ 타피오카 전분

해설
수분 흡수제로 전분류와 밀가루를 사용한다.

정답 22 ② 23 ④ 24 ④ 25 ④ 26 ④ 27 ④ 28 ③ 29 ③ 30 ① 31 ④ 32 ③

33 스펀지/도법에서 스펀지 밀가루 사용량을 증가시킬 때 나타나는 결과가 아닌 것은?

① 도 제조 시 반죽시간이 길어진다.
② 완제품의 부피가 커진다.
③ 도 발효시간이 짧아진다.
④ 반죽의 신장성이 좋아진다.

해설
스펀지 제조 시 밀가루 사용량이 증가하면 본 반죽 제조 시 밀가루 사용량이 감소한다. 그래서 도(본 반죽, Dough) 제조 시 반죽시간이 짧아진다.

34 연속식 제빵법의 특징이 아닌 것은?

① 발효손실 감소
② 설비 감소, 설비공간 및 설비면적 감소
③ 노동력 감소
④ 일시적 기계구입 비용의 경감

해설
연속식 제빵법은 일시적 기계구입 비용이 증가한다.

35 오랜 시간 발효과정을 거치지 않고 배합 후 정형하여 2차 발효를 하는 제빵법은?

① 재반죽법 ② 스트레이트법
③ 노타임법 ④ 스펀지법

해설
이스트 발효에 의한 빵 반죽의 생화학적 숙성을 산화제와 환원제인 식품 첨가물에 의한 화학적 숙성으로 대신함으로써 1차 발효시간을 단축하는 제법이 노타임 반죽법이다.

36 다음 중 반죽에 산화제를 사용하였을 때의 결과에 대한 설명으로 잘못된 것은?

① 가스 보유력이 증가한다. ② 기계 내성이 개선된다.
③ 반죽 강도가 증가된다. ④ 믹싱시간이 짧아진다.

해설
①, ②, ③은 산화제의 기능이고, 믹싱시간이 짧아지는 것은 환원제의 기능이다.

37 냉동반죽법의 재료 준비에 대한 사항 중 틀린 것은?

① 저장온도는 −5℃가 적합하다.
② 노화방지제를 소량 사용한다.
③ 반죽은 조금 되게 한다.
④ 크로아상 등의 제품에 이용된다.

해설
냉동반죽은 −40℃로 급속냉동 후 −25~−18℃에서 저장한다.

38 냉동과 해동에 대한 설명 중 틀린 것은?

① 전분은 −7~10℃ 범위에서 노화가 빠르게 진행된다.
② 노화대(Stale zone)를 빠르게 통과하면 노화속도가 지연된다.
③ 식품을 완만히 냉동하면 작은 얼음결정이 형성된다.
④ 전분이 해동될 때는 동결 때보다 노화의 영향이 적다.

해설
식품을 급속냉동하면 얼음결정이 팽창하지 않아서 결정 크기가 작게 형성된다.

39 일반적인 빵반죽(믹싱)의 최적 반죽 단계는?

① 픽업 단계
② 클린업 단계
③ 발전 단계
④ 최종 단계

해설
- 일반적인 빵반죽의 기준은 식빵을 가리키며, 최적 반죽 단계는 반죽에 윤기가 나며 신장성이 최고인 최종 단계이다.
- 최종 단계를 반죽형성 후기단계라고도 한다.

40 반죽의 혼합과정 중 유지를 첨가하는 방법으로 올바른 것은?

① 밀가루 및 기타 재료와 함께 계량하여 혼합하기 전에 첨가한다.
② 반죽이 수화되어 덩어리를 형성하는 클린업 단계에서 첨가한다.
③ 반죽의 글루텐 형성 중간 단계에서 첨가한다.
④ 반죽의 글루텐 형성 최종 단계에서 첨가한다.

해설
유지와 소금을 청결 단계(클린업 단계)에 첨가하는 이유는 반죽 발전을 빠르게 하기 위한 것이다.

41 식빵 제조 시 수돗물 온도 20℃, 사용할 물 온도 10℃, 사용물 양 4㎏일 때 사용할 얼음 양은?

① 100g ② 200g
③ 300g ④ 400g

해설
- 얼음 사용량 $=\dfrac{\text{사용할물량} \times (\text{수돗물온도} - \text{사용할물온도})}{(80+\text{수돗물온도})}$

$=\dfrac{4,000g \times (20℃-10℃)}{80+20℃}=400g$

- 얼음 사용량 = 총 변동열량 ÷ 흡수열량
- 총 변동열량 : 사용할 물량을 원하는 온도까지 변화시킬 때 필요한 열량을 가리킨다.

∴ (수돗물 온도 − 계산된 사용수 온도) × 1cal × 사용할 물량 = 총 변동열량
- 흡수열량 = 1g의 얼음이 수돗물의 온도까지 도달하는 데 필요한 열량을 가리킨다.

∴ 80 + 수돗물 온도 × 1cal = 흡수열량
- 얼음 사용량 산출식을 설명하면 수돗물 온도와 계산된 사용수 온도 간의 차이를 열량으로 환산한 후(이때 1g의 물을 1℃ 올리거나 내릴 때 필요한 열량 1cal는 생략됨) 사용할 물량을 곱셈하여 변동시킬 총 열량을 산출한다. 그 다음에 1g의 얼음이 1g의 물이 되는 데 필요한 열량 80과 1g의 수돗물이 수돗물의 온도까지 도달하는 데 필요한 열량을 덧셈한다. 그리고 난 후 올리거나 내려야 할 총 열량을 1g의 얼음이 수돗물의 온도까지 도달하는 데 필요한 흡수열량으로 나누어 얼음 사용량을 산출한다.

42 빵 발효에 영향을 주는 요소에 대한 설명으로 틀린 것은?

① 사용하는 이스트의 양이 많으면 발효시간은 감소된다.
② 삼투압이 높으면 발효가 지연된다.
③ 제빵용 이스트는 약알칼리성에서 가장 잘 발효된다.
④ 적정량의 손상된 전분은 발효성 탄수화물을 공급한다.

해설
제빵용 이스트는 약산성(pH 4~6)에서 가장 잘 발효된다.

정답 33 ① 34 ④ 35 ③ 36 ④ 37 ① 38 ③ 39 ④ 40 ② 41 ④ 42 ③

43 제빵 시 적절한 2차 발효점은 완제품 용적의 몇 %가 가장 적당한가?

① 30~40% ② 50~60%
③ 70~80% ④ 90~100%

해설
2차 발효의 완료점은 굽기 시 오븐 스프링과 오븐 라이즈를 감안하여 완제품 용적의 70~80% 정도 발효시킨다.

44 둥글리기의 목적이 아닌 것은?

① 글루텐의 구조와 방향 정돈
② 수분 흡수력 증가
③ 반죽의 기공을 고르게 유지
④ 반죽 표면에 얇은 막 형성

해설
※ 둥글리기의 목적
- 가스를 균일하게 분산하여 반죽의 기공을 고르게 조절한다.
- 가스를 보유할 수 있는 반죽구조를 만들어준다.
- 분할된 반죽을 성형하기 적절한 상태로 만든다.
- 분할로 흐트러진 글루텐의 구조와 방향을 정돈시킨다.
- 반죽 표면에 막을 만들어 절단면의 점착성을 적게 한다.

45 제빵에서 중간 발효의 목적이 아닌 것은?

① 반죽을 하나의 표피로 만든다.
② 분할공정으로 잃었던 가스의 일부를 다시 보완시킨다.
③ 반죽의 글루텐을 회복시킨다.
④ 정형과정 중 찢어지거나 터지는 현상을 방지한다.

해설
반죽을 하나의 표피로 만드는 공정은 믹싱 후나 둥글리기 할 때이다.

46 성형에서 반죽의 중간 발효 후 밀어 펴기하는 과정의 주된 효과는?

① 글루텐 구조의 재정돈
② 가스를 고르게 분산
③ 부피의 증가
④ 단백질의 변성

해설
좁은 의미의 성형 공정(밀기 → 말기 → 봉하기) 중 밀기는 가스를 고르게 분산시켜 완제품의 기공을 균일하게 만든다.

47 산형 식빵의 비용적으로 가장 적합한 것은?

① 1.5~1.8㎤/g
② 1.7~2.6㎤/g
③ 3.2~3.5㎤/g
④ 4.0~4.5㎤/g

해설
- 산형 식빵은 2개 이상의 봉긋한 모양으로 이루어진 식빵을 가리킨다.
- 비용적의 물리학적 의미는 단위 질량을 가진 물체가 차지하는 부피를 말한다.
- 제과제빵에서의 비용적은 반죽 1g을 발효시켜 구웠을 때 차지하는 용적 혹은 체적이다.
- 산형 식빵 : 3.2~3.5㎤/g, 풀먼형 식빵 : 3.3~4.0㎤/g

48 오븐 온도가 높을 때 식빵 제품에 미치는 영향이 아닌 것은?

① 부피가 작다.
② 껍질색이 진하다.
③ 언더 베이킹이 되기 쉽다.
④ 질긴 껍질이 된다.

해설
질긴 껍질이 되는 경우는 2차 발효실의 습도가 높거나 오븐에 스팀을 많이 분사한 경우이다.

49 빵을 구울 때 글루텐이 응고되기 시작하는 온도는?

① 37℃ ② 54℃
③ 74℃ ④ 97℃

해설
단백질의 열변성에 의한 글루텐이 응고되는 온도는 74℃이다. 단백질이 열변성을 일으키면 단백질의 물이 전분으로 이동하면서 빵의 구조를 형성하게 된다.

50 600g짜리 빵 10개를 만들려 할 때 발효손실 2%, 굽기 및 냉각손실이 12%이면 반죽해야 할 반죽의 총 무게는 약 얼마인가?

① 6.17kg ② 6.42kg
③ 6.96kg ④ 7.36kg

해설
(600g × 10개)÷{1－(12÷100)}÷{1－(2÷100)}÷1,000=6.96kg

51 다음 중 HACCP 적용의 7가지 원칙에 해당하지 않는 것은?

① 위해요소 분석
② HACCP 팀 구성
③ 한계기준 설정
④ 기록유지 및 문서관리

해설
※ HACCP 실시단계 7가지 원칙
- 위해요소 분석
- 중요관리점 설정
- 허용한계 기준 설정
- 모니터링 방법의 설정
- 시정조치의 설정
- 검증방법의 설정
- 기록유지

52 식품 첨가물의 구비조건이 아닌 것은?

① 인체에 유해한 영향을 미치지 않을 것
② 식품의 영양가를 유지할 것
③ 식품에 나쁜 이화학적 변화를 주지 않을 것
④ 소량으로는 충분한 효과가 나타나지 않을 것

해설
- 식품 첨가물은 식품을 제조, 가공 또는 보존함에 있어 식품에 첨가, 혼입, 침윤 기타의 방법으로 사용되는 물질을 말한다.
- 소량으로도 충분한 효과가 나타나야 한다.

정답 43 ③ 44 ② 45 ① 46 ② 47 ③ 48 ④ 49 ③ 50 ③ 51 ② 52 ④

53 다음 식품 첨가물 중에서 보존제로 허용되지 않은 것은?

① 소르빈산칼륨 ② 말라카이트 그린
③ 데히드로초산 ④ 안식향산나트륨

해설
- 유해 방부제(보존제) : 붕산, 포름알데히드(포르말린), 승홍, 우로트로핀, 말라카이트 그린
- 말라카이트 그린은 가죽, 종이에 물들이는 염료, 또는 물고기와 물고기 알에 감염된 박테리아나 균류를 죽이는 데에 쓴다. 암을 유발하여 사용 금지되었다.

54 다음 식품 첨가물 중 허가된 천연유화제에 해당되는 것은?

① 구연산 ② 고시폴
③ 레시틴 ④ 세사몰

해설
- 구연산 : 신맛을 내는 첨가물이다.
- 고시폴 : 면실유(목화씨에서 추출)에 있는 독소이다.
- 세사몰 : 참기름에 있는 리그난 성분 중 하나이며, 항산화제의 기능을 한다.

55 식중독에 대한 설명 중 틀린 것은?

① 클로스트리듐 보툴리늄균은 혐기성 세균이기 때문에 통조림 또는 진공포장 식품에서 증식하여 독소형 식중독을 일으킨다.
② 장염 비브리오균은 감염형 식중독 세균이며, 원인식품은 식육이나 유제품이다.
③ 리스테리아균은 균수가 적어도 식중독을 일으키며 냉장온도에서도 증식이 가능하기 때문에 식품을 냉장 상태로 보존하더라도 안심할 수 없다.
④ 바실러스 세레우스균은 토양 또는 곡류 등 탄수화물 식품에서 식중독을 일으킬 수 있다.

해설
장염 비브리오균은 감염형 식중독 세균이며, 원인식품은 어류, 패류, 해조류 등이다.

56 병원성 대장균 식중독의 원인균에 관한 설명으로 옳은 것은?

① 독소를 생산하는 것도 있다.
② 보통의 대장균과 똑같다.
③ 혐기성 또는 강한 혐기성이다.
④ 장내 상재균총의 대표격이다.

해설
- 병원성 대장균 식중독은 식중독의 원인이 직접 세균에 의하여 발생하는 감염형 식중독이나, 베로독소를 생성하여 대장점막에 궤양을 유발하는 것도 있다.
- 대장균은 상재균총(장내에 존재하는 균총)을 대표하지 않고 분변오염의 지표가 된다.
- 대장균은 산소의 유 · 무에 상관없이 생존이 가능한 통성혐기성 균이다.

57 일본에서 공장폐수로 인해 오염된 식품을 섭취하고 이타이이타이(Itailtai)병이 발생하여 식품공해를 일으킨 예가 있다. 이와 관계되는 유해성 금속화합물은?

① 카드뮴(Cd) ② 수은(Hg)
③ 납(Pb) ④ 비소(As)

해설
- 카드뮴(Cd)
  - 각종 식기, 기구, 용기에 도금되어 있는 카드뮴이 용출되어 중독
  - 카드뮴 공장폐수에 오염된 음료수, 오염된 농작물을 식용
- 수은(Hg) : 미나마타병
- 납(Pb) : 빈혈, 피로, 소화기 장애
- 비소(As) : 경련, 피부발진, 탈모

58 다음 중 냉장 온도에서도 증식이 가능하여 육류, 가금류 외에도 열처리 하지 않은 우유나 아이스크림, 채소 등을 통해서도 식중독을 일으키며 태아나 임신부에 치명적인 식중독 세균은?

① 캠필로박터균(Campylobacter jejuni)
② 바실러스균(Bacilluscereus)
③ 리스테리아균(Listeria monocytogenes)
④ 비브리오 패혈증균(Vibrio vulnificus)

해설
리스테리아균은 인수공통감염병을 일으키며 예방접종을 철저히 해야 한다.

59 다음 중 아미노산이 분해되어 암모니아가 생성되는 반응은?

① 탈아미노 반응
② 혐기성 반응
③ 아민형성 반응
④ 탈탄산 반응

해설
- 탈아미노 반응 : 체내의 아미노산에서 아미노기가 빠지는 반응, 아미노산은 유기산으로 변화하고 암모니아가 생긴다.
- 혐기성 반응 : 미생물이 산소를 싫어하여 공기 속에서 잘 자라지 않는 반응
- 아민형성 반응 : 암모니아의 수소 원자를 알칼리기 따위의 탄화수소기로 치환하여 유기 화합물을 만드는 반응
- 탈탄산 반응 : 유기산의 카르복실기로부터 이산화탄소를 유리시키는 생체 반응

60 쥐나 곤충류에 의해서 발생될 수 있는 식중독은?

① 살모넬라 식중독
② 클로스트리디움 보툴리늄 식중독
③ 포도상구균 식중독
④ 장염 비브리오 식중독

해설
살모넬라 식중독은 달걀을 대량으로 보관할 때 위생동물이 달걀껍질 위를 지나다니면서 살모넬라균을 오염시켜 흔히 발생한다.

정답 53 ② 54 ③ 55 ② 56 ① 57 ① 58 ③ 59 ① 60 ①

MEMO

MEMO

MEMO

MEMO

최단기 3일 완성
제과 · 제빵기능사 총정리문제

발 행 일 2025년 1월 10일 개정6판 1쇄 인쇄
2025년 1월 15일 개정6판 1쇄 발행

저자협의 인지생략

저　　자 김창석

발 행 처 크라운출판사 http://www.crownbook.co.kr

발 행 인 李尙原

신고번호 제 300-2007-143호

주　　소 서울시 종로구 율곡로13길 21

공 급 처 02) 765-4787, 1566-5937

전　　화 02) 745-0311~3

팩　　스 02) 743-2688, (02) 741-3231

홈페이지 www.crownbook.co.kr

I S B N 978-89-406-4883-4 / 13590

특별판매정가 14,000원

이 도서의 문의를 편집부(02-6430-7028)로 연락주시면
친절하게 응답해 드립니다.